# Mathematik heute

Herausgegeben von
Heinz Griesel, Helmut Postel

## 9. Schuljahr

Grundkurs

Schroedel Schulbuchverlag
Verlag Ferdinand Schöningh

# Mathematik heute 9

Grundkurs

Herausgegeben und bearbeitet von
Prof. Dr. Heinz Griesel
Prof. Helmut Postel

Dr. Lothar Grellmann, Erwin Hollmann,
Wolfgang Krippner, Hubert Niendieck,
Karin Sensenschmidt,

Ferner wirkten mit

Klaus Brademann, Jörn Bruhn, Günter Cöster,
Georg Eichert, Dr. Gerhard Holland,
Klaus Horstkorte, Ludwig Nelleßen,
Knut Rickmeyer, Wolfgang Sprockhoff,
Hans Weckesser

**Bildquellenverzeichnis**

Seite 7 (Temperaturschreiber), 11, 12, 13, 15, 20, 23, 42, 51, 62, 66, 70, 88, 102, 103, 109, 111, 119, 122, 149, 167, 169, 172 Michael Frühsorge, Barsinghausen; Seite 7 (Waage), 14, 54, 57, 64, 97 Ben Behnke, Hamburg; Seite 7 (Speise), J. Handschmann, Bad Soden; Seite 52 Informationsdienst für Bundeswertpapiere, Frankfurt; Seite 53 Deutscher Sparkassenverlag, Stuttgart; Seite 67 Xaver Fendt & Co., Marktoberdorf; Seite 86 Teasy-Zefa, Düsseldorf; Seite 95 Deutsche Bundespost, Frankfurt; Seite 96, 100 J. Justen, Walsrode; Seite 105, 110 Mairs Geographischer Verlag, Ostfildern; Seite 123, 124 U. Börges, Burgdorf.

**Zum Schülerband erscheint:**
Lösungen mit didaktisch-methodischem
Kommentar Best.-Nr. 83486

ISBN 3-507-**83485**-5 (Schroedel)
ISBN 3-506-**83485**-1 (Schöningh)

© 1989 Schroedel Schulbuchverlag GmbH,
Hannover

© 1991 3-507-**83495**-2

Alle Rechte vorbehalten. Dieses Werk sowie einzelne Teile desselben sind urheberrechtlich geschützt. Jede Verwertung in anderen als den gesetzlich zugelassenen Fällen ist ohne vorherige schriftliche Zustimmung des Verlages nicht zulässig.

Druck A $^{5\ 4\ 3\ 2}$ / Jahr 1993 92 91

Alle Drucke der Serie A sind im Unterricht parallel verwendbar.
Die letzte Zahl bezeichnet das Jahr dieses Druckes.

Zeichnungen: F. Papenberg, V. Rinke, G. Schlierf
Druck: Zechnersche Buchdruckerei
      GmbH & Co. KG, Speyer

# Inhaltsverzeichnis

Hinweise für den Lehrer — 5

**1. Zuordnen von Größen in Sachbereichen**

Berufsfelder Ernährung sowie Farb- und Raumgestaltung – Proportionale Zuordnungen — 7
Bereiche Haus- und Landwirtschaft – Antiproportionale Zuordnungen — 19
Vermischte Übungen — 26

**2. Prozent- und Zinsrechnung in Sachbereichen**

Berufswahl – Grundaufgaben der Prozentrechnung — 28
Preisvergleiche – Erhöhung und Verminderung des Grundwertes — 34
Vermischte Übungen zur Prozentrechnung — 39
Spareinlagen und Kredite – Grundaufgaben der Zinsrechnung — 42
Langfristige Geldanlage – Zinseszinsen — 49
Vermischte Übungen zur Zinsrechnung — 51

**3. Geometrie 1 – Flächeninhalte und Längen**

Umfang und Flächeninhalt von Vielecken in Sachbereichen — 54
Umfang und Flächeninhalt des Kreises — 60
Vermischte Übungen — 67

**4. Potenzen und Wurzeln**

Potenzen mit natürlichen Exponenten — 70
Quadratwurzeln — 73
Lösen von einfachen quadratischen Gleichungen — 78

**5. Die Satzgruppe des Pythagoras**

Der Satz des Pythagoras und seine Anwendung — 81
□ Kathetensatz des Euklid — 87

**6. Geometrie 2 – Körper**

Prismen — 88
Zylinder — 96
Vermischte Übungen — 101

### 7. Ähnlichkeit – Zentrische Streckung – Strahlensätze

Maßstab ......................................................... 103
☐ Strahlensätze ............................................... 112
Ähnlichkeit von Figuren ................................. 119

### 8. Algebra

Verwenden von Formeln ................................ 127
Umformen von Formeln ................................. 133
Vermischte Übungen – Anwendungen ......... 144

### 9. Lineare Funktionen und Gleichungssysteme

Lineare Funktionen mit $y = mx + b$ ......... 146
Lineare Gleichungen der Form
   $ax + by = c$ ............................................. 151
Graphisches Lösungsverfahren für ein
   lineares Gleichungssystem ........................ 156
Gleichsetzungsverfahren ............................... 159
☐ Einsetzungsverfahren ................................. 163
Text- und Sachaufgaben, die auf linea-
   re Gleichungssysteme führen .................... 166

### 10. Sachrechnen

Elektrizität im Haushalt ................................ 169
☐ Gleichberechtigung und Chancengleich-
   heit – Meinungen und Zahlen ................... 175

### Anhang

Maßeinheiten und ihre Umrechnung .......... 180
Bruchzahlen .................................................... 182
Rationale Zahlen ............................................ 185
Gleichungen – Termumformungen .............. 186
Bruchterme – Gleichungen mit
   Brüchen – Bruchgleichungen .................... 187
Testaufgaben .................................................. 188

Verzeichnis mathematischer Symbole ........ 191
Stichwortverzeichnis ..................................... 192

## Hinweise für den Lehrer

### Zur Zielgruppe des Buches

Der Band ist zugeschnitten auf die spezifischen Aufgaben und Anforderungen des *Grundniveaus* in der Klasse 9.
Das Buch ist parallel verwendbar zum Band für den Erweiterungskurs.

### Zur inhaltlichen Zielsetzung

In der Klasse 9 gewinnt neben der allgemeinen Grundbildung der individuelle Bildungsgang des Schülers an Bedeutung. Dieser Grundband ist daher in seiner inhaltlichen Zielsetzung ganz auf die dem Grundniveau entsprechenden Abschlüsse am Ende der Sekundarstufe 1 zugeschnitten.
Grundsätzlich gilt für diesen Grundband: Der Schüler lernt die Mathematik als ein Hilfsmittel zur Bewältigung von Teilbereichen der Lebenswirklichkeit und zur Bewältigung von Problemstellungen aus Beruf und Berufsschule kennen. Daher ist fast immer ein enger Zusammenhang des mathematischen Inhalts zu Sachbereichen der Lebenswirklichkeit oder zu bestimmten Berufsfeldern hergestellt worden.
Als Sachbereiche seien genannt: Berufswahl, Arbeitsmarkt, Arbeit und Freizeit, privater Haushalt, Landwirtschaft, Preisvergleiche, Preisveränderungen, Verkehr, Spareinlagen, Geldanlage, Kredite (insbesondere Ratenkredite). Folgende Berufsfelder kommen vor: Farb- und Raumgestaltung, Ernährung, Holz- und Bautechnik, Agrartechnik, Metalltechnik, Hauswirtschaft sowie das kaufmännische Berufsfeld.
Im einzelnen lassen sich die Inhalte des 9. Schuljahres folgendermaßen gliedern:

*1. Sachrechnen* (Kapitel 1, 2 und 10)

In den Kapiteln 1 und 2 werden Zuordnungen zwischen Größen (kurz: der Dreisatz) sowie die Prozentrechnung behandelt. Die grundlegenden Aufgabenstellungen und Verfahren werden innerhalb der Sachverhalte der jeweiligen Sachbereiche wiederholt. Neu ist beim sog. Dreisatz das Rechnen auf dem Bruchstrich, die Behandlung des sinnvollen Rundens im Zusammenhang mit dem Einsatz des Taschenrechners, die konstante und inhaltliche Bedeutung des Quotienten einander zugeordneter Größen und die systematische Verwendung von Dezimalbrüchen.
In der Prozentrechnung werden folgende Inhalte ausführlich wiederholt: die Berechnung des erhöhten bzw. verminderten Grundwertes mit Hilfe eines Faktors und umgekehrt die Berechnung des Grundwertes sowie des Faktors.
In der Zinsrechnung sind die Behandlung der Zinseszinsen sowie der Kredite neu.
In Kapitel 10 erfolgt eine noch stärkere Einbettung der mathematischen Aktivitäten in Sachbereiche. Der Sachzusammenhang ist hier wesentlich komplexer. Dieses Kapitel stellt daher auch den Zusammenhang zum E-Kurs-Band her und gehört teilweise zum gehobenen Grundniveau (Differenzierungszeichen ☐).

*2. Geometrie* (Kapitel 3, 5, 6 und 7)

Der inhaltlichen Zielsetzung dieses Grundbandes entsprechend steht die berechnende Geometrie im Mittelpunkt, weil diese allein für die Beherrschung der Lebenswirklichkeit und die Anwendungen in Beruf und Berufsschule von Bedeutung ist.
In Kapitel 3 wird im Rahmen von Sachbereichen die Flächeninhaltslehre wiederholt und dann die Berechnung des Kreises behandelt.
In Kapitel 5 wird im wesentlichen der Lehrsatz des Pythagoras und seine Bedeutung für die Berechnung von Seitenlängen besprochen.
Kapitel 6 behandelt Körper – Quader, Prisma und Zylinder –, ihre Darstellung im Schrägbild und die Berechnung von Oberfläche und Volumen.
Kapitel 7 stellt wieder stärker die Beziehung zum E-Kurs-Band her. Schwerpunkt ist hier das Vergrößern und Verkleinern von Figuren, welches auf dem gehobenen Grundniveau zu den Strahlensätzen, zur Ähnlichkeitslehre und zur zentrischen Streckung führt.

*Algebra* (Kapitel 4, 8 und 9)

Ziel der Algebra ist der verständige Umgang mit Formeln, wie er heute in Beruf und Berufsschule in immer stärkerem Maße verlangt wird, wie er aber auch zur Bewältigung der Lebenswirklichkeit günstig ist. Dieses Ziel wird insbesondere in Kapitel 8 (Algebra) angestrebt.
In Kapitel 4 werden vorher noch die wichtigsten Kenntnisse über Potenzen und Wurzeln vermittelt.
In Kapitel 9 werden die linearen Funktionen sowie das graphische Verfahren, das Gleichsetzungs- und das Einsetzungsverfahren zur Bestimmung der Lösungsmenge eines Gleichungssystems mit zwei Variablen behandelt.
Das Einsetzungsverfahren gehört zum gehobenen Grundniveau (Differenzierungszeichen ☐) und stellt den Anschluß an die algebraischen Anforderungen des E-Kurses her.

Bei der Algebra ist die grundsätzliche Schwierigkeit zu beachten, daß die zugehörigen Aktivitäten im symbolisch-signitiven Bereich verlaufen. Durch ständige Einbettung der Formeln und Gleichungen in Sachbezüge erhält jedoch der Schüler die Möglichkeit zur Assoziation geeigneter Vorstellungen beim Umgang mit den Formeln. Dadurch wird diese Schwierigkeit abgemildert und gleichzeitig dem Schüler der Werkzeugcharakter der Algebra deutlich.

### Wiederholungen

Wiederholungen sind im Anhang aufgegriffen. Sie können zu jeder Zeit des Schuljahres eingesetzt werden. Außerdem sind Testaufgaben der Industrie- und Handelskammer aufgenommen.

### Vermischte Übungen

Der jeweils letzte Abschnitt der Kapitel besteht aus Vermischten Übungen. Hier werden an wichtigen Aufgaben des Kapitels die neu erworbenen Qualifikationen abgetestet. Dieser Teil des Abschnitts dient daher auch der Vorbereitung auf eine Klassenarbeit. Der Abschnitt enthält auch noch Aufgaben zur Vertiefung. Sie sind als Zusatzstoff gekennzeichnet. Weitere vermischte Übungen sind in die Kapitel eingestreut.

### Differenzierung

Der gesamte Band ist für das Grundniveau geschrieben. Schwierigere Aufgaben, welche den Anschluß an den E-Kurs-Band herstellen, sind durch das Zeichen □ gekennzeichnet. Sie gehören zum gehobenen Grundniveau.
Zusatzstoffe (Kennzeichen △) stellen wünschenswerte Ergänzungen dar und sind vor allem für schnell arbeitende Schüler bei Einzelarbeit sowie für leistungsstarke Schüler einsetzbar.

Grundniveau: keine Kennzeichnung
gehobenes Grundniveau: □
Zusatzstoff: △
Zusatzstoff erhöhten Schwierigkeitsgrades: ▲

### Übersicht über die Abhängigkeit der Kapitel

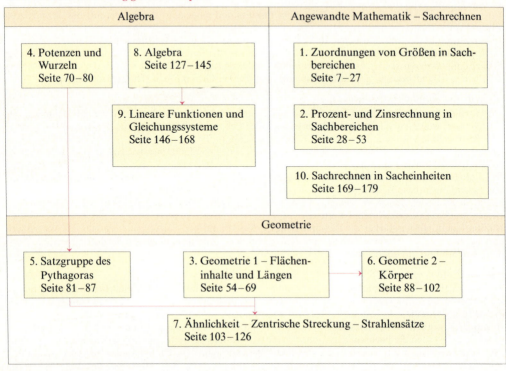

# 1. Zuordnen von Größen in Sachbereichen

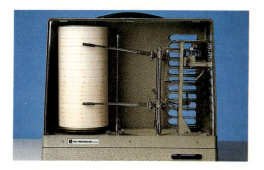 

Viele Dinge in unserer Umwelt gehören zusammen. Zwischen zusammenhängenden Dingen gibt es vielfältige Beziehungen. In diesem Kapitel geht es um einfache Zuordnungen zwischen zwei Bereichen (z. B. zwischen Ware und Preis oder zwischen zurückgelegtem Weg und benötigter Zeit), wie sie bei uns sehr häufig vorkommen. Vielfach können solche Zuordnungen graphisch anschaulich dargestellt und rechnerisch genau bestimmt werden.

## Berufsfelder Ernährung sowie Farb- und Raumgestaltung – Proportionale Zuordnungen

### Wiederholung des Dreisatzes bei proportionalen Zuordnungen

*Spaghetti mit Hackfleischsoße*
*(für 2 Personen)*

| | |
|---|---|
| 250 g Spaghetti | 250 g Rinderhackfleisch |
| 2 $l$ Wasser | $\frac{1}{4}$ $l$ heißes Wasser |
| 1 Teelöffel Salz | 2 Eßlöffel Tomatenmark |
| 1 Eßlöffel Öl | Zucker, Salz, Pfeffer, |
| 2 Zwiebeln | Kräuter nach Wahl |
| 2 Möhren | |

**Aufgabe**

Marion will auf ihrer Geburtstagsfeier Spaghetti mit Hackfleischsoße anbieten. Es sind 11 Personen. Wieviel g Spaghetti benötigt Marion?

**Lösung**

Überlege: Bei doppelter Personenzahl werden auch doppelt so viel Zutaten benötigt.
Für die Hälfte der Personenzahl reicht auch die Hälfte der Zutaten.
Bei fünffacher Personenzahl wird auch die fünffache Menge benötigt.

Für  2 Personen reichen   250 g Spaghetti
Für  1 Person reichen    250 g Spaghetti : 2 = 125 g Spaghetti
Für 11 Personen reichen  250 g Spaghetti · 11 = 1 325 g Spaghetti

Du kannst beim Lösen der Aufgabe auch folgende vereinfachte Schreibweise benutzen:

2 Personen — 250 g Spaghetti
1 Person — 250 g Spaghetti : 2 = 125 g Spaghetti
11 Personen — 125 g Spaghetti · 11 = 1 325 g Spaghetti

*Ergebnis:* Marion benötigt 1 325 g Spaghetti.

| Anzahl der Personen | Spaghetti (in g) |
|---|---|
| 2 | 250 |
| 1 | 125 |
| 11 | 1 325 |

---

Für **proportionale Zuordnungen** gilt:
(1) Zum Doppelten (Dreifachen usw.) einer Größe gehört das Doppelte (Dreifache usw.) der zugeordneten Größe.
(2) Zur Hälfte (zum dritten Teil usw.) einer Größe gehört die Hälfte (der dritte Teil usw.) der zugeordneten Größe.

| Anzahl der Personen | Gewicht (in g) |
|---|---|
| 6 | 450 |
| 3 | 225 |
| 9 | 675 |

---

**Zur Festigung und zum Weiterarbeiten**

**1.**
Berechne entsprechend die anderen Zutaten für Spaghetti mit Hackfleischsoße (Aufgabe Seite 7) für 11 Personen.

**2.**
Bei Steffens Geburtstagsfeier sind 12 Personen. Berechne auch hier die benötigten Zutaten für Spaghetti mit Hackfleischsoße. Gibt es einen vorteilhaften (kürzeren) Rechenweg?

*Quark-Apfel-Speise:*
*(für 4 Personen)*

*300 g Äpfel*
*100 g Magerquark*
*80 g Zucker*
*4 Eßlöffel Milch*
*6 Blatt weiße Gelantine*
*$\frac{1}{8}$ l Schlagsahne*
*etwas Zitronensaft*

**Übungen**

**3.**
Maik will zu seiner Geburtstagsfeier mit 10 Personen als Nachtisch eine Quark-Apfel-Speise haben. Berechne die benötigten Zutaten. Statt mit $\frac{1}{8} l$ kannst du auch mit 125 m*l* rechnen.

**4.**
In den Kochrezepten für Hotelküchen sind die Zutaten für 10 Personen angegeben.
a) Apfelrotkohl: 1 800 g Rotkohl, 60 g Fett, 120 g Zwiebeln, 130 g Äpfel.
   Berechne die Zutaten für 18 Personen. Verwende Kurztabellen.
b) Rindergulasch: 1 650 g Rindfleisch, 140 g Fett, 800 g Zwiebeln, 40 g Tomatenmark.
   Berechne die erforderlichen Zutaten für 25 Personen.

**5.**
In einem Kochbuch findet man von verschiedenen Salaten die folgenden Rezepte mit den Zutaten für 4 Personen.
a) Nordsee-Salat: 300 g Emmentaler, 130 g gekochter Schinken, 150 g Krabben, Salatgurke, saure Sahne, Petersilie, Salz und Pfeffer nach Wahl.
   Berechne die Zutaten für 12 Personen [für 10 Personen].
b) Wurstsalat: 400 g Bierschinken, 250 g Champignons, 200 g Spinat, 2 Zwiebeln, 1 Salatgurke, etwas Petersilie. Berechne die Zutaten für 16 Personen [für 10 Personen].

**6.**
Eine Großküche kauft 25 kg Rotkohl zu 15 DM ein.

**a)** Wieviel DM kosten dann 5 kg, 10 kg, 12,5 kg?  **b)** Wieviel DM kosten 3 kg?

**7.**
In einem Schnellimbiß zahlt Gerd für 4 Portionen Kotelett mit Rosenkohl und Bratkartoffeln 22 DM. Wieviel würde das Essen kosten, wenn man es zu Hause zubereitet? Rechne für Gewürze und Energie 1 DM.

| Man rechnet pro Person | Ladenpreise |
|---|---|
| 1 Kotelett zu 175 g | 500 g  5,50 DM |
| 150 g Rosenkohl | 500 g  1,60 DM |
| 250 g Kartoffeln | 2 500 g  2,00 DM |
| 25 g Margarine | 250 g  1,25 DM |

**8.**
Aus 5 kg Pflaumen erhält man 3 kg Pflaumenmus.

**a)** Wieviel kg Mus erhält Franks Vater aus 20 kg [35 kg; 50 kg] Pflaumen?

**b)** Margits Mutter möchte 20 Gläser Pflaumenmus mit je 450 g Inhalt einkochen. Wieviel kg Pflaumen benötigt sie?

**9.**
Aus 75 kg Äpfeln erhält man durchschnittlich 20 l Apfelmost. Herr Mertens bringt 225 kg [375 kg; 450 kg] Äpfel zur Mosterei. Mit wieviel l Most kann Herr Mertens rechnen?

**10.**
Frau Fuchs hat für die Herstellung von 5 l Kirschsaft 20 kg Kirschen gebraucht. Sie möchte noch weitere 3 l [8 l; 11 l] Saft herstellen. Wieviel kg Kirschen benötigt sie dafür?

## Graphische Darstellung

### Aufgabe

In einem Lebensmittelgeschäft werden 2 kg Äpfel für 3,60 DM angeboten.

**a)** Erstelle für diese proportionale Zuordnung eine Tabelle und zeichne einen Graphen im Koordinatensystem.

**b)** Lies aus dem Graphen die Preise für 1,5 kg; 2,5 kg; 3,5 kg Äpfel ab.

**Lösung**

**a)**

| Gewicht (in kg) | Preis (in DM) |
|---|---|
| 1 | 1,80 |
| 2 | 3,60 |
| 3 | 5,40 |
| 4 | 7,20 |
| 5 | 9,00 |
| 6 | 10,80 |
| 7 | 12,60 |

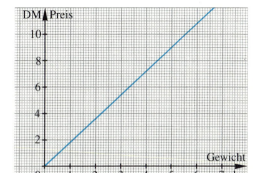

**b)** 1,5 kg Äpfel kosten 2,70 DM,
2,5 kg Äpfel kosten 4,50 DM,
3,5 kg Äpfel kosten 6,30 DM.

> Bei jeder *proportionalen Zuordnung* liegen die Punkte des Graphen auf einer **Geraden** durch den Koordinatenursprung (Achsenschnittpunkt).

**Zur Festigung und zum Weiterarbeiten**

**1.**
Zu jedem Gewicht gehört ein bestimmter Preis. Das ist für Rotkohl im Schaubild rechts dargestellt.

a) Welches Gewicht und welcher Preis ist durch den roten Punkt markiert?

b) Fülle die Tabelle aus. Lies dazu die Preise aus dem Schaubild ab.

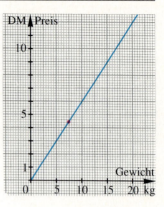

| Gewicht (in kg) | 2,5  | 7,5 | 10 | 12,5 | 15 | 17,5 | 20 |
|---|---|---|---|---|---|---|---|
| Preis (in DM)   | 1,50 |     |    |      |    |      |    |

**2.**
a) In einem Lebensmittelgeschäft werden 500 g Käse für 12 DM angeboten. Zeichne hierzu den Graphen (1 cm für 100 g und 1 cm für 1 DM).

b) Nach einer Preiserhöhung kosten 500 g der gleichen Käsesorte 14 DM. Zeichne den zugehörigen Graphen in das gleiche Koordinatensystem und vergleiche.

**Übungen**

**3.**
Holländer-Käse wird zum Preis von 1,50 DM für 100 g angeboten.

a) Zeichne ein Schaubild für die proportionale Zuordnung *Gewicht → Preis*. Wähle auf der 1. Achse 10 mm für 100 g und auf der 2. Achse 10 mm für 1 DM.

b) Lies die Preise für 300 g, 500 g, 600 g, 900 g, 1 000 g aus dem Schaubild ab.

c) Lies ab, wieviel g Käse man für 4,50 DM, 6 DM, 9 DM, 10,50 DM kaufen kann. Kontrolliere durch Rechnung.

**4.**
100 g Mischbrot enthalten 52 g Kohlehydrate.

a) Zeichne ein Schaubild für diese proportionale Zuordnung.

b) Wieviel g Kohlehydrate enthalten 50 g; 250 g; 500 g Mischbrot? Lies aus dem Schaubild ab.

c) Man benötigt am Tag etwa 260 g Kohlehydrate. Wieviel g Mischbrot muß man essen, wenn man den Bedarf an Kohlehydraten nur durch Brot decken will?

**5.**
100 g Rinderfilet enthalten 19 g Eiweiß.

a) Zeichne den Graphen für diese proportionale Zuordnung.

b) Lies ab: Wieviel g Eiweiß enthalten 50 g; 150 g; 250 g Rinderfilet?

c) Ein 70 kg schwerer Mensch benötigt am Tag 70 g Eiweiß. Wieviel g Rinderfilet müßte er essen, wenn er den Bedarf an Eiweiß nur durch Rinderfilet decken will?

**6.**
100 g Wiener Würstchen enthalten 21 g Fett.

a) Zeichne den Graphen für diese proportionale Zuordnung.

b) Lies ab: Wieviel g Fett enthalten 50 g; 150 g; 250 g Wiener Würstchen?

c) Man benötigt etwa 63 g Fett pro Tag. Wieviel g Wiener Würstchen müßte man essen, um den Fettbedarf nur durch Wiener Würstchen zu decken?

## Rechnen auf dem Bruchstrich

### Aufgabe
Ein Haus soll neu gestrichen werden.
Auf einem Eimer mit Farbe ist angegeben:
5 kg Farbe reichen für 12 m².
Die gesamte Fläche ist 78 m² groß.
Wieviel kg Farbe benötigt man?

### Lösung
Beim Lösen von proportionalen Aufgaben mußt du das Zwischenergebnis nicht immer sofort ausrechnen. Oft ist es sinnvoller, die Aufgabe zunächst nur aufzuschreiben und erst zum Schluß auszurechnen.

| Größe der Fläche (in m²) | Gewicht der Farbe (in kg) |
|---|---|
| 12 | 5 |
| 1 | $\frac{5}{12}$ |
| 78 | $\frac{5}{12} \cdot 78$ |

Andere Schreibweise:

$12 \text{ m}^2$ — $5 \text{ kg}$
$1 \text{ m}^2$ — $\frac{5}{12} \text{ kg}$
$78 \text{ m}^2$ — $\frac{5}{12} \text{ kg} \cdot 78$

*Rechnung (ohne Einheiten):* $\frac{5}{12} \cdot 78 = \frac{5 \cdot 78^{1 \cdot 3}}{12_2} = 32{,}5$

*Ergebnis:* Für 78 m² Fläche werden 32,5 kg Farbe benötigt.

### Zur Festigung und zum Weiterarbeiten
**1.**
Wieviel kg dieser Farbe (siehe Aufgabe oben) benötigt der Maler für 108 m² [für 99 m²] Wandfläche?

**2.**
Wieviel m² Wandfläche kann er mit 18 kg Farbe streichen? Er überlegt: 5 kg reichen für 12 m².

### Übungen
**3.**
Profilbretter zur Verkleidung von Wänden können mit Holzschutzfarbe behandelt werden. Auf der Dose liest man: 0,75 *l* reichen für 12 m².

a) Die zu behandelnde Fläche ist 18 m² groß. Wieviel *l* Farbe benötigt man?
b) Wieviel *l* Farbe benötigt man für 64 m² [für 88 m²] Holzfläche?
c) Wieviel m² Holzfläche kann man mit 3,5 *l* [mit 4,375 *l*] Farbe behandeln?

**4.**
Eine 0,4 m² große Spanplatte ist mit 12,50 DM ausgezeichnet. Mit welchem Preis muß eine 1,8 m² [2,4 m²; 4,2 m²; 1,25 m²] große Spanplatte derselben Sorte ausgezeichnet werden?

**5.**
Ein 1,25 m langes Reststück Kleiderstoff ist mit 24,50 DM ausgezeichnet. Prüfe, ob ein 2,80 m langes Reststück derselben Breite und Sorte mit 54,88 DM richtig ausgezeichnet ist.

**6.**
In einem Häuserblock werden die Treppenhäuser renoviert. Dabei wird der Sockel mit Ölfarbe gestrichen. Für 100 m² Sockelfläche benötigt man 15 kg Ölfarbe.
a) Wieviel kg Ölfarbe sind für die gesamte Sockelfläche von 240 m² nötig?
b) Wieviel m² Sockelfläche kann man mit 8 kg Ölfarbe streichen?

**7.**
a) Frau Kramer kocht Stachelbeeren ein. Nach ihrem Rezept nimmt man auf 2 kg Stachelbeeren 0,5 kg Zucker. Frau Kramer hat 8,5 kg Beeren. Wieviel kg Zucker wird sie nehmen?
b) Frau Kramer kauft noch weitere 12,5 kg Stachelbeeren dazu. Berechne das Gewicht des benötigten Zuckers.

## Verwendung des Taschenrechners – Runden

### Aufgabe
Bei der Herstellung von Brotteig werden 50 kg Mehl mit 31,5 l Wasser vermengt.
Wieviel Liter Wasser muß Bäcker Schröder mit 35 kg Mehl vermengen?
Du kannst die Aufgabe auch mit einem Taschenrechner lösen.

### Lösung
Bei Aufgaben, die du mit dem Taschenrechner lösen willst, beginnst du genauso wie bei den bisherigen Dreisatzaufgaben. Erst wenn du den Bruchstrich geschrieben hast, benutzt du den Taschenrechner zum Ausrechnen.

| Mehl (in kg) | Wasser (in *l*) |
|---|---|
| 50 | 31,5 |
| 1 | ▪ |
| 35 | ▪ |

| Benutzung des Taschenrechner | |
|---|---|
| *Eingabe* | *Anzeige* |
| 31.5 ÷ | 31.5 |
| 50 × | 0.63 |
| 35 = | 22.05 |

*Rechnung (ohne Einheiten):* $\frac{31,5 \cdot 35}{50} = 22,05$

*Ergebnis:* Bäcker Schröder braucht für 35 kg Mehl 22 *l* Wasser.

---

Die Anzeige beim Taschenrechner enthält beim Ergebnis oft mehr Dezimalstellen als es notwendig und sinnvoll ist. Hier mußt du das Ergebnis sinnvoll runden.
Beim Runden richtet man sich nach der nächstfolgenden Ziffer:
Bei den Ziffern 0, 1, 2, 3, 4 wird abgerundet;
Bei den Ziffern 5, 6, 7, 8, 9 wird aufgerundet.

*Beispiele:* (1) ohne Dezimalstellen:
28,4 ≈ 28
234,503 ≈ 235
2,9 ≈ 3

(2) mit zwei Dezimalstellen:
4,843 ≈ 4,84
24,245 ≈ 24,25
4,99843 ≈ 5,00

**Zur Festigung und zum Weiterarbeiten**

**1.**
Wieviel *l* Wasser benötigt Bäcker Schröder für 65 kg [15 kg; 40 kg; 85 kg] Mehl?

**2.**
Runde folgende Zahlen:
a) ohne Dezimalstellen (auf ganze Zahlen): 23,2; 42,54; 328,09; 99,586
b) auf zwei Dezimalen: 3,542; 26,018; 42,595; 12,4673; 399,99987
c) auf drei Dezimalen: 0,04829; 0,02650; 0,9678; 6,71249; 0,08995

**3.**
Die Anzeige eines Taschenrechners zeigt
(1) 23,342399      (3) 0,54545454
(2) 384,04556      (4) 246,89898
Runde sinnvoll wie im Beispiel
a) auf volle DM;   b) auf DM und Pfennige (mit Komma);
c) auf volle kg;   d) auf kg und g (mit Komma).

> a) 8,8647234 DM ≈ 9 DM
> b) 8,8647234 DM ≈ 8,86 DM
> c) 8,8647234 kg ≈ 9 kg
> d) 8,8647234 kg ≈ 8,865 kg

**Übungen**

**4.**
Rechne mit dem Taschenrechner und gib das Ergebnis mit 2 [mit 3] Dezimalstellen an.
a) $\frac{39 \cdot 67}{49}$   b) $\frac{248 \cdot 364}{2468}$   c) $\frac{0,238 \cdot 4,59}{0,659}$   d) $\frac{0,221 \cdot 5,76}{4,06}$

**5.**
Ein Liter Essig enthält 60 cm³ Essigessenz und 940 cm³ Wasser. *Beachte:* 1 *l* = 1 000 cm³
a) Wieviel cm³ Essigessenz benötigt man für 500 cm³ [1,5 *l*; 3,5 *l*] Wasser? Runde das Ergebnis.
b) Wieviel cm³ Wasser benötigt man für 75 cm³ [35 cm³; $\frac{1}{4}$ *l*] Essigessenz?

**6.**
a) Frau Bunk zahlt für 50 *l* Benzin 52 DM. Wieviel DM kostet eine Tankfüllung von 35 *l* Benzin?
b) Berechne ebenso die Kosten für eine Tankfüllung von 20 *l* [45 *l*; 28 *l*].
c) Wieviel *l* Benzin erhält man für 60 DM [40 DM; 10 DM]?

**7.**
Aus einem Wasseranschluß im Garten wird in 7 min ein Wasserbecken mit 300 *l* Wasser gefüllt.
a) Herr Rose schließt einen Gartenschlauch an und sprengt den Garten. Nach 8,5 min ist er fertig. Wieviel *l* Wasser hat er verbraucht?
b) Wieviel *l* Wasser werden in 10 min [12 min; 16 min] verbraucht?
c) Herr Rose will täglich nicht mehr als 1 m³ Wasser verbrauchen. Wieviel Minuten darf er sprengen?

**8.**
Ein Lieferwagen verbraucht auf 100 km durchschnittlich 15,5 *l* Benzin.
a) Wie weit kann er mit einer Tankfüllung von 62 *l* Benzin fahren?
b) Wie hoch ist der Benzinverbrauch für eine 380 km lange Fahrstrecke? Runde.

**9.**
Nach dem Einfüllen von 30 Litern steht das Wasser in einem Aquarium 11 cm hoch.
Wieviel *l* Wasser enthält das Aquarium bei einer Wasserhöhe von 40 cm [von 45 cm]?

**10.**
a) Eine Kundin zahlt für 2,50 m Wollstoff 60 DM. Eine andere Kundin verlangt 3,80 m von demselben Stoff. Wieviel DM muß sie dafür zahlen?
b) Wieviel m Stoff derselben Sorte hat eine Kundin gekauft, die dafür 76,80 DM zahlt?

**11.**
Die Mieten in einem Häuserblock werden nach der Größe der Wohnfläche berechnet (gerundet auf volle DM).
a) Herr Scholz zahlt für 85 m² monatlich 748 DM. Wie hoch ist die Miete für die Nachbarn mit 60 m² [mit 72 m²] Wohnfläche?
b) Frau Klose zahlt 660 DM monatlich. Wie groß ist ihre Wohnung?

**12.**
Ein Fuhrunternehmer soll 210 m³ Erde abtransportieren. Mit 18 Fuhren hat er schon 108 m³ Erde abgefahren. Wie oft muß er noch fahren?

## Dezimalbrüche als Maßzahlen

### Aufgabe

Martin will einen Bilderrahmen mit Glas herstellen.
Er benötigt dafür 0,2 m² Glas und 1,80 m Zierleiste.

a) Eine Bastlerzentrale bietet Glas zu 36 DM pro m² an.
Wieviel DM muß Martin bezahlen?
b) Für die Zierleiste bezahlt Martin 8,10 DM.
Wieviel kostet 1 m Zierleiste?

### Lösung

Auch hier handelt es sich um proportionale Zuordnungen:
*Glasbedarf → Preis*
*Leistenbedarf → Preis*
Dabei kann man mit Dezimalbrüchen ähnlich wie mit natürlichen Zahlen rechnen.

a) Von der Einheit kommt man zu einer beliebigen Größe durch Multiplizieren.
1 m² kostet 36,00 DM
0,2 m² kosten 36,00 DM · 0,2 = 7,20 DM

| Glas (in m²) | Preis (in DM) |
|---|---|
| 1 | 36,00 |
| 0,2 | 7,20 |

*Ergebnis:* Gabi muß 7,20 DM für das Glas bezahlen.

b) Von einer beliebigen Größe kommt man zur Einheit durch Dividieren.
1,8 m kosten 8,10 DM
1 m kostet 8,10 DM : 1,8
= 81,0 DM : 18 = 4,50 DM

| Leiste (in m) | Preis (in DM) |
|---|---|
| 1,8 | 8,10 |
| 1 | 4,50 |

*Ergebnis:* 1 m Zierleiste kostet 4,50 DM.

## Zur Festigung und zum Weiterarbeiten

**1.**
Für ein großes Bild benötigt Gabi 0,75 m² Glas einer anderen Sorte.
Wieviel DM muß Gabi bezahlen. 1 m² Glas kostet 60 DM.

**2.**
Steffen will mehrere Bilderrahmen mit verschiedenen Zierleisten herstellen. Er kauft dazu 0,7 m zu 3,15 DM; 2,1 m zu 8,40 DM; 3,25 m zu 9,75 DM und 2,3 m zu 5,75 DM.
Berechne jeweils die Preise für 1 m und vergleiche.

**3.**
Nicole bezahlt für eine 0,6 m² große Holzplatte 24 DM. Wieviel kostet eine 1,4 m² große Holzplatte der gleichen Sorte?

| Holzplatte (in m²) | Preis (in DM) |
|---|---|
| 0,6 | 24 |
| 1 |  |
| 1,4 |  |

## Übungen

**4.**
Der Preis für weiß beschichtete Spanplatten beträgt 26 DM pro m².
Wieviel DM kosten 1,8 m² [2,5 m²; 0,4 m²] von diesen Platten?

**5.**
Für die Herstellung eines Bilderrahmens benötigt Martin 0,7 m² Glas (1 m² Glas kostet 48 DM) und 3,4 m Leisten (1 m Leiste kostet 3,90 DM). Reichen 50 DM für den Kauf des Materials?

**6.**
Von verschiedenen Dekorationsstoffen gleicher Breite wurden folgende Stücke verkauft.
Berechne jeweils die Preise für 1 m und vergleiche.

**a)** 1,3 m zu 27,30 DM  **b)** 3,5 m zu 77 DM  **c)** 1,7 m zu 42,50 DM  **d)** 0,8 m zu 18 DM

**7.**
**a)** Eine 0,4 m² große Spanplatte wiegt 4,8 kg. Wieviel kg wiegt eine 1,3 m² große Platte derselben Dicke?

**b)** 1,8 m² einer anderen Spanplatte wiegen 14,4 kg. Wieviel kg wiegen 0,8 m² dieser Spanplatte?

**c)** Bei einer dritten Sorte wiegt eine 0,6 m² große Spanplatte 5,4 kg. Wieviel kg wiegen 1,5 m² dieser Spanplatte?

## Quotienten bei proportionalen Zuordnungen

### Aufgabe

Thomas arbeitet bei der Firma „Teppich und Tapete".
Er hat aus Reststücken die Angebote rechts zusammengestellt.
Kann es sich dabei um die gleiche Teppichsorte handeln?

| 4 m² | 8 m² | 15 m² | 20 m² |
|---|---|---|---|
| 56 DM | 112 DM | 210 DM | 280 DM |

**Lösung**

Du mußt jeweils den Preis für 1 m² ausrechnen.
Den Preis für 1 m² erhältst du, indem du jeweils den Gesamtpreis durch die verkaufte Teppichfläche dividierst.

| Quotient der Maßzahlen | Preis für 1 m² (in DM) |
|---|---|
| $56 : 4 = \frac{56}{4} = \blacksquare$ | 14 |
| $112 : 8 = \frac{112}{8} = \blacksquare$ | 14 |
| $210 : 15 = \frac{210}{15} = \blacksquare$ | 14 |
| $280 : 20 = \frac{280}{20} = \blacksquare$ | 14 |

*Ergebnis:* 1 m² Teppichauslegware kostet jeweils 14 DM.
Bei den Teppichresten kann es sich also um die gleiche Sorte handeln.

---

Für **proportionale Zuordnungen** gilt:
Dividiert man die zusammengehörigen Größen, so ist das Ergebnis immer gleich.
Der Quotient zusammengehöriger Größen ist bei einer proportionalen Zuordnung immer gleich groß (konstant). Dieser Quotient hat immer eine bestimmte Bedeutung (z. B. Preis pro kg, zurückgelegte Weglänge pro Stunde, also Geschwindigkeit).
Im Beispiel gibt der Quotient den Preis pro m² an.

Man schreibt: $19 \frac{DM}{m^2}$

Man liest: 19 DM pro Quadratmeter.

Das bedeutet: Der Preis von 1 m² beträgt 19 DM.

*Beispiel:*

| Flächeninhalt (in m²) | Preis (in DM) | Quotient der Maßzahlen |
|---|---|---|
| 5 | 95 | 95 : 5 = 19 |
| 3 | 57 | 57 : 3 = 19 |

---

**Zur Festigung und zum Weiterarbeiten**

**1.**
Wieviel DM kosten 5 m² [18 m²; 24 m²] derselben Teppichsorte? Benutze bei der Rechnung den Preis für 1 m² aus der Aufgabe auf Seite 15.

**2.**
26 m² einer anderen Teppichsorte kosten 728 DM.

a) Berechne den Quotienten, der den Preis für 1 m² angibt.

b) Wieviel kosten 16 m² [20 m²; 24 m²] dieser Teppichsorte?

**3.**
Barbara arbeitet in einem Teppichgeschäft. Für Reststücke stellt sie folgende Angebote zusammen:   (1) 8 m² für 128 DM;   (2) 12 m² für 192 DM;   (3) 9 m² für 148 DM.
Kann es sich dabei um die gleiche Teppichsorte handeln?

**4.**
Prüfe, ob es sich bei der folgenden Tabelle um eine proportionale Zuordnung handelt.

a) *Kartoffeln*

| Gewicht (in kg) | Preis (in DM) |
|---|---|
| 5 | 3,40 |
| 10 | 6,80 |
| 20 | 13,60 |
| 1 | |

b) *Radfahrer*

| Weglänge (in km) | Zeit (in min) |
|---|---|
| 10 | 30 |
| 20 | 60 |
| 30 | 90 |
| 1 | |

c) *Taxifahrt*

| Entfernung (in km) | Preis (in DM) |
|---|---|
| 2 | 5,40 |
| 6 | 10,20 |
| 8 | 12,60 |
| 14 | 19,80 |

## Übungen

### 5.
Ergänze die Tabelle für die folgende proportionale Zuordnung.

**a)** *Volumen → Preis*

| Volumen | Preis | Preis pro *l* |
|---|---|---|
| 5 *l* | 5,50 DM | |
| 10 *l* | | |
| 15 *l* | | |
| 25 *l* | | |
| 30 *l* | | |
| 40 *l* | | |

**b)** *Länge → Gewicht*

| Länge | Gewicht | Gewicht pro m |
|---|---|---|
| 4 m | 68 kg | |
| 12 m | | |
| 6 m | | |
| 18 m | | |
| 24 m | | |
| 40 m | | |

**c)** *Zeit → Weglänge*

| Zeit | Weg-länge | Wegl. pro Std. |
|---|---|---|
| 2,5 Std. | 210 km | |
| 10 Std. | | |
| 5 Std. | | |
| 7,5 Std. | | |
| 12,5 Std. | | |
| 17,5 Std. | | |

### 6.
**a)** 20 m Kupferdraht wiegen 2400 g. Berechne das Gewicht pro m.

**b)** Wieviel g wiegen 3 m [5 m; 12 m; 18 m] von diesem Kupferdraht?

### 7.
**a)** Ein Radsportler trainiert 3 Stunden ohne Pause. Er legt dabei 82,8 km zurück. Berechne die durchschnittliche Geschwindigkeit in $\frac{km}{h}$. (Das ist die Weglänge in km pro Stunde.)

**b)** Mit welcher Geschwindigkeit fährt ein Radfahrer, der 1,5 h für 28,5 km braucht?

### 8.
In 30 s ist eine Schnecke 12 cm weit gekrochen. Wieviel cm ist sie bei gleicher Geschwindigkeit in 5 s [7 s; 18 s; 28 s] gekrochen? Berechne zuerst die Geschwindigkeit in $\frac{cm}{s}$.

### 9.
Bei einem Schwimmwettkampf von Schülern der 9. Klassen wurden nebenstehende Zeiten gemessen. Berechne und vergleiche die Geschwindigkeiten in $\frac{m}{s}$. Runde auf Hundertstel.

| | Kraul 25 m | Brust 25 m | Brust 50 m |
|---|---|---|---|
| Steffen | 18,2 s | — | — |
| Helga | 21,4 s | — | — |
| Dieter | — | — | 52 s |
| Uta | — | 28 s | — |

### 10.
An einer Tankstelle wurden berechnet:

(1) 22,50 DM für 18 *l*;   (2) 52,90 DM für 46 *l*;   (3) 72,50 DM für 58 *l*.

Handelt es sich dabei immer um eine Benzinsorte?

### 11.
Ein Bauunternehmen hat einen Firmenwagen so umbauen lassen, daß er wahlweise mit Benzin oder Flüssiggas betrieben werden kann. Anstelle von 10 *l* Benzin verbraucht er 11,5 *l* Flüssiggas.

**a)** Der durchschnittliche Benzinverbrauch beträgt 13,5 *l* auf 100 km. Wie hoch ist der Verbrauch an Flüssiggas auf 100 km? (Zuordnung: *Benzinmenge → Flüssiggas*) Runde auf zehntel Liter.

**b)** Der Gasbehälter faßt 80 *l* Flüssiggas. Wieviel km kann das Fahrzeug damit fahren?

### 12.
Herr Richter und Frau Rother unterhalten sich über den Benzinverbrauch. Herr Richter hat für 440 km 36,2 *l* Benzin verbraucht; Frau Rother ist 530 km gefahren und muß dafür 44,5 *l* Benzin nachtanken. Vergleiche den Verbrauch auf 100 km. Runde auf zehntel Liter.

## Ausländische Währungen

| Wechselkurse Staat | | | Ankauf | Verkauf |
|---|---|---|---|---|
| Belgien | 100 Belg. Franc | bfr | 4,78 DM | 4,90 DM |
| Frankreich | 100 Franz. Franc | FF | 29,25 DM | 30,90 DM |
| Italien | 1 000 Lire | Lit | 1,37 DM | 1,45 DM |
| Österreich | 100 Österr. Schilling | ÖS | 14,12 DM | 14,33 DM |

Auf Flughäfen, in Großstädten usw. gibt es Wechselstuben. Dort kann man deutsches Geld gegen ausländisches Geld tauschen und umgekehrt.
Der Kurswert ändert sich häufig. Die neueste Kurstabelle findest du z. B. in der Zeitung.
Zu jeder ausländischen Währung gibt es DM-Beträge, zum Beispiel
100 FF   *Ankauf:* 29,25 DM   Das bedeutet: Für 100 FF *bekomme* ich 29,25 DM.
100 FF   *Verkauf:* 30,90 DM   Das bedeutet: Für 100 FF *zahle* ich 30,90 DM.

### Übungen

**1.**
a) Dirk fährt im Rahmen eines Schüleraustausches nach Frankreich. Für den Aufenthalt dort benötigt er voraussichtlich 800 FF. Wieviel DM muß er dafür in FF umwechseln?

b) Dirk legt sich für die Umrechnung von DM in FF und von FF in DM jeweils eine Tabelle an. Fülle beide Tabellen aus.

| DM | FF | FF | DM |
|---|---|---|---|
| 1 | | 1 | |
| 2 | | 2 | |
| 5 | | 5 | |
| 10 | | 10 | |
| 20 | | 20 | |
| 50 | | 50 | |
| 100 | | 100 | |
| 200 | | 200 | |
| 500 | | 500 | |

**2.**
a) Dirk wollte in Bordeaux eine Schallplatte kaufen. Sie sollte 84 FF kosten. Für die gleiche Schallplatte hätte Dirk in Deutschland 15 DM gezahlt. Ebenso wollte Dirk für seinen Fotoapparat einen Farbfilm kaufen. Dieser Film sollte 63 FF kosten. Ein Film gleicher Marke und gleicher Qualität kostet in Deutschland etwa 11 DM. Dirk entschied sich, weder Film noch Schallplatte zu kaufen. Wie würdest du dich entscheiden?

b) Dirk hat nicht sein ganzes Geld ausgegeben. Er bringt noch 250 Franc zurück. Wieviel DM erhält er beim Rücktausch dafür?

c) Wieviel DM mußte Dirk auf der Hinreise in der Wechselstube für die 250 FF zahlen? Wieviel hat er durch Tausch und Rücktausch verloren?

**3.**
Nicole fährt mit einer Jugendgruppe nach Österreich. Ihre Mutter bezahlt die Fahrt und den Aufenthalt in der Jugendherberge. Außerdem bekommt Nicole 150 DM Taschengeld.

a) An der Grenze tauscht Nicole das Geld gegen Österreichische Schilling (ÖS) ein. Wieviel ÖS erhält sie ungefähr?

b) Bei einem Halt in Innsbruck macht die Gruppe einen Schaufensterbummel. Die Preise der ausgestellten Waren sind in ÖS angegeben.
Nicole überlegt: Ich muß jeden Preis durch 7 teilen. Dann weiß ich, was die Dinge ungefähr in DM kosten. Überprüfe Nicoles Rechnung.

**4.**
Am dritten Tag wandert die Gruppe hinauf zu einer Berghütte.
- **a)** Nicole bestellt eine Backerbsensuppe für 21 ÖS und ein Spezi zu 15 ÖS. Rechne die Preise in DM um.
- **b)** Auf dem Rückweg trinkt Nicole in einer Almhütte einen Becher Milch für 8 ÖS.
- **c)** In der Almhütte kauft Nicole auch noch eine Tafel Schokolade als Stärkung für den Rest der Wanderung. Dafür zahlt sie 12 ÖS.

**5.**
- **a)** Am letzten Tag hat Nicole noch 210 ÖS von ihrem Taschengeld übrig. Sie überlegt, ob sie sich das schicke T-Shirt zu 145 ÖS kaufen soll. Zu Hause wurde ein solches T-Shirt für 17,50 DM angeboten. Wie hättest du dich entschieden?
- **b)** In der Bank ihres Heimatortes tauscht Nicole die übriggebliebenen 200 ÖS zurück. Wieviel DM erhält sie dafür?
- **c)** Wieviel DM mußte Nicole auf der Hinreise für die 200 ÖS zahlen? Wieviel DM hat sie durch Tausch und Rücktausch verloren?

## *Bereiche Haus- und Landwirtschaft – Antiproportionale Zuordnungen*

### Wiederholung des Dreisatzes bei antiproportionalen Zuordnungen

**Aufgabe**
Frau Knoll hat einen Reitstall mit zur Zeit 12 Pferden. Der Hafervorrat reicht bei gleichmäßiger Fütterung für 20 Tage. Wie viele Tagesrationen für ein Pferd enthält der Vorrat? Wie lange würde der Hafervorrat für 8 Pferde reichen?

**Lösung**

*Überlege:* Je weniger Pferde sich im Reitstall befinden, desto länger würde der Futtervorrat reichen. Je mehr Pferde sich im Reitstall befinden, desto kürzere Zeit würde der Futtervorrat reichen.
Ein Pferd würde mit dem gleichen Hafervorrat zwölfmal so lange auskommen.
8 Pferde würden den gleichen Vorrat im achten Teil der Zeit verbrauchen wie ein Pferd.
Für 12 Pferde reicht der Vorrat   20 Tage.
Für   1 Pferd  reicht der Vorrat   20 Tage · 12 = 240 Tage.
Für   8 Pferde reicht der Vorrat 240 Tage :  8 =  30 Tage.
Wie bei den proportionalen Zuordnungen kannst du die Lösung auch vereinfacht aufschreiben:

12 Pferde   —    20 Tage
 1 Pferd    —    20 Tage · 12 = 240 Tage
 8 Pferde   —   240 Tage :  8 =  30 Tage

| Anzahl der Pferde | Anzahl der Tage |
|---|---|
| 12 | 20 |
| 1 | 240 |
| 8 | 30 |

*Ergebnis:* Der Hafervorrat enthält 240 Tagesrationen für ein Pferd. Für 8 Pferde reicht der Vorrat 30 Tage.

Für **antiproportionale Zuordnungen** gilt:
(1) Zum Doppelten (Dreifachen usw.) einer Größe gehört die Hälfte (der dritte Teil usw.) der zugeordneten Größe.
(2) Zur Hälfte (zum dritten Teil usw.) einer Größe gehört das Doppelte (das Dreifache usw.) der zugeordneten Größe.

| Anzahl der Pferde | Anzahl der Tage |
|---|---|
| 9 | 24 |
| 3 | 72 |
| 6 | 36 |

**Zur Festigung und zum Weiterarbeiten**

**1.**
a) Wie lange reicht der Hafervorrat für 6 [10; 20] Pferde?
b) Wie viele Pferde würden mit dem gleichen Hafervorrat 10 [16; 48] Tage auskommen?

**2.**
Beim Dachdecken eines Hauses arbeiten 4 Personen gut zusammen, weil die verschiedenen Tätigkeiten sinnvoll verteilt sind.

a) Erkläre die im Bild dargestellten Arbeiten.
b) Begründe, warum die Firma nicht nur eine einzige Person einsetzt.
c) Der Bauherr überlegt: „Wenn die Firma 12 Personen einsetzt, ist die Arbeit dreimal so schnell beendet."
Was meinst du dazu?

**Übungen**

**3.**
Ein Garagenhof soll gepflastert werden. Meister Harms sagt: „Mit 6 Leuten schaffen wir das in 3 Tagen, also in 24 Stunden."

a) 2 Arbeiter erkranken. Es kommen nur 4 Arbeiter. Wieviel Zeit benötigen sie voraussichtlich für die Arbeit?
b) Wieviel Zeit benötigen 2 [3; 8; 1] Arbeiter? Löse die Aufgabe mit Hilfe einer Tabelle.

**4.**
Mit 10 Lkw wird Erdreich von einer Baustelle abgefahren. Jeder Lkw fährt 28mal. Wie viele Lkw sind nötig, wenn jeder 35mal fährt?

**5.**
Eine Baugrube soll von 4 Baggern ausgehoben werden. Die Bauleitung rechnet mit einer Dauer von 120 Stunden. Mit welcher Zeitdauer ist zu rechnen, wenn 6 [3] Bagger eingesetzt werden?

**6.**
Die Klasse 9b der Schule Heinrichstraße hat für eine Klassenfahrt einen Zuschuß erhalten. Wenn alle 24 Schüler mitfahren, bekommt jeder 35 DM. Drei Schüler können nicht mitfahren. Wie hoch ist bei 21 Schülern der Zuschuß für jeden?

**7.**
Ein rechteckiges Kupferblech ist 50 cm lang und 32 cm breit. Es soll gegen ein gleich großes Blech der Länge 80 cm [100 cm; 64 cm; 75 cm] eingetauscht werden. Berechne die Breite des Bleches.

## Graphische Darstellung

**Aufgabe**
Der Lebensmittelvorrat eines Lagers reicht bei 3 Personen für 4 Tage.
**a)** Stelle für diese antiproportionale Zuordnung eine Tabelle auf für 1, 2, 3, 4, 6, 12 Personen.
**b)** Lies aus dem Graphen ab: Wie lange reicht der Vorrat für 5 [für 9] Personen?

**Lösung**

a)

| Anzahl der Personen | Anzahl der Tage |
|---|---|
| 1 | 12 |
| 2 | 6 |
| 3 | 4 |
| 4 | 3 |
| 6 | 2 |
| 12 | 1 |

b) Für 5 Personen reicht der Vorrat ungefähr $2\frac{1}{2}$ Tage, für 9 Personen ungefähr $1\frac{1}{2}$ Tage.

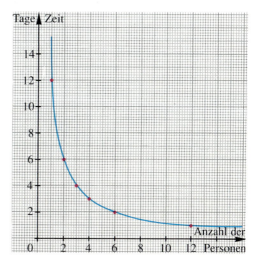

> Bei jeder *antiproportionalen Zuordnung* liegen die Punkte des Graphen auf einer *Kurve*. Diese Kurve nennt man **Hyperbel**. Sie trifft keine der beiden Achsen.

### Zur Festigung und zum Weiterarbeiten

**1.**
Die Beziehungen zwischen Lebensmittelvorräten und Teilnehmerzahl einer Expedition ist im Diagramm rechts dargestellt.
Erstelle eine Tabelle.

**2.**
Nicht alle Punkte des gezeichneten Graphen ergeben sinnvolle Zuordnungen. Begründe.

### Übungen

**3.**
Zeichne einen Graphen für die Zuordnung *Zahl der Pferde → Zahl der Tage* aus der Aufgabe Seite 19.

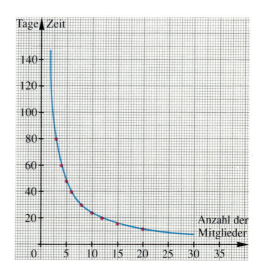

**4.**
Die Besitzerin einer Obstplantage geht davon aus, daß 12 Pflücker die Ernte in 12 Stunden schaffen. Erstelle für diese antiproportionale Zuordnung eine Tabelle und zeichne den Graphen.


## Rechnen auf dem Bruchstrich – Verwendung des Taschenrechners

**Aufgabe**
Einige Freunde machen in den Ferien eine Fahrradtour durch Süddeutschland. Wenn sie täglich 120 DM ausgeben, reicht die Reisekasse für 15 Tage.
Sie wollen aber 18 Tage unterwegs bleiben. Wieviel DM können sie täglich ausgeben?

**Lösung**
Da die Fahrt länger dauern soll, können sie täglich bei gleicher Reisekasse weniger Geld ausgeben.
Es handelt sich um eine antiproportionale Zuordnung.

15 Tage — 120 DM
 1 Tag — 120 DM · 15
18 Tage — (120 DM · 15) : 18

*Rechnung (ohne Einheiten):* $\frac{120 \cdot 15}{18} = 100$

| Anzahl der Tage | Tägliche Ausgabe (in DM) |
|---|---|
| 15 | 120 |
| 1 | 120 · 15 |
| 18 | $\frac{120 \cdot 15}{18}$ |

*Ergebnis:* Bei einer Fahrt von 18 Tagen können sie täglich 100 DM ausgeben.

Beim Ausrechnen des Bruchstriches kannst du in schwierigeren Fällen auch einen Taschenrechner benutzen. Denke dabei an das sinnvolle Runden der Anzeige des Taschenrechners.


**Zur Festigung und zum Weiterarbeiten**

**1.**
Schreibe die drei Zeilen in der obigen Lösung ausführlich auf.

**2.**
Wieviel DM können die Freunde ausgeben, wenn die Fahrt 24 [25] Tage dauern soll?

**3.**
Wie lange kann die Fahrt dauern, wenn sie täglich 90 DM [150 DM] ausgeben wollen?


**Übungen**

**4.**
Ein Wasservorratsbecken wird durch 5 gleich starke Pumpen in 9 Stunden gefüllt. Wie lange dauert das Füllen, wenn nur 3 Pumpen in Betrieb sind?

**5.**
Fünf Planierraupen benötigen zum Einebnen eines Geländes 20 Stunden.
  **a)** Es stehen vier [sechs] Planierraupen für dieselbe Arbeit zur Verfügung. Wie viele Stunden wird das Einebnen voraussichtlich dauern?
  **b)** Die Arbeit soll in 8 Stunden erledigt sein. Wie viele Planierraupen werden gebraucht?

### 6.
Aus einer Rolle Blumendraht kann man 360 Stücke von 16 cm Länge schneiden.

**a)** Man benötigt aber nur Stücke von 12 cm [15 cm] Länge. Für wie viele Stücke reicht die Rolle?

**b)** Man benötigt 400 Stücke. Wie lang darf man diese nur abschneiden?

### 7.
Die Fläche eines Neubaugebietes wird an 35 Siedler gleichmäßig verteilt. Jeder erhält ein Grundstück von 680 m² Größe.

**a)** Die Zahl der Siedler soll auf 40 erhöht werden. Wieviel erhält jetzt jeder?

**b)** Nach einem anderen Plan soll jeder Siedler ein Grundstück von 850 m² Größe erhalten. An wie viele Siedler könnte jetzt das Land verteilt werden?

## Dezimalbrüche als Maßzahlen

### Aufgabe
In einem landwirtschaftlichen Futtermittelgeschäft will Frau Hölscher 37,5 kg Hühnerfutter für 2,40 DM pro kg kaufen. Doch dann entdeckt sie ein Sonderangebot: Hühnerfutter pro kg 2,25 DM.
Wieviel kg Hühnerfutter erhält sie beim Sonderangebot für den gleichen Geldbetrag wie beim normalen Angebot?

### Lösung
Es handelt sich um eine antiproportionale Zuordnung.
Je weniger 1 kg Hühnerfutter kostet, desto mehr erhält man für den gleichen Geldbetrag. Wenn 1 kg Futter nur halb so viel kostet, erhält man die doppelte Menge für den gleichen Geldbetrag.

| Preis pro kg (in DM) | Hühnerfutter (in kg) |
|---|---|
| 2,40 | 37,5 |
| 1 | 90 |
| 2,25 | 40 |

(: 2,4 und · 2,25 in der linken Spalte; · 2,4 und : 2,25 in der rechten Spalte)

*Ergebnis:* Frau Hölscher erhält beim Sonderangebot 40 kg Hühnerfutter.

### Zur Festigung und zum Weiterarbeiten

**1.**
Schreibe die drei Zeilen der obigen Lösung ausführlich auf.

**2.**
Wieviel DM muß Frau Hölscher für ihr Hühnerfutter bezahlen? Bezahlt sie beim Sonderangebot weniger als beim normalen Angebot?

**3.**
Bei Abnahme von kleineren Mengen (bis 5 kg) berechnet der Händler 3 DM [2,50 DM] pro kg. Berechne, wieviel kg man dann für den gleichen Geldbetrag erhalten würde.

### Übungen

**4.**
Frau Rettmer will um ihren Rasen 0,60 m lange Bordsteine setzen. Sie benötigt dazu 40 Bordsteine. Das Baugeschäft hat aber nur 0,40 m lange Bordsteine.
Wie viele Bordsteine muß Frau Rettmer kaufen?

**5.**
Für eine Klassenfahrt erhält jede der 4 Parallelklassen des 9. Jahrgangs den gleichen Betrag als Zuschuß. Jeder der 27 Schüler der Klasse 9a erhält 11,20 DM. Wieviel DM erhält jeder Schüler der Klasse 9b (28 Schüler), 9c (24 Schüler) und 9d (30 Schüler)?

**6.**
Der Heizölvorrat eines Mehrfamilienhauses reicht in einem normalen Winter bei einem durchschnittlichen Tagesverbrauch von 74,5 l für 90 Tage.
**a)** Durch sparsames Heizen und bessere Abdichtung der Fenster gelingt es, den täglichen Verbrauch auf durchschnittlich 65,5 l herabzusetzen. Wie lange reicht der Ölvorrat jetzt?
**b)** In einem sehr kalten Winter war der Ölvorrat schon nach 82 Tagen aufgebraucht. Wie hoch war der durchschnittliche Tagesverbrauch?
**c)** Erkundige dich nach dem Preis für 100 l Heizöl und berechne jeweils die täglichen Ölkosten.

## Produkte bei antiproportionalen Zuordnungen

### Aufgabe
Landwirtin Mika soll in einem Baugebiet ein 72 m langes und 48 m breites rechteckiges Grundstück tauschen gegen ein gleich großes Grundstück, das aber nur 64 m lang ist.
Wie breit muß das neue Grundstück sein?

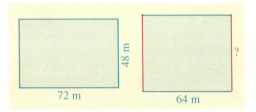

### Lösung
Es gibt zwei Rechenwege.

*1. Weg:*
Es handelt sich um eine antiproportionale Zuordnung.
Wenn das Rechteck nur halb so lang ist, muß bei gleichem Flächeninhalt die Breite verdoppelt werden.

| Länge (in m) | Breite (in m) |
|---|---|
| 72 | 48 |
| 1 | 48 · 72 |
| 64 | $\frac{48 \cdot 72}{64}$ |

(: 72, · 64 links; · 72, : 64 rechts)

*2. Weg:*
Du rechnest zunächst den Flächeninhalt des Grundstücks aus:

A = a · b
A = 72 m · 48 m
A = 3 456 m²

Dann berechnest du die zweite Seite des neuen Grundstückes:

b = A : a
b = 3 456 m² : 64 m
b = 54 m

*Rechnung (ohne Einheiten):* $\frac{48 \cdot 72}{64} = 54$

*Ergebnis:* Das neue Grundstück ist 54 m breit. Beide Grundstücke haben den gleichen Flächeninhalt, nämlich 3 456 m².

> Für **antiproportionale Zuordnungen** gilt:
> Multipliziert man die zusammengehörigen Größen, so ist das Ergebnis immer gleich groß. Das Produkt zusammengehöriger Größen ist bei einer antiproportionalen Zuordnung immer gleich groß (konstant).
> Bei einer antiproportionalen Zuordnung gibt es immer eine feste *Gesamtgröße* (z. B. Gesamtzahl der Tagesrationen, Gesamtzahl der Arbeitsstunden, Gesamtbetrag).
> Die feste Gesamtgröße (das Produkt der Maßzahlen) findet man, indem man die Maßzahlen zusammengehöriger Größen multipliziert.
>
> *Beispiel:*
>
> | Tägliche Ausgabe | Anzahl der Tage | Produkt der Maßzahlen |
> |---|---|---|
> | 80 DM | 12 | 960 |
> | 96 DM | 10 | 960 |
>
> Gesamtbetrag: 960 DM

**Zur Festigung und zum Weiterarbeiten**

**1.**
Wie breit müßte das Grundstück in der Aufgabe auf Seite 24 sein, wenn die Länge 96 m [108 m] beträgt? Benutze bei der Rechnung die konstante Größe der Grundstücksfläche.

**2.**
Für die 16tägige Fahrt einer Jugendgruppe können täglich 60 DM ausgegeben werden.
**a)** Berechne den zur Verfügung stehenden Gesamtbetrag.
**b)** Wieviel DM können täglich ausgegeben werden, wenn die Fahrt 15 Tage dauern soll?
**c)** Die Gruppe möchte täglich 80 DM [120 DM] ausgeben. Wie lange kann die Fahrt dauern?
Benutze bei den Rechnungen den konstanten Gesamtbetrag.

**3.**
Prüfe, ob es sich bei der folgenden Tabelle um eine antiproportionale Zuordnung handelt.

**a)** *Klassenfahrt*

| Anzahl der Schüler | Zuschuß pro Schüler (in DM) |
|---|---|
| 25 | 32 |
| 5 | 160 |
| 20 | 40 |

**b)** *1 l Wasser in verschiedenen Quadern*

| Grundfläche (in cm²) | Höhe (in cm) |
|---|---|
| 6 | 35,4 |
| 12 | 8,8 |
| 20 | 3,2 |

**c)** *Verlängerung einer Feder*

| Kraft (in N) | Verlängerung (in cm) |
|---|---|
| 2 | 6 |
| 4 | 12 |
| 8 | 24 |

**Übungen**

**4.**
Ergänze die Tabelle für die folgende antiproportionale Zuordnung.

**a)**

| Anzahl der Mitglieder | Anzahl der Tage | Gesamtzahl der Tagesrationen |
|---|---|---|
| 6 | 24 | |
| 3 | | |
| 9 | | |
| 18 | | |

**b)**

| Anzahl der Arbeiter | Anzahl der Stunden | Gesamtzahl der Arbeitsstunden |
|---|---|---|
| 4 | 16 | |
| 8 | | |
| 2 | | |
| 1 | | |

**5.**
Landwirt Schulte will seinen Hof mit Steinplatten pflastern. Bei einer Plattengröße von 0,12 m² werden 14 400 Platten benötigt.
a) Wie viele Platten werden bei einer Plattengröße von 0,2 m² benötigt?
   Berechne dazu zunächst die Größe der gesamten Hoffläche.
b) Wie viele Platten werden bei einer Plattengröße von 0,25 m² [0,1 m²; 0,15 m²] benötigt?
c) Wie viele Platten werden jeweils für 1 m² benötigt?

## Vermischte Übungen

**1.**
a) Ergänze die Tabellen für die
   (1) proportionalen Zuordnungen:  (2) antiproportionalen Zuordnungen:

| Gewicht (in kg) | Preis (in DM) |
|---|---|
| 4 | 9 |
| 9 | |
| 8 | |
| 12 | |

| Zeit (in min) | Wegl. (in km) |
|---|---|
| 20 | |
| 35 | 13 |
| 55 | |
| 75 | |

| Länge (in cm) | Breite (in cm) |
|---|---|
| 15 | 6 |
| 10 | |
| 45 | |
| 9 | |

| Anzahl der Teile | Länge eines Teils (in cm) |
|---|---|
| 36 | |
| 90 | |
| 80 | |
| 45 | 16 |

b) Schreibe zu den Tabellen passende Zuordnungen auf.

**2.**
Bei einem Fußballspiel steht es nach 45 Minuten 2:1. Wie steht es nach 90 Minuten?

**3.**
Zwei Bekannte unterhalten sich über den Benzinverbrauch ihrer Autos. Sonja sagt: „Ich habe 39,6 l Benzin für 450 km verbraucht." „Da ist mein Auto aber viel günstiger", erwidert Barbara. „Ich habe nur 22 l für 250 km gebraucht." Was meinst du dazu?

**4.**
Ein Fußboden mit 30 Stück 18 cm breiten Dielenbrettern soll neu belegt werden. Es stehen aber nur 15 cm breite Dielenbretter zur Verfügung. Wie viele Dielenbretter werden benötigt?

**5.**
Eine 38 m² große Hauswand soll mit Holz verschalt werden. Das Holz wird mit einem Schutzmittel behandelt. Laut Anweisung reichen 5 l für die Behandlung von 8 m² Verschalbretter. Wieviel l Holzschutzmittel werden benötigt? Es gibt im Handel Kanister zu 5 l und zu 10 l.

**6.**
Zum Abschlußanstrich einer Wohnhausfassade benötigen 6 Malerinnen in der Regel 24 Stunden. Wie viele Stunden benötigen 8 [5] Malerinnen für dieselbe Wandfläche?

**7.**
Holz soll auf einen bestimmten Farbton gebeizt werden. Dafür müssen in 1 l Wasser 60 g Farbpulver gelöst werden. Für eine Musterfärbung sind nur 80 cm³ Farblösung erforderlich. Wieviel g Farbpulver müssen abgewogen werden?

*8.*
Fünf Gesellen streichen 80 Fenster eines Bürohauses in der Regel in 52 Stunden.
**a)** Wie viele Stunden brauchen 4 Gesellen für dieselbe Anzahl Fenster?
**b)** Die 80 Fenster sollen in 40 Stunden gestrichen werden. Wie viele Maler müssen eingesetzt werden? Runde sinnvoll.

*9.*
Die Holzdecke in einem Wohnzimmer soll gefärbt werden. 80 g Farbpulver (gelöst in 1 $l$ Wasser) reichen für 10 m². Das Zimmer ist 24 m² groß. Wieviel g Farbpulver werden benötigt?

*10.*
Eine Arbeitskolonne von 16 Maurern baut 20 Garagen in der Regel in 35 Arbeitstagen.
**a)** Wie lange braucht die Kolonne für die Garagen, wenn 2 Maurer durch Krankheit ausfallen?
**b)** Wie lange braucht die Kolonne, wenn 4 Maurer zusätzlich eingestellt werden?

*11.*
Der Wasserverbrauch beträgt im Haushalt pro Person täglich etwa 150 $l$.
**a)** Wieviel $l$ Wasser verbraucht eine Familie mit 4 Personen im Jahr?
**b)** Berechne die jährlichen Kosten für Wasser bei einem Wasserpreis von 2,25 DM für 1 m³.

*12.*
Eine Arbeitskolonne von 12 Leuten baut 84 m Straße pro Tag.
**a)** Wieviel m Straße werden täglich fertig, wenn 4 Mann ausfallen?
**b)** Wieviel m Straße werden täglich fertig, wenn 6 Mann zusätzlich eingestellt werden?

*13.*
Frau Ehrlich durchfährt eine Baustelle auf der Autobahn in genau 12 Minuten, wenn sie gleichmäßig 80 $\frac{km}{h}$ fährt. An anderen Tagen hat sie für dieselbe Strecke 16 Minuten [15 Minuten; 17 Minuten] gebraucht. Sie ist wieder gleichmäßig gefahren.
Mit welcher Geschwindigkeit ist sie jeweils gefahren?
*Vorüberlegung:* Die Zuordnung *Fahrzeit → Geschwindigkeit* ist antiproportional. Denn zur halben Fahrzeit gehört die doppelte Geschwindigkeit usw.

*14.*
Sägewerke geben den Preis für Holz oft in DM pro m³ an.
**a)** Kiefernholz, geschnitten in 18 mm dicke Bretter, wird zu 840 DM pro m³ angeboten.
Wieviel kostet 1 m² der Bretter?
*Hinweis:* Stelle dir 1 m³ als Würfel wie im Bild vor.
Erkläre den Ansatz.

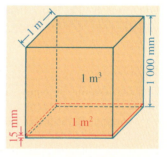

| 1 000 mm | — | 840 DM |
|---|---|---|
| 18 mm | — |  DM |

**b)** Kirschholz, geschnitten in 15 mm dicke Bretter, kostet 892 DM pro m³. Berechne den Preis für 1 m² der Bretter.

*15.*
Für eine Dachkonstruktion werden 32 Balken der Länge 6,5 m mit einem Querschnitt von 12 cm × 24 cm geliefert.
Der Preis für die Lieferung beträgt 2 830 DM.
Berechne den Preis pro m³.

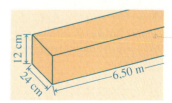

# 2. Prozent- und Zinsrechnung in Sachbereichen

## Berufswahl – Grundaufgaben der Prozentrechnung

### Berechnung des Prozentwertes – Berufswahl

**Wiederholung**

In der Prozentrechnung gilt: $p\% = \frac{p}{100}$

---

Der *Grundwert* G ist das Ganze (100 %).

Der *Prozentsatz* p% gibt an, welcher Bruchteil vom Ganzen zu bilden ist.

Der *Prozentwert* P gibt an, wie groß dieser Teil des Ganzen ist.

**Grundschema der Prozentrechnung:**

Grundwert $\xrightarrow{\;\cdot\text{ Prozentsatz}\;}$ Prozentwert

G $\xrightarrow{\;\cdot\, p\%\;}$ P

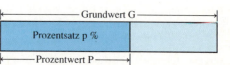

**Formel der Prozentrechnung:** $P = G \cdot \frac{p}{100}$

---

**Aufgabe**

Die Berufswahl ist eine wichtige Entscheidung im Leben eines jungen Menschen.
Fachkundige Beratungen und umfassende Informationen helfen bei der Wahl des Berufes.
Die obige Abbildung zeigt das Ergebnis einer Umfrage bei rund 3 500 Auszubildenden.
Bei 40 % war das Gespräch mit den Eltern ausschlaggebend für die Wahl des Berufes.
Wie viele Auszubildende sind das?

**Helfer bei der Berufswahl**
Als ausschlaggebende Berufswahlhelfer bezeichneten von den befragten Jugendlichen*
in %

| | |
|---|---|
| 40 | Eltern |
| 13 | Berufsberater |
| 10 | Eigene Entscheidung |
| 6,6 | Lehrer |
| 4,4 | Freunde |
| 26 | mehrere Personen |

*ehemalig Ratsuchenden

## Lösung

Du kennst das Ganze, den *Grundwert* G, das sind 3 500 Auszubildende.
Für einen Bruchteil davon, nämlich für 40%, war das Gespräch mit den Eltern für die Berufswahl ausschlaggebend.

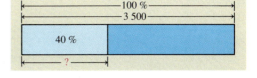

Der *Prozentsatz* 40% bedeutet: $\frac{40}{100} = 0{,}40$.

Gesucht ist, für wie viele der befragten Auszubildenden das Gespräch mit den Eltern ausschlaggebend war.
Diesen Teil nennt man *Prozentwert* P.

Bei den Rechnungen kannst du die Maßeinheiten weglassen.
Du kannst auf zwei Wegen rechnen:

*1. Weg (mit Hilfe des Grundschemas)*

$$G \xrightarrow{\cdot\, p\%} P$$

$$3\,500 \xrightarrow[\cdot\, \frac{40}{100}]{\cdot\, 40\%} P$$

$$P = \frac{3\,500 \cdot 40}{100}$$

$$P = 1\,400$$

*2. Weg (mit Hilfe der Formel)*

$$P = G \cdot \frac{p}{100}$$

$$P = 3\,500 \cdot \frac{40}{100}$$

$$P = 3\,500 \cdot 0{,}40$$

$$P = 1\,400$$

*Ergebnis:* Für 1 400 Auszubildende war das Gespräch mit den Eltern für die Berufswahl entscheidend.

### Zur Festigung und zum Weiterarbeiten

**1.**
Berechne ebenso die Anzahl der Auszubildenden für die anderen Prozentangaben. (Seite 28).

△ **2.**
Aufgaben der Prozentrechnung kann man auch mit Hilfe des Dreisatzes für proportionale Zuordnungen lösen.

a) Von den 3 500 Auszubildenden wählten 7% ihren Beruf aufgrund von Gesprächen mit den Lehrern.
Löse wie im Beispiel rechts (Dreisatzschema).

b) Löse auch Aufgabe 1 mit dem Dreisatzschema.

| Prozentsatz | Anzahl der Auszubildenden |
|---|---|
| 100% | 3 500 |
| 1% |  |
| 7% |  |

**3.**
a) Schreibe als Hundertstelbruch und als Dezimalbruch:
4%; 12%; 87%; 3,5%; 24,3%; 100%; 128%.

b) Schreibe als Dezimalbruch und als Prozentsatz:
$\frac{3}{100}; \frac{48}{100}; \frac{23{,}5}{100}; \frac{112}{100}; \frac{1}{2}; \frac{1}{4}; \frac{3}{10}; \frac{7}{50}; \frac{8}{25}; \frac{1}{3}; \frac{1}{8}$.

c) Schreibe als Hundertstelbruch und als Prozentsatz:
0,07; 0,15; 0,28; 0,045; 0,222; 0,879; 1,25.

$1\% = \frac{1}{100} = 0{,}01$

$\frac{3}{4} = \frac{3 \cdot 25}{4 \cdot 25} = \frac{75}{100} = 75\%$

$0{,}035 = \frac{3{,}5}{100} = 3{,}5\%$

**4.**
Manche Prozentsätze kann man als sehr einfachen Bruch darstellen.

a) 50%
b) 25%
c) 75%
d) 10%
e) 20%
f) 60%
g) 80%
h) $33\frac{1}{3}\%$
i) $66\frac{2}{3}\%$
j) $16\frac{2}{3}\%$

## Übungen

**5.**

Berechne den Prozentwert.

a) 660 DM $\xrightarrow{\cdot 18\%}$ P  
   1 740 DM $\xrightarrow{\cdot 23\%}$ P  
   5 320 DM $\xrightarrow{\cdot 6\%}$ P  
   8 080 DM $\xrightarrow{\cdot 15\%}$ P

b) 9% von 740 m  
   12% von 1 550 m  
   27% von 4 610 m  
   38% von 9 040 m

c) 420 kg $\xrightarrow{\cdot 13,2\%}$ P  
   1 570 kg $\xrightarrow{\cdot 31,5\%}$ P  
   2 650 kg $\xrightarrow{\cdot 48,3\%}$ P  
   6 980 kg $\xrightarrow{\cdot 57,8\%}$ P

d) 8,5% von 640 DM  
   11,1% von 1 030 DM  
   24,6% von 3 350 DM  
   33,3% von 6 680 DM

**6.**

Das Schaubild stammt aus einer Zeitung.

a) 8,9% der Mädchen werden Friseurin. Wie viele Mädchen sind das?

b) Berechne ebenso die Anzahl der Mädchen, die Verkäuferin werden wollen.

**7.**

a) Berechne die Anzahl der Mädchen, die Verkäuferin im Nahrungsmittelhandwerk, Bürokauffrau, ... werden wollen.

b) Berechne die Anzahl der Jungen, die Kfz-Mechaniker, Elektriker, Maschinenschlosser, Maler und Lackierer, ... werden wollen.

Du kannst einen Taschenrechner verwenden.

**8.**

a) Von den rund 1 087 000 Jungen (im Jahre 1985) werden ausgebildet: 2,4% als Betriebsschlosser; 2,3% als Industriekaufmann; 2,3% als Schlosser; 2,0% als Fleischer; 2,0% als Werkzeugmacher; 1,9% als Koch; 1,8% als Verkäufer.
Berechne die Anzahl der Betriebsschlosser, der Industriekaufleute, der Schlosser, ... .

b) Von den rund 743 000 Mädchen werden ausgebildet: 2,9% als Kauffrau im Großhandel; 2,7% als Fachgehilfin in steuer- und wirtschaftsberatenden Berufen; 2,2% als Hotelfachfrau; 2,1% als Hauswirtschafterin; 1,8% als Bürokauffrau; 1,8% als Rechtsanwaltsgehilfin; 1,3% als Floristin. Berechne die Anzahl der Kauffrauen, der Fachgehilfinnen, ...

## Berechnung des Grundwertes – Berufswahl

**Aufgabe**

Eine Umfrage bei Jugendlichen ergab:
9% der Jugendlichen, das sind 3 843 Jugendliche, wählten ihren Beruf aus Verdienstgründen.
Wie viele Jugendliche (Grundwert) wurden insgesamt befragt?

**Lösung**

Bei dieser Aufgabe sind der Prozentwert (3 843 Jugendliche) und der Prozentsatz (9 %) gegeben.
Gesucht ist der Grundwert G, das Ganze (100 %), also die befragten Jugendlichen insgesamt.

Du kannst auch hier auf zwei Wegen rechnen (ohne Maßeinheiten):

*1. Weg (mit Hilfe des Grundschemas)*

$G \xrightarrow{\cdot p\%} P$

$G \xrightarrow{\cdot \frac{9}{100}} 3\,843$ (·9 %)

$\xleftarrow{:\frac{9}{100}}$

$G = \frac{3\,843 \cdot 100}{9}$

$G = 42\,700$

*2. Weg (mit Hilfe der Formel)*

$P = G \cdot \frac{p}{100}$

$G \cdot \frac{9}{100} = 3\,843 \quad | : \frac{9}{100}$

$G = \frac{3\,843 \cdot 100}{9}$

$G = 42\,700$

*Ergebnis:* Es wurden insgesamt 42 700 Jugendliche befragt.

### Zur Festigung und zum Weiterarbeiten

**1.**
854 Jugendliche, das sind 2 % aller Jugendlichen, wählten ihren Beruf aus Prestigegründen.
a) Wie viele Jugendliche wurden insgesamt befragt?
b) Kann es sich dabei um die gleiche Umfrage wie bei der Aufgabe auf Seite 30 handeln?

**2.**
Berechne die Anzahl der Jugendlichen bei den einzelnen Prozentangaben im Schaubild zur Aufgabe auf Seite 30.

△ **3.**
Auch die Berechnung des Grundwertes kann man mit dem Dreisatzschema lösen. Beachte dabei, daß dem Grundwert der Prozentsatz 100 % entspricht.
Löse die Aufgabe 1 mit dem Dreisatzschema (wie im Beispiel rechts).

| Prozentsatz | Anzahl der Jugendlichen |
|---|---|
| 2 % | 854 |
| 1 % |  |
| 100 % |  |

(:2 und ·100)

### Übungen

**4.**
Berechne den Grundwert. Runde, falls erforderlich.

a) $G \xrightarrow{\cdot 4\%} 28$ DM
$G \xrightarrow{\cdot 12\%} 87$ DM
$G \xrightarrow{\cdot 24\%} 120$ DM
$G \xrightarrow{\cdot 44\%} 528$ DM

b) 9 % von G = 36 m
17 % von G = 136 m
54 % von G = 513 m
49 % von G = 833 m

c) $G \xrightarrow{\cdot 2,5\%} 28$ kg
$G \xrightarrow{\cdot 5,8\%} 116$ kg
$G \xrightarrow{\cdot 3,6\%} 57$ kg
$G \xrightarrow{\cdot 7,2\%} 216$ kg

d) 2,1 % von G = 42 l
4,2 % von G = 168 l
1,9 % von G = 95 l
3,8 % von G = 190 l

**5.**
Im Jahre 1985/86 wurden rund 32 300 Schulbesprechungen zur Berufsorientierung im 9. Schuljahr von der Berufsberatung durchgeführt; das sind 32,5 % aller Schulbesprechungen insgesamt.

## 6.

Aus der Jahresstatistik der Berufsberatung eines Landesarbeitsamtes (Betriebsjahr 1988/89):
Die Tabelle zeigt den Anteil der Frauen, die sich beim Arbeitsamt beraten ließen. 1985/86 waren es 101 104 Frauen; das sind 53,6 %. Berechne die Gesamtzahl der (männlichen und weiblichen) Ratsuchenden je Berichtsjahr. Runde sinnvoll.
Wie viele Männer ließen sich beraten?

| Jahr | Anzahl | in Prozent |
|---|---|---|
| 1985/86 | 101 104 | 53,6 |
| 1986/87 | 105 717 | 53,3 |
| 1987/88 | 110 545 | 53,7 |
| 1988/89 | 112 733 | 54,2 |

## 7.

Die Bundesanstalt für Arbeit berichtet 1987:

a) 13,5 % der Ratsuchenden des Jahres 1985/86 sind ohne Hauptschulabschluß; das sind 193 722 Ratsuchende. Berechne die Gesamtzahl der Ratsuchenden.

b) 33,7 % der Ratsuchenden insgesamt haben einen Hauptschulabschluß; 32,6 % haben einen mittleren Abschluß. Berechne jeweils den Anteil.

## Berechnung des Prozentsatzes – Arbeitsmarkt

### Aufgabe

Die Tabelle stammt aus der Arbeitsstatistik 1986 der Bundesanstalt für Arbeit in Nürnberg. Die Zahlen der Tabelle sind gerundet und „in 1 000" angegeben: 88 (Angabe in 1 000) bedeutet: 88 000.
1986 gab es insgesamt rund 154 000 offene Stellen, davon 14 000 in der Berufsgruppe Schlosser, Mechaniker, ... .
Wieviel Prozent der offenen Stellen sind das?

| Offene Stellen (Jahresdurchschnitt in 1 000) | | | |
|---|---|---|---|
| | 1984 | 1985 | 1986 |
| Schlosser, Mechaniker, ... | 6 | 10 | 14 |
| Bauberufe | 5 | 5 | 9 |
| Hilfsarbeiter | 1 | 1 | 2 |
| Angestellte | 38 | 48 | 64 |
| Sonstige Berufe | 38 | 46 | 65 |
| Insgesamt | 88 | 110 | 154 |

### Lösung

Gegeben sind der Grundwert (154 000 offene Stellen) und der Prozentwert (14 000 offene Stellen).
Gesucht ist der Prozentsatz p %.

Du kannst auch hier auf zwei Wegen rechnen (ohne Maßeinheiten):

*1. Weg (mit Hilfe des Grundschemas)*

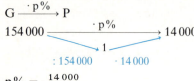

$p\% = \frac{14\,000}{154\,000}$

$p\% = \frac{1}{9} \approx 0{,}09$

$p\% = 9\%$

*2. Weg (mit Hilfe der Formel)*

$P = G \cdot \frac{p}{100}$

$14\,000 = 154\,000 \cdot \frac{p}{100} \quad |:1\,540$

$p = \frac{14\,000}{1\,540}$

$p \approx 9$

*Ergebnis:* 9 % der offenen Stellen sind in der Berufsgruppe Schlosser, Mechaniker, ... .

**Zur Festigung und zum Weiterarbeiten**

**1.**
a) Wieviel Prozent aller offenen Stellen waren 1986 in den jeweils angegebenen Berufsgruppen vorhanden?
b) Berechne ebenso die Anteile in Prozent für 1985 [für 1984].

**2.**
Löse die Aufgabe 1 mit dem Dreisatzschema (wie im Beispiel rechts).

| Anzahl der Personen | Prozentsatz |
|---|---|
| 75 | 100% |
| 1 | $\frac{100\%}{75}$ |
| 18 | $\frac{100\%}{75} \cdot 18$ |

**Übungen**

**3.**
Schreibe als Prozentsatz wie im Beispiel.

a) 0,13   b) 0,10   c) 0,112   d) 1,34   e) 0,007   f) 1,225
   0,78      0,01      0,596      1,50      0,055      1,202
   0,44      0,60      0,018      1,00      2,44       0,205
   0,29      0,08      0,304      1,02      2,06       2,014

$0,26 = \frac{26}{100} = 26\%$
$0,265 = \frac{26,5}{100} = 26,5\%$
$1,26 = \frac{126}{100} = 126\%$
$1,265 = \frac{126,5}{100} = 126,5\%$

**4.**
Berechne den Prozentsatz. Runde auf zehntel Prozent, falls erforderlich.

a) 80 DM $\xrightarrow{\cdot p\%}$ 12 DM
   120 DM $\xrightarrow{\cdot p\%}$ 48 DM
   400 DM $\xrightarrow{\cdot p\%}$ 256 DM

b) p% von 210 kg = 126 kg
   p% von 240 kg = 192 kg
   p% von 840 kg = 210 kg

c) 70 m $\xrightarrow{\cdot p\%}$ 15 m
   70 m $\xrightarrow{\cdot p\%}$ 50 m
   190 m $\xrightarrow{\cdot p\%}$ 82 m

**5.**
a) Berechne für 1986, wieviel Prozent aller Arbeitslosen zu den einzelnen Berufsgruppen gehören. (Du kannst auch den Taschenrechner verwenden.)
b) Berechne ebenso die Anteile in Prozent für 1985 [für 1984].
c) Welche Entwicklung läßt sich aus der Tabelle rechts erkennen? Vergleiche mit der Tabelle in der Aufgabe auf Seite 32. Besorge dir auch die neuesten Daten.

| Arbeitslose (Jahresdurchschnitt in 1 000) | | | |
|---|---|---|---|
| | 1984 | 1985 | 1986 |
| Schlosser, Mechaniker | 158 | 141 | 123 |
| Bauberufe | 164 | 187 | 162 |
| Hilfsarbeiter | 47 | 47 | 44 |
| Angestellte | 749 | 774 | 769 |
| Sonstige Berufe | 1 147 | 1 155 | 1 130 |
| Insgesamt | 2 265 | 2 304 | 2 228 |

**6.**
Die Tabelle zeigt für die Jahre 1988 und 1989 die Anzahl der arbeitslosen Jugendlichen unter 20 Jahren in verschiedenen Landesarbeitsamtsbezirken.

a) Berechne für die verschiedenen Bezirke, wie viele arbeitslose Jugendliche unter 20 Jahren es 1989 gegenüber dem Vorjahr weniger gab.
b) Gib dann für die verschiedenen Bezirke an, um wieviel Prozent die arbeitslosen Jugendlichen abgenommen haben.

| Landesarbeitsamtsbezirke | 1988 | 1989 |
|---|---|---|
| Schleswig-Holstein/Hamburg | 8 342 | 5 612 |
| Niedersachsen/Bremen | 12 571 | 9 582 |
| Nordrhein/Westfalen | 31 187 | 23 757 |
| Hessen | 6 179 | 4 713 |
| Rheinland-Pfalz/Saarland | 7 821 | 5 825 |
| Baden-Württemberg | 9 025 | 6 048 |
| Bayern | 10 677 | 7 212 |
| Berlin (West) | 3 272 | 2 621 |

## Preisvergleiche – Erhöhung und Verminderung des Grundwertes

### Erhöhung des Grundwertes

**Aufgabe**
Peter spart für ein Alu-Fahrrad zu 475 DM. Der Händler weist auf eine Preiserhöhung von 6% hin.
Berechne den Endpreis (erhöhten Preis).

**Lösung**
Der Grundwert (475 DM) und der Prozentsatz (6%) sind angegeben. Du mußt den neuen Preis ausrechnen.
Der neue Preis setzt sich zusammen aus dem alten Preis und der Preiserhöhung.

Du kannst auf zwei Wegen rechnen (ohne Maßeinheiten):

*1. Weg:*
Du rechnest zunächst die Preiserhöhung aus und addierst dann diesen Betrag zum alten Preis:

*Preiserhöhung:*
$475 \text{ DM} \xrightarrow{\cdot 6\%} P$

$\frac{475 \cdot 6}{100} = 28{,}50$

*Endpreis:* $475 + 28{,}50 = 503{,}50$

*2. Weg:*
Du rechnest sofort den Endpreis aus.
Zum Endpreis gehört der Prozentsatz 106% (100% + 6% = 106%).

$475 \text{ DM} \xrightarrow{\cdot 106\%} \text{Endpreis}$

$\frac{475 \cdot 106}{100}$

$= 475 \cdot 1{,}06$

$= 503{,}50$

*Ergebnis:* Nach der Preiserhöhung kostet das Fahrrad 503,50 DM.

---

**Vermehrter Grundwert**

Der vermehrte (erhöhte) Grundwert setzt sich zusammen aus dem Grundwert G und der Erhöhung (Prozentwert P).

Man erhält den vermehrten Grundwert, indem man
- zum Grundwert G den Prozentwert P addiert;
- den Grundwert G mit dem Faktor $(1 + \frac{p}{100})$ bzw. $(100\% + p\%)$ multipliziert.

Bei einer Vermehrung (Erhöhung) des Grundwertes ist der Faktor immer größer als 1.

---

**Zur Festigung und zum Weiterarbeiten**

**1.**
Wieviel DM würde das Alu-Fahrrad kosten bei einer Preiserhöhung von 5% [von 8%]?

## 2.

a) Ein Preis steigt um 12% [3%; 14%; 2,5%; 15,5%] an. Auf das Wievielfache steigt er an? Notiere den Faktor q wie im Beispiel.

> Erhöhung um 4%
> Faktor q = 1,04

b) Ein Preis steigt auf das 1,07fache [1,16fache; 1,123fache; 1,048fache] an. Um wieviel Prozent steigt er an? Notiere die Erhöhung wie im Beispiel.

> Faktor q = 1,053
> Erhöhung um 5,3%

### Übungen

## 3.
Berechne zunächst den Faktor q, dann den vermehrten Grundwert (neuer Preis).

| Alter Preis | a) 540 DM | b) 1 700 DM | c) 1 100 DM | d) 8 000 DM | e) 9 000 DM |
|---|---|---|---|---|---|
| Erhöhung | 15% | 10% | 8% | 7,5% | 7,5% |
| Faktor q | 1,15 | | | | |
| Neuer Preis | | | | | |

## 4.
Die *Mehrwertsteuer* (Prozentsatz) hat sich in der Bundesrepublik Deutschland schon mehrfach verändert. Sie beträgt zur Zeit 14%. Für bestimmte Waren (z. B. Bücher) wird nur der halbe Mehrwertsteuersatz berechnet.
Frau Bothe möchte ein Radio kaufen. Laut Preisliste kostet es 280 DM. Hinzu kommen noch 14% Mehrwertsteuer.
Wie hoch ist der Verkaufspreis?

> | Listenpreis | Mehrwert-steuer |
> |---|---|
> | Verkaufspreis | |

## 5.
Der Listenpreis für ein Mofa beträgt 1 350 DM. Zusätzlich sind noch 14% Mehrwertsteuer zu bezahlen. Berechne den Verkaufspreis (Endpreis).

## 6.
Berechne die fehlenden Angaben in der Tabelle.

| Listenpreis (in DM) | a) 384,00 | b) 475,00 | c) | d) 4 900,00 | e) |
|---|---|---|---|---|---|
| MwSt (in %) | 14 | | 7 | | |
| MwSt (in DM) | | 61,75 | 435,75 | | 261,90 |
| Verkaufspreis (in DM) | | | | 5 242,00 | 2 444,40 |

## 7.
Die Miete von Herrn Schubert wird um 8% erhöht. Bisher zahlte er 550 DM Miete. Auf das Wievielfache steigt die Miete nun an? Wieviel DM muß er jetzt zahlen?

## 8.
Helmut wünscht sich seit zwei Jahren eine Hobelbank, die damals 320 DM kostete. Inzwischen erfolgten zwei Preiserhöhungen: eine um 5% und eine weitere um 6%.
Wie teuer ist die Hobelbank jetzt?

> Preis nach 1. Erhöhung: 320 DM $\xrightarrow{\cdot 1,05}$ ■
> Preis nach 2. Erhöhung: 320 DM $\xrightarrow{\cdot 1,05}$ ■ $\xrightarrow{\cdot 1,06}$ ■

## 9.
Anke braucht eine Schreibmaschine. Die Verkäuferin nennt 490 DM als Listenpreis. Doch muß noch eine Preiserhöhung um 4% berücksichtigt werden. Außerdem sind noch 14% Mehrwertsteuer zu zahlen. Berechne den Endpreis nach der Preiserhöhung einschließlich 14% MwSt.

## Verminderung des Grundwertes

**Aufgabe**

Petra kauft einen Pullover im Ausverkauf. Der alte Preis von 60 DM ist um 25% ermäßigt worden.
Berechne den Endpreis (ermäßigten Preis).

**Lösung**

Der Grundwert (60 DM) und der Prozentsatz (25%) sind gegeben. Du mußt den neuen Preis ausrechnen.

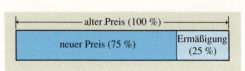

Der neue Preis setzt sich zusammen aus dem alten Preis, vermindert um die Ermäßigung.
Du kannst auf zwei Wegen rechnen (ohne Maßeinheiten):

*1. Weg:*

Du rechnest zunächst die Preisermäßigung aus und subtrahierst dann diesen Betrag vom alten Preis.

*Preisermäßigung:*

$60 \text{ DM} \xrightarrow{\cdot 25\%} P$

$\frac{60 \cdot 25}{100} = 15$

*Endpreis:* $60 - 15 = 45$

*2. Weg:*

Du rechnest sofort den Endpreis aus.
Zum Endpreis gehört der Prozentsatz 75% ($100\% - 25\% = 75\%$).

$60 \xrightarrow{\cdot 75\%}$ Endpreis

$\frac{60 \cdot 75}{100}$

$= 60 \cdot 0{,}75$

$= 45$

*Ergebnis:* Der Pullover kostet jetzt nur noch 45 DM.

---

**Verminderter Grundwert**

Der verminderte Grundwert setzt sich zusammen aus dem Grundwert G und der Ermäßigung (Prozentwert P).

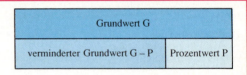

Man erhält den Grundwert, indem man
– vom Grundwert G den Prozentwert P subtrahiert;
– den Grundwert G mit dem Faktor $(1 - \frac{p}{100})$ bzw. $(100\% - p\%)$ multipliziert.

Bei einer Verminderung des Grundwertes ist der Faktor immer kleiner als 1.

---

**Zur Festigung und zum Weiterarbeiten**

## 1.
Wieviel DM würde der Pullover kosten bei einer Preisermäßigung von 20% [von 30%]?

## 2.

a) Ein Preis fällt um 11 % [4 %; 16 %; 3,5 %; 12,8 %].
   Auf das Wievielfache fällt er?
   Notiere den Faktor q wie im Beispiel.

> Verminderung um 7 %
> Faktor q = 0,93

b) Ein Preis fällt auf das 0,95fache [0,88fache; 0,7fache; 0,925fache]. Um wieviel Prozent fällt er?
   Notiere die Verminderung wie im Beispiel.

> Faktor q = 0,91
> Verminderung um 9 %

### Übungen

**3.**
Berechne zunächst den Faktor q, dann den verminderten Grundwert (neuer Preis).

| Alter Preis | a) 675 DM | b) 1 040 DM | c) 1 350 DM | d) 1 800 DM | e) 6 360 DM |
|---|---|---|---|---|---|
| Verminderung | 4 % | 10 % | 20 % | 40 % | 7,5 % |
| Faktor q | 0,96 | | | | |
| Neuer Preis | | | | | |

**4.**
Vielfach gewähren die Händler einen Preisnachlaß in unterschiedlicher Höhe.
Ein Radiofachgeschäft bietet eine HiFi-Kompakt-Anlage für 1 998 DM an. Bei Barzahlung wird 3 % Rabatt (Preisnachlaß) gewährt. Berechne den Endpreis bei Barzahlung.

> Verkaufspreis
> Endpreis | Preisnachlaß

**5.**
Bei Barzahlung innerhalb von 10 Tagen kann bei einem Rechnungsbetrag über 2 365,50 DM 2 % Skonto (Preisnachlaß) gewährt werden. Berechne den ermäßigten Preis.

**6.**
Berechne die fehlenden Angaben in der Tabelle.

| Grundwert (in DM) | a) 130,00 | b) 149,00 | c) 400,00 | d) 1 585,00 | e) 2 175,00 |
|---|---|---|---|---|---|
| Preisnachlaß (in %) | | 15 | | | 16 |
| Preisnachlaß (in DM) | 23,40 | | | 237,75 | |
| Verminderter Grundwert (in DM) | | | 368,00 | | |

**7.**
Möbelhaus Bäte bietet wegen Räumung des Lagers 28 % Preisnachlaß und gewährt bei Barzahlung noch 3 % Rabatt auf den ermäßigten Preis.
Ein Schrank war mit 1 200 DM ausgezeichnet. Berechne den Endpreis bei Barzahlung.

> Preis mit Nachlaß: $1\,200\text{ DM} \xrightarrow{\cdot\,0{,}72} \blacksquare$
>
> Preis mit Nachlaß und Rabatt: $1\,200\text{ DM} \xrightarrow{\cdot\,0{,}72} \blacksquare \xrightarrow{\cdot\,0{,}97} \blacksquare$

**8.**
Bei Kleinmöbeln gewährt das Möbelhaus 15 % Preisnachlaß und bei Barzahlung noch 3 % Rabatt auf den ermäßigten Preis. Der ursprüngliche Preis für einen Stuhl beträgt 65 DM. Berechne den Endpreis bei Barzahlung.

## Erhöhung und Verminderung – Berechnung des Faktors

**Aufgabe**

1984 gab es rund 22 000 000 beschäftigte Arbeitnehmer (vgl. Bild rechts). 1985 stieg die Anzahl der Arbeitnehmer auf rund 22 200 000.

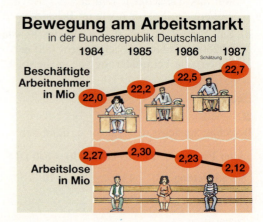

a) Um wieviel beschäftigte Arbeitnehmer erhöhte sich die Anzahl von 1984 (Grundwert) bis 1985 (vermehrter Grundwert)?

b) Wieviel Prozent des Grundwertes beträgt die Erhöhung?

c) Wieviel Prozent des Grundwertes beträgt der vermehrte Grundwert?

**Lösung**

a) Man erhält den Zuwachs an beschäftigten Arbeitnehmern, indem man vom vermehrten Grundwert den Grundwert subtrahiert: $22\,200\,000 - 22\,000\,000 = 200\,000$
*Ergebnis:* Die Anzahl der beschäftigten Arbeitnehmer erhöhte sich um 200 000.

b) Gegeben sind der Grundwert und der Prozentwert.
Gesucht ist der Prozentsatz.

$$22\,000\,000 \xrightarrow{\cdot\, p\%} 200\,000$$
$$p\% = \frac{200\,000}{22\,000\,000}$$
$$p\% \approx 0{,}009$$
$$p\% = 0{,}9\%$$

*Ergebnis:* Die Erhöhung beträgt 0,9 %.

c) Gegeben sind der Grundwert und der vermehrte Grundwert. Gesucht ist der Prozentsatz.

*1. Möglichkeit:*

$$22\,000\,000 \xrightarrow{\cdot\, p\%} 22\,200\,000$$
$$p\% = \frac{22\,200\,000}{22\,000\,000} \approx 1{,}009$$
$$p\% = 100{,}9\%$$

*2. Möglichkeit:*

$$p\% = 100\% + 0{,}9\%$$
$$= 100{,}9\%$$

*Ergebnis:* Der vermehrte Grundwert beträgt 100,9 % des Grundwertes.
Dies entspricht einem Faktor q = 1,009.

> Dividiert man den vermehrten bzw. den verminderten Grundwert durch den Grundwert, so erhält man den Faktor q.

**Zur Festigung und zum Weiterarbeiten**

**1.**
Von 1984 bis 1987 stieg die Anzahl der beschäftigten Arbeitnehmer von rund 22 Mio. (Grundwert) auf rund 22,7 Mio. (vermehrter Grundwert).
Wieviel Prozent des Grundwertes beträgt der vermehrte Grundwert? Gib auch den Faktor q an.

**2.**
Berechne den Faktor q für die Verminderung der Arbeitslosen von 1984 bis 1987 (siehe Bild auf Seite 38). Warum ist der Faktor q kleiner als 1?

### Übungen

**3.**
Berechne den Faktor q für den Anstieg der beschäftigten Arbeitnehmer von 1985 bis 1986 [von 1986 bis 1987].

**4.**
Berechne den Faktor q für die Verminderung der Anzahl der Arbeitslosen von 1985 bis 1986 [von 1986 bis 1987].

**5.**
Vergleiche die Faktoren q der beschäftigten Arbeitnehmer mit denen der Arbeitslosen. Vergleiche auch die entsprechenden absoluten Zahlen miteinander. Was fällt dir auf?

**6.**
Woran erkennst du, ob es sich um eine Erhöhung oder Verminderung handelt?

| Alter Preis | a) 260 DM | b) 235 DM | c) 552 DM | d) 816 DM | e) 3075 DM | f) 3875 DM |
|---|---|---|---|---|---|---|
| Neuer Preis | 150 DM | 250 DM | 480 DM | 960 DM | 3000 DM | 5000 DM |
| Faktor q | | | | | | |
| Erhöhung in % | | | | | | |
| Verminderung in % | | | | | | |

## Vermischte Übungen zur Prozentrechnung

*Privater Haushalt:*
Im Statistischen Jahrbuch 1987 werden drei verschiedene Haushaltstypen unterschieden:

> Typ I: 2-Personen-Haushalte von Renten- und Sozialhilfeempfängern mit geringem Einkommen
> Typ II: 4-Personen-Arbeitnehmerhaushalte mit mittlerem Einkommen
> Typ III: 4-Personen-Haushalte von Beamten und Angestellten mit höherem Einkommen

**1.**
Die Abbildung bezieht sich auf den Typ II.

a) Wieviel Prozent des Haushaltsgeldes werden für Nahrungsmittel ausgegeben?
Runde auf zehntel Prozent.
*Beispiel:* $0{,}2381\ldots \approx 0{,}238 = 23{,}8\%$

b) Wieviel Prozent des Haushaltsgeldes werden für Kleidung [für Bildung und Unterhaltung; für Reisen, Schmuck u.a.; für Körperpflege und Gesundheit; ...] ausgegeben?

**2.**
a) Vergleiche die Angaben für Nahrungs- und Genußmittel. Welcher Haushalt gibt das meiste Geld dafür aus?
b) Vergleiche die Angaben für Miete. Leben Haushalte vom Typ I in teureren Wohnungen als solche vom Typ II oder III?
c) Vergleiche entsprechend bei Heizung/Strom/Gas [bei Kleidung].

|  | Typ I | Typ II | Typ III |
|---|---|---|---|
| **Haushaltsgeld (in DM)** | 1 499 | 2 865 | 4 525 |
| **Nahrungs- und Genußmittel** | 30,5 % | 25,7 % | 21,0 % |
| **Miete** | 24,4 % | 19,7 % | 18,9 % |
| **Heizung/Strom/Gas** | 9,9 % | 7,3 % | 6,0 % |
| **Kleidung** | 5,3 % | 8,2 % | 8,8 % |

**3.**
Das Säulendiagramm rechts verdeutlicht, wieviel Prozent vom Haushaltsgeld (siehe Tabelle in Aufgabe 2) jeder Haushaltstyp für Reisen/Schmuck monatlich ausgibt.
Berechne die Ausgaben jeweils in DM.

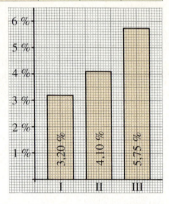

**4.**
Für Bildung und Unterhaltung werden monatlich ausgegeben: 70,99 DM (Typ I), 258,79 DM (Typ II); 434,69 DM (Typ III).
a) Wieviel Prozent vom Haushaltsgeld (siehe Tabelle in Aufgabe 2) werden jeweils ausgegeben?
b) Zeichne zu a) ein Säulendiagramm wie in Aufgabe 3. Vergleiche.

**5.**
a) 1983 gab es in der Bundesrepublik Deutschland 7 402 000 Einpersonenhaushalte; das sind 31,5 % aller Haushalte. Berechne die Anzahl aller Haushalte. Runde.
b) Außer den Einpersonenhaushalten gab es 7 147 000 Haushalte mit 2 Personen, 4 125 000 Haushalte mit 3 Personen, 3 222 000 Haushalte mit 4 Personen, 1 573 000 Haushalte mit 5 Personen und mehr. Wieviel Prozent aller Haushalte waren das jeweils?

☐ **6.**
Betrachte die Abbildung rechts. Sie zeigt das Anwachsen des Briefportos über 20 Jahre. 1962 betrug die Gebühr für einen Brief 20 Pf.
a) 1966 wurde das Briefporto um 50 % erhöht. Wie teuer war die Gebühr für einen Brief ab 1966?
b) 1972 wurde das Briefporto auf 50 Pf erhöht. Um wieviel Prozent wurde es erhöht?
*Hinweis:* Grundwert in a) errechnet.
c) 1974 wurde das Briefporto um 25 % und 1979 noch einmal um 20 % erhöht. Wie teuer war die Gebühr für einen Brief Ende 1974 und Ende 1979? Achte auf den richtigen Grundwert.
d) 1982 erfolgte die Erhöhung auf 80 Pf und 1989 auf 1 DM. Um wieviel Prozent wurde das Briefporto jeweils erhöht?
e) Um wieviel Prozent wurde das Briefporto von 1962 bis heute erhöht?

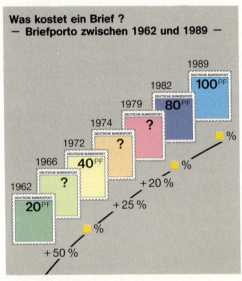

*Arbeit und Freizeit*

## 7.
Im Jahre 1953 betrug die durchschnittliche tarifliche Wochenarbeitszeit 48 Stunden. 1960 wurde sie um 4 Stunden auf 44 Stunden herabgesetzt. Weitere Herabsetzungen folgten.

a) Um wieviel Prozent verringerte sich die Wochenarbeitszeit von 1953 bis 1960? Runde auf zehntel Prozent.

| Jahr | 1953 | 1960 | 1970 | 1978 | 1986 |
|---|---|---|---|---|---|
| Stunden | 48 | 44 | 41 | 40 | 39 |

b) Um wieviel Prozent verringerte sich die Wochenarbeitszeit von 1953 bis 1970 [von 1953 bis 1978; von 1953 bis 1986]?

## 8.
Mehr arbeitsfreie Zeit kostet mehr Geld. Das gilt nicht nur für den Urlaub, sondern auch für die Freizeitgestaltung der Familie.

a) Im Jahre 1985 gab ein mittlerer Arbeitnehmerhaushalt rund 5 573 DM für Urlaub und Freizeit aus. Davon wurden 1 565 DM für den Urlaub ausgegeben. Wieviel Prozent der 5 573 DM sind das?

b) Wieviel Prozent der 5 573 DM entfielen auf jede der restlichen Einzelausgaben? Runde.

c) Im Jahre 1978 gab ein mittlerer Arbeitnehmerhaushalt 1 386 DM für den Urlaub aus; das sind 33% der Jahresausgaben für Urlaub und Freizeit. Berechne die Jahresausgaben.

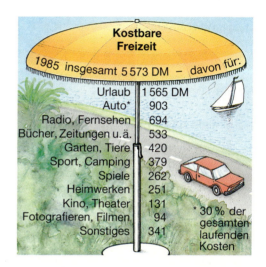

## Vermischte Übungen – kaufmännischer Bereich

## 9.
Möbelhändler Müller bezieht ab Fabrik Küchenstühle zu je 25 DM, Blumenhocker zu je 18 DM und Fußbänke zu je 8 DM. Er rechnet mit 12% Geschäftskosten, 30% Gewinn und 14% Mehrwertsteuer (MwSt). Berechne den Endpreis.

*Beachte:* Die Geschäftskosten sind in Prozenten des Bezugspreises angegeben, der Gewinn in Prozenten des Selbstkostenpreises, die MwSt in Prozenten des Verkaufspreises.
Du kannst den Endpreis auch auf diesem Weg berechnen:

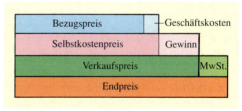

## 10.
a) Bei Kleinmöbeln gewährt das Möbelhaus 23% Preisnachlaß und bei Barzahlung noch 3% Rabatt auf den ermäßigten Preis. Der ursprüngliche Preis für einen Stuhl beträgt 65 DM. Berechne den Endpreis bei Barzahlung.

☐ b) Um wieviel Prozent liegt der Endpreis bei Barzahlung unter dem ursprünglichen Preis?

## Spareinlagen und Kredite – Grundaufgaben der Zinsrechnung

### Spareinlagen – Berechnung der Zinsen für ein Jahr, für Monate und Tage

**Zur Information**

(1) Bei der Berechnung der Zinsen für ein Jahr verfährt man wie in der Prozentrechnung. Bei der Zinsrechnung gelten nur andere Ausdrucksweisen:

**Prozentrechnung:** Grundwert G $\xrightarrow{\text{Prozentsatz p\%}}$ Prozentwert P

**Zinsrechnung:** Kapital K $\xrightarrow{\text{Zinssatz p\%}}$ Jahreszinsen $Z_1$

(2) Bei der Zinsrechnung gilt:

**Grundschema der Zinsrechnung:**

Kapital $\xrightarrow[\cdot\, p\%]{\text{Zinssatz}}$ Jahreszinsen $\xrightarrow[\cdot\, i]{\text{Zeitfaktor}}$ Zinsen

K $\qquad\qquad\qquad\quad Z_1 \qquad\qquad\qquad\quad$ $\boxed{Z}$

**Zinsformel:**

Zinsen = Kapital · Zinssatz · Zeitfaktor

$\boxed{Z} \;=\; K \;\cdot\; \dfrac{p}{100} \;\cdot\; i$

mit $i = \dfrac{m}{12}$ oder $\dfrac{t}{360}$ (m = Anzahl der Monate, t = Anzahl der Tage)

Man schreibt die Zinsformel auch so: $Z = \dfrac{K \cdot i \cdot p}{100}$ („Kip-durch-100-Regel")

**Aufgabe**

Katharina und Christian haben in den Ferien Geld verdient.

a) Katharina zahlt 270 DM auf ihr Sparbuch ein. Der Zinssatz mit einjähriger Kündigungsfrist beträgt 3,5 %.
Wieviel DM Zinsen erhält Katharina nach einem Jahr?

b) Christian zahlt 240 DM auf sein Sparbuch ein. Der Zinssatz mit gesetzlicher Kündigungsfrist beträgt 2,5 %. Nach 7 Monaten hebt Christian sein Geld wieder ab.
Wieviel DM Zinsen bekommt er?

c) Angenommen, Christian hebt sein Geld schon nach 75 Tagen wieder ab.
Wieviel DM Zinsen würde er erhalten?

**Lösung**

**a)** Die Zinsen richten sich nach der Zeitdauer. Katharina erhält Zinsen für ein Jahr, die Jahreszinsen $Z_1$.

*1. Weg (mit Hilfe des Grundschemas)*

$K \xrightarrow{\cdot p\%} Z_1$

$280 \text{ DM} \cdot \frac{3,5}{100} = Z_1$ (Zinsen für ein Jahr)

$Z_1 = \frac{280 \text{ DM} \cdot 3,5}{100}$

$Z_1 = 9,80 \text{ DM}$

*2. Weg (mit Hilfe der Zinsformel)*

$Z_1 = \frac{K \cdot i \cdot p}{100}$

$Z_1 = 280 \text{ DM} \cdot \frac{3,5}{100}$

$Z_1 = 280 \text{ DM} \cdot 0,035$

$Z_1 = 9,80 \text{ DM}$

*Ergebnis:* Katharina erhält nach einem Jahr 9,80 DM Zinsen.

**b)** Für eine geringere Zeit erhält man auch weniger Zinsen.

*1. Schritt: Berechnung der Jahreszinsen*

Zinsen für ein Jahr

$240 \text{ DM} \xrightarrow{\cdot 2\%} Z_1$

$Z_1 = 240 \text{ DM} \cdot \frac{2}{100}$

$Z_1 = 240 \text{ DM} \cdot 0,02$

$Z_1 = 4,80 \text{ DM}$

*2. Schritt: Berechnung der Zinsen für 7 Monate*

Zinsen für ein Jahr   Zinsen für einen Monat   Zinsen für 7 Monate

$4,80 \text{ DM} \xrightarrow{:12} \blacksquare \xrightarrow{\cdot 7} Z$

$Z = \frac{4,80 \text{ DM}}{12} \cdot 7$

$Z = 2,80 \text{ DM}$

Beide Rechenschritte kann man auch zusammenfassen. Für einen Monat, also $\frac{1}{12}$ Jahr erhält man $\frac{1}{12}$ der Jahreszinsen. Für 7 Monate, also $\frac{7}{12}$ Jahr erhält man $\frac{7}{12}$ der Jahreszinsen.

*1. Weg (mit Hilfe des Grundschemas)*

$K \xrightarrow{\cdot p\%} Z_1 \xrightarrow{\cdot i} Z$

$240 \text{ DM} \xrightarrow{\cdot 2\%} Z_1 \xrightarrow{\cdot \frac{7}{12}} Z$

$Z_1 = 240 \text{ DM} \cdot \frac{2}{100} = 4,80 \text{ DM}$

$Z = 4,80 \text{ DM} \cdot \frac{7}{12} = 2,80 \text{ DM}$

*2. Weg (mit Hilfe der Zinsformel)*

$Z = K \cdot \frac{p}{100} \cdot i$

$Z = 240 \text{ DM} \cdot \frac{2}{100} \cdot \frac{7}{12}$

$= \frac{240 \text{ DM} \cdot 2 \cdot 7}{100 \cdot 12}$

$= 2,80 \text{ DM}$

*Ergebnis:* Christian bekommt nach 7 Monaten 2,80 DM Zinsen.

**c)** Zinsen müssen oft auch für Tage berechnet werden.
Sparkassen und Banken zählen ein Jahr mit 360 Tagen und einen Monat mit 30 Tagen.

*1. Schritt: Berechnung der Jahreszinsen*

Zinsen für ein Jahr

$240 \text{ DM} \xrightarrow{\cdot 2\%} Z_1$

$Z_1 = 240 \text{ DM} \cdot \frac{2}{100}$

$Z_1 = 4,80 \text{ DM}$

*2. Schritt: Berechnung der Zinsen für 75 Tage*

Zinsen für ein Jahr   Zinsen für einen Tag   Zinsen für 75 Tage

$4,80 \text{ DM} \xrightarrow{:360} \blacksquare \xrightarrow{\cdot 75} Z$

$Z = \frac{4,80 \text{ DM}}{360} \cdot 75$

$Z = 1 \text{ DM}$

Beide Rechenschritte kann man zusammenfassen. Für einen Tag, also $\frac{1}{365}$ Jahr erhält man auch nur $\frac{1}{360}$ der Jahreszinsen. Für 75 Tage, also $\frac{75}{360}$ Jahr erhält man $\frac{75}{360}$ der Jahreszinsen.

*1. Weg (mit Hilfe des Grundschemas)*

$240 \text{ DM} \xrightarrow{\cdot 2\%} Z_1 \xrightarrow{\cdot \frac{75}{360}} Z$

$Z_1 = 240 \text{ DM} \cdot \frac{2}{100} = 4,80 \text{ DM}$

$Z = 4,80 \text{ DM} \cdot \frac{75}{360} = 1 \text{ DM}$

*2. Weg (mit Hilfe der Zinsformel)*

$Z = 240 \text{ DM} \cdot \frac{2}{100} \cdot \frac{75}{360}$

$Z = 240 \text{ DM} \cdot 0,02 \cdot \frac{75}{360}$

$Z = 1 \text{ DM}$

*Ergebnis:* Christian würde nach 75 Tagen 1 DM Zinsen erhalten.

## Zur Festigung und zum Weiterarbeiten

**1.**
Wieviel Zinsen würde Christian erhalten

a) nach 1, 2, 3, 4, ..., 12 Monaten;  b) nach 1, 10, 30, 100, 360 Tagen?

**2.**
Berechne die Zinsen.

a) 3 250 DM zu 4 % in 1 Jahr
2 240 DM zu 3,25% in 1 Jahr
4 800 DM zu 2,5 % in 1 Jahr

b) 840 DM zu 3 % in 8 Monaten
1 200 DM zu 3,5 % in 5 Monaten
956 DM zu 2,75% in 3 Monaten

c) 720 DM zu 2 % in 124 Tagen
960 DM zu 2,5 % in 72 Tagen
1 350 DM zu 3,45% in 225 Tagen

**3.**
Schreibe als Bruchteil eines Jahres.
Gib den Zeitfaktor an.

a) 2 Monate; 4 Monate; 9 Monate;
11 Monate; 8 Monate; 3 Monate.

b) 7 Tage; 60 Tage; 31 Tage; 180 Tage;
359 Tage; 30 Tage; 120 Tage.

| 1 Monat = $\frac{1}{12}$ Jahr; Zeitfaktor $\frac{1}{12}$ |
| 7 Monate = $\frac{7}{12}$ Jahr; Zeitfaktor $\frac{7}{12}$ |

| 1 Tag = $\frac{1}{360}$ Jahr; Zeitfaktor $\frac{1}{360}$ |
| 12 Tage = $\frac{12}{360}$ Jahr; Zeitfaktor $\frac{12}{360} = \frac{1}{30}$ |

△ **4.**

a) Wie in der Prozentrechnung kannst du auch in der Zinsrechnung Aufgaben mit dem Dreisatzschema rechnen. Erkläre das Beispiel für die Berechnung der Zinsen:
6 750 DM zu 4% in 250 Tagen

*1. Schritt: Berechnung der Jahreszinsen*

| | 100% | 6 750 DM | |
| :100 | 1% | 67,50 DM | :100 |
| ·4 | 4% | 270 DM | ·4 |

*2. Schritt: Berechnung der Zinsen*

| | 1 Jahr (360 Tage) | 270 DM | |
| :360 | 1 Tag | 0,75 DM | :360 |
| ·250 | 250 Tage | 187,50 DM | ·250 |

b) Berechne jeweils die Zinsen wie in a). *Beachte:* 1 Monat = $\frac{1}{12}$ Jahr = 30 Tage.
(1) 4 300 DM zu 3% in 72 Tagen;   (3) 900 DM zu 4,5% in 145 Tagen;
(2) 7 200 DM zu 3,4% in 3 Monaten;   (4) 9 500 DM zu 3,75% in 250 Tagen.

## Übungen

**5.**
Berechne zuerst die Zinsen für 1 Jahr, dann für die angegebenen Bruchteile eines Jahres.

| Kapital | a) 700 DM | b) 180 DM | c) 1 900 DM | d) 7 400 DM | e) 12 600 DM | f) 20 000 DM |
|---|---|---|---|---|---|---|
| Zinssatz | 3% | 5% | 2,5% | 3,5% | 4,5% | 5,5% |
| Zeit | $\frac{1}{2}$ Jahr | $\frac{1}{4}$ Jahr | $\frac{1}{2}$ Jahr | $\frac{1}{4}$ Jahr | $\frac{3}{4}$ Jahr | $\frac{3}{4}$ Jahr |

**6.**
Berechne jeweils die Zinsen und vergleiche. Was fällt dir auf?

a) 4 800 DM zu 2,5% in 1 Jahr
2 400 DM zu 5% in 1 Jahr
4 800 DM zu 5% in $\frac{1}{2}$ Jahr

b) 6 400 DM zu 8% in $\frac{1}{4}$ Jahr
6 400 DM zu 2% in 1 Jahr
1 600 DM zu 8% in 1 Jahr

**7.**
Vera hat 330 DM auf ihrem Sparbuch. Der Zinssatz beträgt 3%. Sie möchte wissen, wieviel DM Zinsen sie nach 5 Monaten bekommt.

**8.**
Welches Kapital bringt mehr Zinsen: 600 DM in 7 Monaten zu 3% oder 700 DM in 6 Monaten zu 3%. Ute meint: „700 DM bringen mehr Zinsen als 600 DM."
Lars entgegnet: „Die 600 DM bringen mehr Zinsen, weil sie länger verzinst werden."
Wer hat recht?

**9.**
Berechne die Zinsen mit Hilfe des Zeitfaktors.

a)  450 DM zu 3    % in 2 Monaten
    760 DM zu 5,5  % in 6 Monaten
    920 DM zu 4,25% in 9 Monaten

b) 1 420 DM zu 2    % in 3 Monaten
   3 250 DM zu 6,2  % in 5 Monaten
   5 670 DM zu 3,75% in 1 Monat

c) 4 500 DM zu 4    % in 4 Monaten
   6 300 DM zu 3,5  % in 6 Monaten
   8 100 DM zu 2,55% in 2 Monaten

d)  100 DM zu 4% in  9 Tagen
    330 DM zu 3% in 40 Tagen
  1 320 DM zu 3% in 20 Tagen

e) 1 920 DM zu 6   % in 15 Tagen
   6 300 DM zu 2   % in 35 Tagen
   4 500 DM zu 2,5 % in 16 Tagen

f) 18 000 DM zu 3,5  % in   5 Tagen
   15 000 DM zu 3,25 % in 105 Tagen
    7 200 DM zu 3,5  % in  44 Tagen

**10.**
Karin hatte auf ihrem Sparbuch (Zinssatz 6%) 220 Tage lang 1 350 DM und 140 Tage lang 1 800 DM. Wieviel DM Zinsen bekommt sie dafür jeweils gutgeschrieben?
Wieviel DM Zinsen erhält sie insgesamt?

## Geldanlage – Berechnung des Kapitals

**Aufgabe**

a) Hannelore hat den größten Teil ihres Konfirmationsgeldes zu 3,5% angelegt. Sie bekommt dafür jährlich 28 DM Zinsen. Wie hoch ist ihr angelegtes Kapital?

b) Wieviel Geld müßte Hannelore anlegen, wenn sie bei einem Zinssatz von 4% nach 100 Tagen 20 DM Zinsen haben möchte?

**Lösung**
Du kannst auf zwei Wegen rechnen:

a) *1. Weg (mit Hilfe des Grundschemas)*

$K \xrightarrow{\cdot \frac{p}{100}} Z$

$K \xrightarrow[\cdot \frac{3,5}{100}]{\cdot \frac{3,5}{100}} 28 \text{ DM}$

$K = \frac{28 \text{ DM} \cdot 100}{3,5}$

$K = 800 \text{ DM}$

*2. Weg (mit Hilfe der Zinsformel)*

$Z = \frac{K \cdot p \cdot i}{100}$

$28 \text{ DM} = \frac{K \cdot 3,5 \cdot 1}{100} \quad | \cdot \frac{100}{3,5}$

$\frac{28 \text{ DM} \cdot 100}{3,5} = K$

$800 \text{ DM} = K$

*Ergebnis:* Hannelore hat 800 DM ihres Konfirmationsgeldes angelegt.

**b)** *1. Weg (mit Hilfe des Grundschemas)*  $\qquad$ *2. Weg (mit Hilfe der Zinsformel)*

$$K \xrightarrow{\cdot \frac{p}{100}} Z_1 \xrightarrow{\cdot i} Z \qquad\qquad Z = \frac{K \cdot p \cdot i}{100}$$

$$K \xrightarrow{\cdot 4\%} Z_1 \xrightarrow{} 20 \text{ DM} \qquad\qquad 20 \text{ DM} = K \cdot \frac{4}{100} \cdot \frac{100}{360}$$

(mit den Faktoren $\cdot \frac{4}{100}$ und $\cdot \frac{100}{360}$ hin, $\cdot \frac{4}{100}$ und $\cdot \frac{100}{360}$ zurück)

$K = 20 \text{ DM} \cdot \frac{360}{100} \cdot \frac{100}{4}$ $\qquad\qquad 20 \text{ DM} = K \cdot \frac{1}{90} \qquad | \cdot 90$

$K = 1\,800 \text{ DM}$ $\qquad\qquad\qquad\qquad\quad 1\,800 \text{ DM} = K$

*Ergebnis:* Hannelore müßte 1 800 DM anlegen.

**Zur Festigung und zum Weiterarbeiten**

**1.**
Wieviel Geld müßte Hannelore anlegen, wenn sie bei einem Zinssatz von 4% nach 3 Monaten [5 Monaten; 8 Monaten] 20 DM Zinsen haben möchte?

△ **2.**
Löse die Aufgabe nach dem Dreisatzverfahren.
Bei einem Zinssatz von 2,5% erhält man nach 160 Tagen [nach 220 Tagen] 18 DM Zinsen. Wie hoch ist das Kapital? Du kannst dabei in zwei Schritten vorgehen. Berechne zunächst die Jahreszinsen.

*1. Schritt: Berechnung der Jahreszinsen*

| | 160 Tage | 18 DM | |
|---|---|---|---|
| : 160 | 1 Tag | ▬ DM | : 160 |
| · 360 | 360 Tage | ▬ DM | · 360 |
| | | (Jahreszinsen) | |

*2. Schritt: Berechnung des Kapitals*

| | 2,5% | ▬ DM | |
|---|---|---|---|
| : 2,5 | | (Jahreszinsen) | : 2,5 |
| · 100 | 1% | ▬ DM | · 100 |
| | 100% | ▬ DM | |
| | | (Kapital) | |

**Übungen**

**3.**
Berechne das Kapital.

| Zinsen | a) 82,50 DM | b) 315 DM | c) 3 125 DM | d) 81 DM | e) 45 DM | f) 7,50 DM |
|---|---|---|---|---|---|---|
| Zeit | 1 Jahr | 1 Jahr | 1 Jahr | $\frac{1}{2}$ Jahr | 5 Monate | 25 Tage |
| Zinssatz | 5% | 2,5% | 8,5% | 3% | 4,25% | 3,75% |

**4.**
Roland legt seinen Lottogewinn zu 4% an. Dann bekommt er jedes Jahr 696 DM Zinsen. Wieviel DM hat Roland gewonnen?

**5.**
Frau Adams erhält für ihre Geldanlage zu 4,5% jährlich 693 DM Zinsen. Wie hoch ist ihr angelegtes Kapital?

**6.**
Herr Hesse hat einen größeren Geldbetrag angelegt; Zinssatz 6%. Für $\frac{1}{4}$ Jahr erhält er 432 DM Zinsen. Wie hoch ist der angelegte Geldbetrag?

**7.**
Wie hoch ist das angelegte Kapital?
**a)** Herr Bruns erhält 14% Zinsen. Er erhält monatlich 95 DM Zinsen.
**b)** Frau Landmeier erhält bei einem Zinssatz von 11% nach 7 Monaten 231 DM Zinsen.
**c)** Frau Plog erhält bei einem Zinssatz von 5% nach 200 Tagen 75 DM Zinsen.


## Kurzfristige Kredite – Berechnung des Zinssatzes

**Aufgabe**
**a)** Martins Mutter leiht sich bei einer Freundin 1 200 DM für 1 Jahr. Sie will dafür 36 DM Zinsen zahlen. Wie hoch ist der Zinssatz?
**b)** Sie kann das Geld bereits nach 5 Monaten zurückzahlen. Ihre Freundin erhält 20 DM Zinsen. Wie hoch ist jetzt der Zinssatz?

**Lösung**
Du kannst auf zwei Wegen rechnen:

**a)** *1. Weg (mit Hilfe des Grundschemas):*

$K \xrightarrow{\cdot p\%} Z_1$

$1\,200\,\text{DM} \xrightarrow{\cdot p\%} 36\,\text{DM}$

$: 1\,200 \quad \cdot 36$
$\quad\quad\quad 1$

$p\% = \frac{36}{1\,200}$
$p\% = 0{,}03$
$p\% = 3\%$

*Ergebnis:* Der Zinssatz beträgt 3%.

*2. Weg (mit Hilfe der Zinsformel):*

$Z = \frac{K \cdot p \cdot i}{100}$

$36\,\text{DM} = \frac{1\,200\,\text{DM} \cdot p \cdot 1}{100}$

$36 = \frac{1\,200 \cdot p}{100} \quad |:12$

$3 = p$
$p\% = 3\%$

**b)** *1. Weg (mit Hilfe des Grundschemas):*

$K \xrightarrow{\cdot p\%} Z_1 \xrightarrow{\cdot i} Z$

$1\,200\,\text{DM} \xrightarrow{\cdot p\%} Z_1 \xrightarrow{\cdot \frac{5}{12}} 20\,\text{DM}$

$: 1\,200 \quad \cdot Z_1 \quad : \frac{5}{12}$
$\quad\quad\quad 1$

$Z_1 = 20\,\text{DM} \cdot \frac{12}{5}$
$Z_1 = 48\,\text{DM}$
$p\% = \frac{48}{1\,200}$
$p\% = 0{,}04$
$p\% = 4\%$

*Ergebnis:* Der Zinssatz beträgt jetzt 4%.

*2. Weg (mit Hilfe der Zinsformel):*

$Z = \frac{K \cdot p \cdot i}{100}$

$20\,\text{DM} = \frac{1\,200\,\text{DM} \cdot p \cdot 5}{100 \cdot 12}$

$20 = \frac{\overset{1}{\cancel{1\,200}} \cdot p \cdot 5}{\underset{1}{\cancel{100 \cdot 12}}} \quad |:5$

$4 = p$
$p\% = 4\%$

## Übungen

**1.**
Wie hoch wäre der Zinssatz, wenn Martins Mutter

**a)** 48 DM [42 DM; 54 DM; 66 DM; 132 DM] Zinsen für ein Jahr zahlen würde;

**b)** 12 DM für 3 Monate [2 Monate; 8 Monate] zahlen würde;

**c)** 24 DM Zinsen für 36 Tage [120 Tage; 150 Tage] zahlen würde?

**2.**
Berechne den Zinssatz.

| Kapital | a) 450 DM | b) 825 DM | c) 1 200 DM | d) 4 200 DM | e) 600 DM | f) 2 400 DM |
|---|---|---|---|---|---|---|
| Zeit | 1 Jahr | 1 Jahr | $\frac{1}{4}$ Jahr | 1 Monat | 4 Monate | 1 Tag |
| Zinsen | 54 DM | 66 DM | 36 DM | 38,50 DM | 17 DM | 0,80 DM |

**3.**
Manfred ist 18 Jahre alt und hat ein Girokonto (Lohn- oder Gehaltskonto) bei der Sparkasse. In diesem Monat kommt er mit seinem Lohn nicht aus. Er überzieht sein Konto für 8 Tage um 270 DM. Die Sparkasse berechnet ihm dafür 0,75 DM Zinsen.

**a)** Wie hoch ist der Zinssatz für das Überziehen?

**b)** Wieviel Zinsen müßte Manfred zahlen, wenn er sein Konto für 20 Tage mit 380 DM überzogen hätte? Runde sinnvoll.

**4.**
Frau Köster hat ihr Konto für 15 Tage um 840 DM überzogen. Die Bank berechnet dafür 4,38 DM Zinsen. Wie hoch ist der Zinssatz?

## Geldanlage und Kredite – Berechnung der Zeit

**Aufgabe**

Frau Heise hat ihr Konto um 4 800 DM überzogen. Dafür berechnet die Sparkasse 32 DM Zinsen bei einem Zinssatz von 12 %. Wie viele Tage dauerte die Kontoüberziehung?

**Lösung**

Du kannst auf zwei Wegen rechnen. Insbesondere beim zweiten Weg ist es günstig, beim Zeitfaktor i mit Tagen zu rechnen, also mit $\frac{t}{360}$. Dabei gibt t die Anzahl der Tage an.

*1. Weg (mit Hilfe des Grundschemas):*

$K \xrightarrow{\cdot p\%} Z_1 \xrightarrow{\cdot i} Z$

$4\,800 \text{ DM} \xrightarrow{\cdot 12\%} Z_1 \xrightarrow{\cdot i} 32$

$Z_1 = \frac{4\,800 \text{ DM} \cdot 12}{100}$

$Z_1 = 576 \text{ DM}$

*Zinsen für 1 Tag:* 576 DM : 360 = 1,60 DM

*Anzahl der Tage:* 32 DM : 1,60 DM = 20

*Ergebnis:* Frau Heise hat ihr Konto 20 Tage überzogen.

*2. Weg (mit Hilfe der Zinsformel):*

$Z = \frac{K \cdot p \cdot i}{100}$

$32 \text{ DM} = 4\,800 \text{ DM} \cdot \frac{12}{100} \cdot i$

$32 = 4\,800 \cdot \frac{12}{100} \cdot \frac{t}{360}$

$32 = 1,6 \, t \qquad |:1,6$

$32 : 1,6 = t$

$20 = t$

## Zur Festigung und zum Weiterarbeiten

**1.**
Wie lange hätte Frau Heise ihr Konto überzogen, wenn sie 8 DM [40 DM; 160 DM] Zinsen bezahlen müßte?

**2.**
Gib die angegebenen Zeiten an:

a) In Jahren: 180 Tage; 9 Monate; 18 Monate; 30 Tage

b) In Monaten: $\frac{1}{4}$ Jahre; $1\frac{1}{2}$ Jahre; 210 Tage; 330 Tage

c) In Tagen: $\frac{1}{3}$ Jahr; 7 Monate; $2\frac{1}{2}$ Jahre; $4\frac{1}{2}$ Monate

## Übungen

**3.**
Berechne die Zeit.

| Kapital | a) 800 DM | b) 1 200 DM | c) 7 200 DM | d) 9 600 DM | e) 1 440 DM | f) 3 600 DM |
|---|---|---|---|---|---|---|
| Zinssatz | 3 % | 4 % | 5 % | 10,5 % | 5,25 % | 2,3 % |
| Zinsen | 6 DM | 28 DM | 60 DM | 756 DM | 31,50 DM | 17,25 DM |

**4.**
Helmut hat 1 500 DM zu 6 % auf seinem Sparbuch. Nach wie vielen Monaten kann er das Geld zusammen mit 75 DM Zinsen abheben?
*Hinweis:* Berechne zuerst die Zinsen für einen Monat, dann die Anzahl der Monate.

**5.**
Frau Merz hat 6 000 DM zum Zinssatz von 5 % verliehen. Die Zinsen werden monatlich auf ihr Konto überwiesen. Nach wie vielen Monaten hat sie 200 DM erhalten?

**6.**
Frau Heinze überzieht ihr Konto um 1 800 DM. Dafür werden 14 % Zinsen berechnet. Wie viele Tage dauerte die Kontoüberziehung, wenn Frau Heinze 17,50 DM [46,90 DM] Zinsen zahlen muß?
*Hinweis:* Berechne zuerst die Zinsen für 1 Tag.

## Langfristige Geldanlage – Zinseszinsen

### Aufgabe

Frau Schmidt hat 8 000 DM geerbt. Sie benötigt das Geld in 2 Jahren für die Anschaffung eines neuen Autos. Sie legt das Geld am Jahresanfang bei einer Bank an und erhält dafür 6 % Zinsen.

a) Auf wieviel DM ist das Geld zusammen mit den Zinsen am Jahresende angewachsen?

b) Wieviel DM hat Frau Schmidt am Ende des zweiten Jahres, wenn sie die Zinsen nicht abhebt?

**Lösung**

a) *Gegeben:* Kapital K = 8 000 DM
   Zinssatz p% = 6%
   *Gesucht:* Kapital + Zinsen
   (Endkapital)

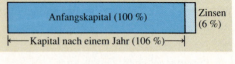

Du kannst auf zwei Wegen rechnen:

*1. Weg*
Du rechnest zunächst die Zinsen aus und addierst dann die Zinsen zum Kapital.

$Z = K \cdot \frac{p}{100}$

$Z = 8\,000 \text{ DM} \cdot \frac{6}{100}$

$Z = 480 \text{ DM}$

Endkapital: 8 000 DM + 480 = 8 480 DM

*2. Weg*
Du rechnest sofort das Endkapital aus. Zum Endkapital gehört der Zinssatz 106% oder der *Zinsfaktor* 1,06.

$8\,000 \text{ DM} \xrightarrow{\cdot 1{,}06} \text{Endkapital}$

Endkapital: 8 000 DM · 1,06 = 8 480 DM

*Ergebnis:* Frau Schmidt hat am Jahresende 8 480 DM.

b) Die Zinsen am Ende des 1. Jahres werden zu Beginn des 2. Jahres dazugerechnet und im 2. Jahr mitverzinst. Diese Zinsen von den Zinsen nennt man **Zinseszinsen**.
Ebenso verfährt man jeweils am Ende weiterer Jahre.
Du kannst auch hier auf zwei Wegen rechnen:

*1. Weg*
Du rechnest für jedes einzelne Jahr die Zinsen aus und addierst sie jeweils.

*2. Weg*
Du berechnest das Endkapital nach jedem Jahr mit dem Zinsfaktor 1,06.

| Zeit | Kapital | Zinsen |
|---|---|---|
| Anfang | 8 000 DM | |
| nach 1 Jahr | 8 480 DM | + 480 DM |
| nach 2 Jahren | 8 988,80 DM | + 508,80 DM |

| Zeit | Kapital |
|---|---|
| Anfang | 8 00 DM |
| nach 1 Jahr | 8 000 DM · 1,06 = 8 480 DM |
| nach 2 Jahren | 8 480 DM · 1,06 = 8 988,80 DM |

*Ergebnis:* Frau Schmidt hat am Ende des 2. Jahres 8 988,80 DM.

**Zur Festigung und zum Weiterarbeiten**

**1.**
Frau Schmidt läßt ihr Geld bei gleichen Bedingungen ein weiteres Jahr bei der Bank.
Zur Berechnung des Endkapitals nach drei Jahren hat sie folgenden Ansatz aufgeschrieben:

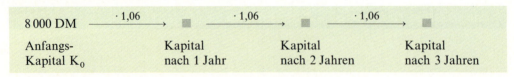

a) Erkläre diesen Ansatz.
b) Berechne das Endkapital nach 3 Jahren
c) Setze entsprechend die Rechnung für zwei weitere Jahre fort.

**2.**
a) Wieviel DM Zinsen hat Frau Schmidt insgesamt nach 3 [nach 5] Jahren erhalten?
b) Wieviel DM Zinsen hätte Frau Schmidt erhalten, wenn sie die jährlichen Zinsen jeweils am Jahresende abgehoben hätte?

**3.**
Gib zu den Zinssätzen 3%; 7%; 5,5%; 6,25%; 9,5%; 7,5%; 12% den Zinsfaktor an.

## Übungen

### 4.
Wie hoch ist die Spareinlage nach n Jahren? Die Zinsen werden mitverzinst.

a) $K_n = 3500$ DM; $p\% = 8\%$; $n = 2$     c) $K_n = 6000$ DM; $p\% = 5\%$; $n = 4$

b) $K_n = 4200$ DM; $p\% = 4\%$; $n = 3$     d) $K_n = \phantom{0}900$ DM; $p\% = 6,5\%$; $n = 3$

### 5.
Für die Berufsausbildung seiner jetzt 8jährigen Tochter Meike will Herr Hansen 5000 DM zurücklegen. Die Bank garantiert ihm ab 1.1.1989 einen festen Zinssatz von 6% für 10 Jahre. Die Zinsen werden am Ende eines jeden Jahres dem Konto gutgeschrieben und dann mitverzinst.

a) Wie groß ist das Guthaben nach 10 Jahren?

b) Meike behauptet: „Nach 12 Jahren hat sich das Anfangskapital verdoppelt." Stimmt das?

c) Wieviel DM Zinsen und Zinseszinsen insgesamt bekommt Meike nach 10 Jahren?

d) Wieviel DM Zinsen hätte Meike bekommen, wenn sie die Zinsen nach jedem Jahr abgehoben hätte? Nach wie vielen Jahren hätte sich das Anfangskapital ohne Zinseszinsen verdoppelt?

## Vermischte Übungen zur Zinsrechnung

### 1.
Wie groß ist das Kapital?

a) Eine Erbschaft wurde zu 5% angelegt und bringt 1350 DM Jahreszinsen.

b) Ein angesparter Geldbetrag wurde zu 3,75% angelegt und bringt jährlich 1710 DM.

### 2.
Herr Albrecht hat sein Girokonto um 18 Tage überzogen. Das Geldinstitut berechnet dafür 113,85 DM Zinsen zu einem Zinssatz von 11,5%.

a) Um wieviel DM hat Herr Albrecht überzogen?

b) Wie hoch wäre der überzogene Betrag bei 8,05 DM [105,80 DM; 3,68 DM] Zinsen?

### 3.
Ergänze die Tabelle.

| Kapital | a) 750 DM | b) 8450 DM | c) 7200 DM | d) | e) |
|---|---|---|---|---|---|
| Zinssatz | | 6% | | 5% | 3% |
| Jahreszinsen | 30 DM | | | | 216 DM |
| Zeit | 5 Monate | $\frac{3}{4}$ Jahr | 1 Monat | 10 Tage | |
| Zinsen | | | 45 DM | 18 DM | 36 DM |

### 4.
Herr Siebert braucht 1800 DM mehr, als er auf seinem Girokonto stehen hat. Er darf sein Konto um diesen Betrag überziehen. Für diesen Kredit verlangt die Bank 10% Zinsen. Er zahlt das Geld nach 12 Tagen zurück. Wieviel DM Zinsen muß er zahlen?

**5.**
**a)** Frau Sellmer hat eine Erbschaft gemacht. Sie legt das Geld zu 7 % an und bekommt nach 1 Jahr 1 470 DM Zinsen ausgezahlt. Wie hoch ist die Erbschaft?

**b)** Barbara hat ein Darlehen von 650 DM aufgenommen. Sie zahlt den Betrag nach $\frac{1}{2}$ Jahr mit 26 DM Zinsen zurück. Wie hoch ist der Zinssatz?

**c)** Horst hat 800 DM auf seinem Sparkonto. Der Zinssatz beträgt 3 %. Wie viele Monate muß er warten, bis er 40 DM Zinsen bekommt?

**6.**
Herr Meyer hat eine Rechnung bekommen. Er begleicht die Rechnung erst am 17. Mai [23. Mai; 15. Juni]. Wieviel DM Verzugszinsen (vom Fälligkeitstag an) muß er zahlen?

Neustadt, 19. 4. 1989

**Rechnung**

| Für Reparaturarbeiten | 1 700,— DM |
| Mehrwertsteuer | 238,— DM |
| | 1 938,— DM |

Zahlbar spätestens bis 3. Mai.
Bei Zahlungsverzug 14 % Zinsen.

**7.**
Frau Müller hat auf ihrem Sparbuch zu Jahresbeginn 4 500 DM (Zinssatz 3 %). Sie zahlt am 14. Oktober 600 DM ein [hebt am 6. Juni 2 500 DM ab]. Berechne die Zinsen und das Sparguthaben am Jahresende.

*Beachte:* Einzahlungs- und Rückzahlungstag werden nicht berücksichtigt.

**8.**
Christian verdient seit einem halben Jahr. Er will schon jetzt kleine Beträge zinsgünstig anlegen. So kauft er Anfang 1989 für 600 DM Bundesschatzbriefe zu den folgenden Bedingungen. Die Zinsen werden ihm am Ende eines jeden Jahres ausgezahlt.

| Jahr | 1. | 2. | 3. | 4. | 5. | 6. |
|---|---|---|---|---|---|---|
| Zinssatz | 3,5 % | 5 % | 5,5 % | 6 % | 6,5 % | 7,5 % |

**a)** Wieviel DM Zinsen erhält Christian am Ende des 1., 2., 3., 4., 5., 6. Jahres?

**b)** Wieviel DM Zinsen erhält er insgesamt? Wieviel Prozent des Kapitals sind das?

**9.**
Natürlich hätte Christian seine 600 DM auch auf seinem Sparkonto anlegen können. Bei vierjähriger Kündigungsfrist beträgt der Zinssatz 4,5 % (Anfang 1989). Auch hier kann er seine Jahreszinsen immer abheben.

**a)** Wieviel DM Zinsen hätte er bei dieser Geldanlage nach 6 Jahren insgesamt erhalten? Wieviel Prozent des Kapitals sind das?

**b)** Warum hat sich Christian für Bundesschatzbriefe entschieden?

**10.**
Christians Vater kaufte Anfang 1982 für 4 000 DM Bundesschatzbriefe. Er bekam nebenstehende Zinsen für die einzelnen Jahre ausbezahlt.

**a)** Wie hoch war der Zinssatz für die einzelnen Jahre?

**b)** Wieviel DM Zinsen hätte er erhalten, wenn er Anfang 1989 für 4 000 DM Bundesschatzbriefe gekauft hätte (Zinssätze siehe Aufgabe 8)?

| Zinsen für | |
|---|---|
| 1982: | 220 DM |
| 1983: | 320 DM |
| 1984: | 330 DM |
| 1985: | 340 DM |
| 1986: | 340 DM |
| 1987: | 360 DM |

**11.**
Wer einen Geldbetrag für mehrere Jahre anlegen möchte, kann auch einen Sparkassenbrief erwerben. Im Gegensatz zum Bundesschatzbrief ist der Zinssatz beim Sparkassenbrief für die gesamte Laufzeit fest. Die Zinsen werden am Jahresende jeweils ausgezahlt.

**a)** Frau Bruner kauft Anfang 1989 für 600 DM einen Sparkassenbrief mit einem festen Zinssatz von 5%. Die Laufzeit beträgt 5 Jahre. Wieviel DM Zinsen erhält sie nach 5 Jahren?

**b)** Wieviel Prozent des Kapitals sind das?

**12.**
Zinserträge aus Kapitalanlagen müssen beim Finanzamt versteuert werden. Dabei gibt es für Ledige jährlich einen Sparerfreibetrag von 300 DM [bei Verheirateten 600 DM]. Bis zu dieser Höhe brauchen Zinserträge nicht versteuert zu werden.
Wie hoch darf das Kapital eines Ledigen [von Verheirateten] sein bei einem Zinssatz von 4%, 5%, 6%, wenn diese Sparerfreibeträge nicht überschritten werden sollen?

**13.**
Martin legt Anfang 1989 einen Betrag von 800 DM zu einem festen Zinssatz von 5% an.

**a)** Wie groß ist das Guthaben nach einem Jahr?

**b)** Berechne das Guthaben einschließlich Zinseszinsen nach 2; 3; 4; ...; 10 Jahren.

**14.**
Ein Kapital $K_0$ wird zu 6% für mehrere Jahre mit Zinseszinsen angelegt.

$$K_0 \xrightarrow{\cdot 1{,}06} K_1 \xrightarrow{\cdot 1{,}06} K_2 \xrightarrow{\cdot 1{,}06} K_3 \xrightarrow{\cdot 1{,}06} K_4 \cdots$$

$\cdot 1{,}1236$

**a)** Mit welcher Zahl muß man $K_0$ multiplizieren, um das Kapital nach 2, 3, 4, 5, 6, 7 Jahren zu erhalten?
Verwende einen Taschenrechner.
Für 4 Jahre erhältst du z. B. die Anzeige 1.262477.

**b)** Die nebenstehende Zinseszinstafel enthält diese Zahlen bereits ausgerechnet und gerundet.
In welcher Zeile und in welcher Spalte stehen die Zahlen aus a)?

| n \ p% | 4% | 4,5% | 5% | 5,5% | 6% |
|---|---|---|---|---|---|
| 1 | 1,0400 | 1,0450 | 1,0500 | 1,0550 | 1,0600 |
| 2 | 1,0816 | 1,0920 | 1,1025 | 1,1130 | 1,1236 |
| 3 | 1,1249 | 1,1412 | 1,1576 | 1,1742 | 1,1910 |
| 4 | 1,1699 | 1,1925 | 1,2155 | 1,2388 | 1,2625 |
| 5 | 1,2167 | 1,2462 | 1,2763 | 1,3070 | 1,3382 |
| 6 | 1,2653 | 1,3023 | 1,3401 | 1,3788 | 1,4185 |
| 7 | 1,3159 | 1,3609 | 1,4071 | 1,4547 | 1,5036 |
| 8 | 1,3686 | 1,4221 | 1,4775 | 1,5347 | 1,5938 |
| 9 | 1,4233 | 1,4861 | 1,5513 | 1,6191 | 1,6895 |
| 10 | 1,4802 | 1,5530 | 1,6289 | 1,7081 | 1,7908 |

**15.**
Berechne das Kapital nach n Jahren. Verwende die nebenstehende Tafel.

| Anfangskapital | $K_0 = 3000$ DM; |
|---|---|
| | $p\% = 5\%$; $n = 4$ |
| Kapital | $K_5 = 3000$ DM $\cdot$ 1,2155 |
| nach 4 Jahren | $= 3646{,}50$ DM |

**a)** $K_0 = 15000$ DM, $p\% = 5\%$, $n = 6$

**b)** $K_0 = 700$ DM, $p\% = 5{,}5\%$, $n = 10$

☐ **16.**
Ein Kapital von 3000 DM wird 6 Jahre lang mit 4,5% und weitere 4 Jahre mit 6% verzinst. Wieviel DM beträgt das Kapital (mit Zinseszinsen) nach insgesamt 10 Jahren?

# 3. Geometrie I – Flächeninhalte und Längen

Mit Längen und Flächeninhalten haben wir im täglichen Leben oft zu tun. Sie müssen auch im Berufsleben vielfach bestimmt werden. Darum geht es in diesem Kapitel.

## Umfang und Flächeninhalt von Vielecken in Sachbereichen

### Berufsfeld Bautechnik und Farbgestaltung – Flächeninhalt von Rechteck und Parallelogramm

**Aufgabe**

Familie Klein renoviert ihre Wohnung. Dabei wird im Wohnzimmer ein neuer Teppich verlegt und im Treppenhaus eine Wand mit Holz vertäfelt.

a) Der Preis für 1 m² Teppichboden einschließlich der Verlegearbeiten beträgt 44,80 DM.
   Berechne die Kosten K.

b) Die Holzvertäfelung der Treppenhauswand kostet 38,60 DM pro m².
   Berechne die Kosten K.

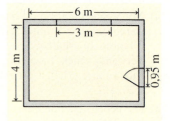

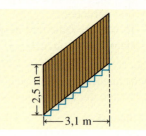

**Lösung**

Zunächst mußt du jeweils die Flächeninhalte der beiden Vierecke ausrechnen. Dabei handelt es sich beim Teppichboden um ein Rechteck und bei der Treppenhauswand um ein Parallelogramm.

| Für den Flächeninhalt A eines **Rechtecks** gilt: $A = a \cdot b$ | 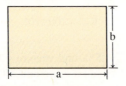 | Für den Flächeninhalt A eines **Parallelogramms** gilt: $A = g \cdot h$ | 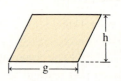 |
|---|---|---|---|

a) *Flächeninhalt der rechteckigen Wohnzimmerfläche*

A = 6 m · 4 m
A = 24 m²

*Berechnung der Kosten K*
K = 44,80 DM · 24
K = 1 075,20 DM

b) *Flächeninhalt der parallelogrammförmigen Treppenhauswand*

A = 2,5 m · 3,1 m
A = 7,75 m²

*Berechnung der Kosten K*
K = 38,60 DM · 7,75
K = 299,15 DM

*Ergebnis:* Familie Klein muß für den Teppichboden 1 075,20 DM und für die Treppenhauswand 299,15 DM bezahlen.

**Zur Festigung und zum Weiterarbeiten**

**1.**
Berechne den Flächeninhalt des Parallelogramms. Wähle dazu zunächst eine Seite als Grundseite, zeichne die Höhe ein und miß die Stücke.

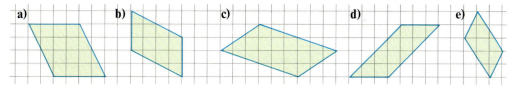

**2.**
Das Wohnzimmer (siehe Aufgabe auf Seite 54) erhält auch eine neue Sockelleiste. Für 1 m berechnet der Unternehmer 7,95 DM. Wieviel DM kosten die Sockelleisten?
*Beachte:* Die Türbreite von 0,95 m ist abzuziehen.

> Der **Umfang** einer Fläche ist die Länge aller Seiten zusammen, also die *Länge des Randes* der Fläche.

**3.**
Berechne den Umfang der Parallelogramme von Aufgabe 1.

**4.**
a) Längen mißt man in den Einheiten mm, cm, dm, m, km (siehe auch Seite 180 im Anhang).
   In welcher Einheit würdest du die Längen angeben?
   (1) Entfernung zwischen Erdteilen        (4) Durchmesser bei einem Bohrer
   (2) Abmessungen eines Hauses             (5) Höhe eines Berges
   (3) Maße bei einer technischen Zeichnung (6) Länge und Breite eines Fußballplatzes?
b) Flächeninhalte mißt man in den Einheiten mm², cm², dm², m², a, ha, km² (siehe auch Seite 179 im Anhang).
   In welcher Einheit würdest du die Größe der Flächen angeben?
   (1) Wohnzimmer                (5) Landwirtschaftlicher Betrieb
   (2) Fensterscheibe            (6) Grundstück eines Einfamilienhauses
   (3) Frankreich                (7) Postkarte
   (4) USA                       (8) Chip

## Übungen

**5.**
Das Wohnzimmer der Familie Klein (siehe Aufgabe a) auf Seite 54) wurde vorher tapeziert. Der Raum ist 2,50 m hoch. Wieviel m² wurden tapeziert?
*Beachte:* Tür und Fenster werden hierbei mitgerechnet.

**6.**
Bei der Holzvertäfelung der Treppenhauswand (siehe Aufgabe b) auf Seite 54) berechnet der Unternehmer zu den Kosten noch 14% Mehrwertsteuer. Wie hoch ist der Rechnungsbetrag?

**7.**
Berechne Umfang und Flächeninhalt der Figur.

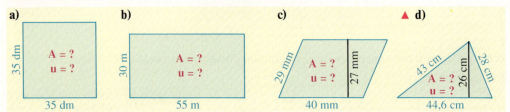

a) Quadrat 35 dm × 35 dm, A = ?, u = ?
b) Rechteck 55 m × 30 m, A = ?, u = ?
c) Parallelogramm 40 mm, 29 mm, 27 mm, A = ?, u = ?
d) Dreieck 44,6 cm, 43 cm, 26 cm, 28 cm, A = ?, u = ?

**8.**
Die Wohnzimmertür (0,90 m mal 1,95 m) soll von beiden Seiten neu lackiert werden. Wie groß ist die zu streichende Fläche?

**9.**
Die Wohnzimmerdecke soll mit Holz vertäfelt werden. Der Handwerker berechnet 43,60 DM pro m². Dazu kommen noch 14% Mehrwertsteuer.
Wie hoch ist der Rechnungsbetrag?

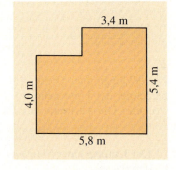

**10.**
Das Fenster in einem Wohnzimmer ist 3,25 m lang und 1,75 m hoch. Es soll mit Isolierglas verglast werden. 1 m² kostet 139 DM einschließlich Mehrwertsteuer.
Wieviel DM muß man zahlen?

**11.**
a) Die Terrasse (5 m mal 3,5 m) soll mit Platten belegt werden. Wieviel m² sind zu verlegen?
b) Wie viele Platten sind zu bestellen (Größe 0,5 m mal 0,5 m)?

**12.**
a) Berechne überschlagsmäßig die Größe der bebauten Fläche.
b) Berechne die Größe der bebauten Fläche genau.

**13.**
Eine Tischplatte (1,80 m lang; 0,85 m breit) soll mit PVC-Folie einseitig beklebt werden. Die Kante des Tisches wird zusätzlich mit einem Umleimer beklebt.
a) Berechne die Größe der Tischfläche und den Umfang.
b) 1 m² zu bekleben kostet 7,85 DM. 1 m Umleimer kostet 2,45 DM. Berechne die Gesamtkosten.

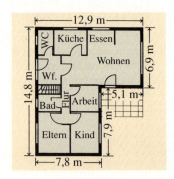

## Berufsfeld Bau und Holz – Flächeninhalt von Dreieck und Trapez

**Aufgabe**

Der Rohbau des Hauses ist fast fertig. Der Bauherr muß für das Eindecken der Dachfläche Dachpfannen bestellen. Für jeden m² benötigt er 15 Dachpfannen.

a) Berechne zunächst eine Dreiecksfläche des Daches.

b) Berechne dann eine Trapezfläche des Daches.

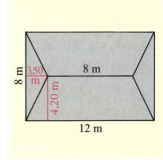

**Lösung**

Aus der Zeichnung erkennst du: Die Dachfläche setzt sich aus zwei Dreiecken und zwei Trapezen zusammen.

Für den Flächeninhalt A eines **Dreiecks** gilt:

$$A = \frac{g \cdot h}{2}$$

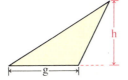

Für den Flächeninhalt A eines **Trapezes** gilt:

$$A = \frac{(a + c) \cdot h}{2}$$

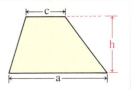

a) *Flächeninhalt einer dreieckigen Dachfläche*

g = 8 m;   h = 3,50 m

$$A = \frac{8 \text{ m} \cdot 3,50 \text{ m}}{2}$$
$$= 14 \text{ m}^2$$

b) *Flächeninhalt einer trapezförmigen Dachfläche*

a = 12 m;   c = 8 m;   h = 4,20 m

$$A = \frac{(12 \text{ m} + 8 \text{ m}) \cdot 4,20 \text{ m}}{2}$$
$$= \frac{20 \text{ m} \cdot 4,20 \text{ m}}{2}$$
$$= 42 \text{ m}^2$$

*Ergebnis:* Eine Dreiecksfläche des Daches ist 14 m² und eine Trapezfläche ist 42 m² groß.

**Zur Festigung und zum Weiterarbeiten**

**1.**
a) Berechne die Gesamtfläche des Daches und die Anzahl der benötigten Dachpfannen.

b) Da beim Transport und beim Eindecken einige Dachpfannen beschädigt werden, müssen 6 % mehr bestellt werden. Wie viele Dachpfannen müssen zusätzlich bestellt werden?

**2.**
Zum Auffangen des Regenwassers erhält das Haus eine Dachrinne. Wie lang ist die Dachrinne?

**3.**
**a)** Berechne den Flächeninhalt der Dreiecke und Trapeze. Wähle dazu zunächst eine Seite als Grundseite, zeichne die Höhe ein und miß dann die Stücke.

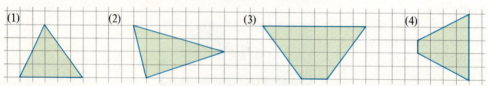

**b)** Berechne den Umfang der Flächen in a).

## Übungen

**4.**
Berechne Umfang und Flächeninhalt der Figur.

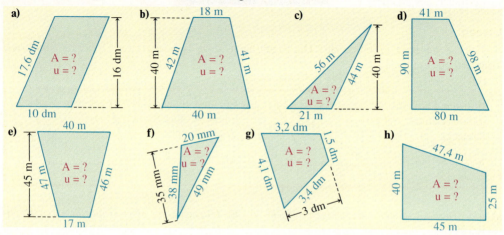

**5.**
Die Fläche soll neu getäfelt werden. Der Preis pro m² ist ohne Mehrwertsteuer (MwSt.) angegeben. Berechne die Größe der Fläche und die Kosten einschließlich MwSt. (14%).

**a)** Wohnzimmerdecke: 54,25 DM pro m²

**b)** Trennwand Dachgiebelzimmer: 37,45 DM pro m²

**c)** Treppenhauswand: 31,55 DM pro m²

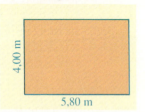
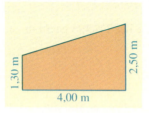
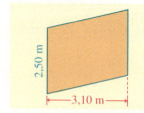

**6.**
In einem Dachgiebelzimmer soll eine Trennwand mit Holz vertäfelt werden. Der Handwerker berechnet 43,60 DM pro m². Dazu kommen noch 14% Mehrwertsteuer. Wie hoch ist der Rechnungsbetrag?

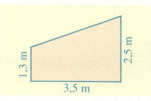

**7.**
Bestimme zuerst die Größe der Einzelflächen. Berechne dann die Größe der Gesamtfläche.

a) b)

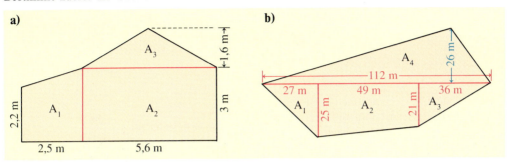

**8.**
Im Bild rechts ist ein bebautes Grundstück dargestellt.
a) Berechne die Größe des Grundstücks in m² und in a.
b) Für 1 m² waren 98 DM ohne Erschließung zu entrichten. Berechne die Grundstückskosten zuerst überschlägig und dann genau.
c) 19% der Grundstücksfläche sind bebaut. Berechne die Größe der bebauten Fläche in m².
d) Das Grundstück soll eingezäunt werden. Wieviel m Zaun sind zu bestellen? Für Einfahrt und Eingang sind 3 m abzuziehen.

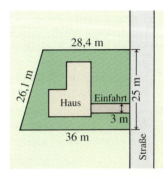

**9.**
Ein Giebelfenster soll verglast werden.
a) Wie groß ist jede Scheibe?
b) 1 m² Isolierglas kostet 139 DM. Für die trapezförmigen Scheiben wird ein Aufschlag von 70% berechnet.
Wie teuer ist jede Scheibe? Berechne auch die Gesamtkosten.

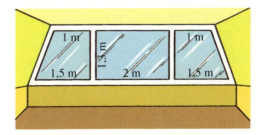

**10.**
Ein Landwirt muß für den Bau einer Autobahn Land abgeben. Das Land wird vermessen und eine Zeichnung angelegt.
a) Wie groß sind die einzelnen Flächenstücke? Wie groß ist die Gesamtfläche?
b) Für 1 m² erhält der Landwirt 43 DM. Wieviel DM erhält er für die abgegebene Fläche?

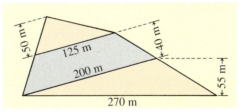

**11.**
Herr Müller will sein Haus verklinkern lassen. 1 m² Verklinkerung kostet 168 DM. Herr Müller zeichnet ein Netz der Hauswände und versucht, in möglichst wenig Schritten die Kosten zu berechnen. *Beachte:* Die Flächen treten am Haus zweimal auf.

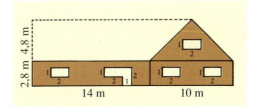

## Umfang und Flächeninhalt des Kreises

### Kreisumfang

**Aufgabe**

Michael möchte herausfinden, wie viele Raddurchmesser sein Fahrrad bei einer Umdrehung des Rades zurücklegt.

a) Stelle das Fahrrad auf dem Schulhof so hin, daß das Reifenventil unten ist. Markiere die Stelle am Boden. Schiebe das Fahrrad weiter, bis das Ventil nach einer Umdrehung wieder unten ist.
Schneide einen Bindfaden von der Länge des Raddurchmessers.
Wie oft paßt der Bindfaden auf den abgerollten Radumfang?

b) Michael möchte ein noch genaueres Ergebnis haben. Er überlegt: Der Quotient *Umfang : Durchmesser* gibt an, wie oft der Durchmesser d auf den Umfang u paßt. Miß den abgerollten Umfang und den Raddurchmesser in cm. Berechne den Quotienten u : d.

**Lösung**

a) Der Radumfang ist ungefähr dreimal so groß wie der Durchmesser d, also $u \approx 3 \cdot d$.

b) *Meßergebnisse:* u = 223 cm;   d = 71 cm
*Rechnung* (ohne Einheiten):   u : d = 223 : 71 = 3,1408 ... ≈ 3,14
*Ergebnis:* Der Umfang ist ungefähr 3,14mal so groß wie der Durchmesser d, also $u \approx 3{,}14 \cdot d$.

### Zur Festigung und zum Weiterarbeiten

**1.**
Miß den Umfang und den Durchmesser der Gegenstände in der Tabelle.
Bestimme durch Berechnen der Quotienten u : d, wievielmal so groß der Umfang gegenüber dem Durchmesser ist.

|  | Umfang u | Durchmesser d | u : d |
|---|---|---|---|
| **Bierdeckel** |  |  |  |
| **Konservendose** |  |  |  |
| **Fünfmarkstück** |  |  |  |
| **Schallplatte** |  |  |  |

---

Der **Umfang u des Kreises** ist etwa 3,14mal so groß wie der Durchmesser: $u \approx 3{,}14 \cdot d$.
Genauer gilt:

$u = 3{,}14159265358979323846\ldots \cdot d$

Die Zahl vor d wird mit $\pi$ bezeichnet (gelesen: pi).

Umfang des Kreises: $u = \pi \cdot d$

Mathematiker haben herausgefunden, daß die Zahl $\pi$ unendlich viele Stellen hinter dem Komma hat. Beim schriftlichen Rechnen nehmen wir für $\pi$ näherungsweise: $\pi \approx 3{,}14$.

**2.**
Ein Kreis hat den folgenden Durchmesser d.
Berechne den Umfang.
Führe zuvor einen Überschlag durch.
Rechne beim Überschlag mit π ≈ 3.

a) 80 cm    c) 48 mm    e) 1,9 cm
b) 4 m      d) 1,80 m   f) 2,73 m

| *Gegeben:* | d = 15 cm |
|---|---|
| *Einsetzen in die Formel:* | u = π · 15 cm |
| *Überschlag:* | 3 · 15 = 45 |
| *Rechnung:* | *Anzeige:* |
| π × 15 = | 47.12389 |
| *Ergebnis* (gerundet): | u = 47,1 cm |

**3.**
a) Mit r bezeichnet man den Radius des Kreises. Ein Kreis hat den Radius r = 60 cm. Berechne den Umfang.
b) Anstelle der Formel u = π · d kann man die Formel u = 2 · π · r benutzen. Begründe das.
c) Ein Kreis hat den Radius r = 48 mm [r = 1,64 m]. Berechne den Umfang mit der Formel u = 2 · π · r.

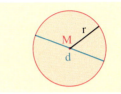

---

Für den **Umfang u eines Kreises** mit dem Durchmesser d bzw. Radius r gilt:
u = π · d   bzw.   u = 2 · π · r

---

**4.**
In Meyers Garten soll eine Birke gefällt werden. Der Besitzer muß die Baumsatzung der Stadt einhalten. Da er den Durchmesser des Baumstammes nur schwer messen kann, mißt er den Umfang: u = 47 cm. Darf die Birke ohne Genemigung gefällt werden?

*Aus der Baumsatzung der Stadt:*
Bäume (außer Obstbäume) mit einem Stammdurchmesser von 12 cm oder mehr (in 1 m Höhe über dem Erdboden) dürfen nur mit Genehmigung gefällt werden.

## Übungen

**5.**
Ein Kreis hat den angegebenen Durchmesser. Berechne den Umfang des Kreises.

a) d = 20 cm   b) d = 28 cm   c) d = 6,4 cm   d) d = 9 mm   e) d = 2,50 m   f) d = 1,37 m

**6.**
Ein Kreis hat den Radius r. Berechne den Umfang des Kreises.

a) r = 9 cm   b) r = 16 mm   c) r = 4,2 cm   d) r = 3,8 km   e) r = 2,24 m   f) r = 0,79 m

**7.**
Fülle die Tabelle aus.

| Durchmesser d | a) 8 cm | b)    | c) 34 dm | d) 2,4 m | e)     | f)    |
|---|---|---|---|---|---|---|
| Radius r      |         | 122 m |          |          | 5,8 km | 0,8 m |
| Umfang u      |         |       |          |          |        |       |

**8.**
Welche Weglänge legt das Rad bei einer Umdrehung zurück?

a) Fahrradreifen: d = 66 cm    c) Autoreifen: d = 62,5 cm   e) Lkw-Rad: d = 1,2 m
b) Mopedreifen:  d = 58 cm     d) Treckerrad: d = 1,8 m     f) Diesellok: d = 94 cm

**9.**
Berechne den Umfang: **a)** Armreif: d = 7 cm **b)** Zweimarkstück: d = 26,5 mm

**10.**
Berechne den Umfang der Figur.

**a)** 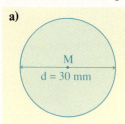 **b)** 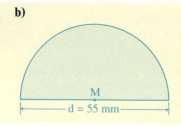 **c)**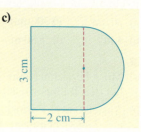

**11.**
Die Erde hat einen Radius von etwa 6 370 km. Berechne die Länge des Äquators. Runde dein Ergebnis auf volle 100 km.

**12.**
Eine Raumstation umkreist die Erde (Erdradius 6 370 km) in 200 km Höhe in 90 Minuten.

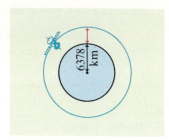

**a)** Welche Entfernung legt die Raumstation bei einem Erdumlauf zurück?

**b)** Welche Entfernung legt sie in 1 Stunde zurück?

**13.**
Die Entfernung Erde–Sonne beträgt 150 Mio. km. Die Erde bewegt sich im Laufe eines Jahres (etwa 365 Tage) einmal um die Sonne. Welche Entfernung legt die Erde in 1 Jahr zurück, welche Entfernung an 1 Tag? Nimm an, daß die Erde sich angenähert auf einem Kreis bewegt.

**14.**
Fahrradreifen gibt es in verschiedenen Größen.

| | |
|---|---|
| 28er-Rad: | d = 71 cm |
| 26er-Rad: | d = 66 cm |
| 24er-Rad: | d = 61 cm |

**a)** Berechne den Umfang eines 28er-Rades.

**b)** Ein 28cr-Rad dreht sich in der Sekunde zweimal. Wieviel m legt der Radfahrer in 1 Minute zurück, wieviel km in 1 Stunde?

**c)** Beantworte die gleichen Fragen auch für das 26er-Rad und für das 24er-Rad.

**15.**
Das Laufrad (s. Bild) dient zum Messen von Entfernungen, z. B. bei Straßenverkehrsunfällen. Der Durchmesser des Laufrades beträgt 15 cm. Wie viele Umdrehungen macht das Rad bei einer Weglänge von 7,54 m?

**16.**
Ein Kreis hat den Umfang u. Berechne den Durchmesser und den Radius.

**a)** u = 18,84 cm  **c)** u = 22 cm  **e)** u = 10 cm  **g)** u = 12 mm
**b)** u = 20,41 m  **d)** u = 10,99 m  **f)** u = 25 cm  **h)** u = 28 km

# Flächeninhalt des Kreises

### Aufgabe

Martina möchte den Flächeninhalt eines kreisförmigen Untersetzers bestimmen. Da sie noch keine Formel für den Flächeninhalt des Kreises kennt, zerlegt sie eine Kreisfläche wie eine Torte und setzt die Teile zu einer neuen Figur zusammen.

Zeichne auf Pappe einen Kreis, z. B. mit dem Radius r = 7 cm. Schneide den Kreis aus. Zerlege ihn in 6 Teile und setze die Teile neu zusammen (Bild (1)).
Verfahre ebenso mit einem Kreis, den du zuvor in 12 Teile zerlegt hast (Bild (2)).

a) Beschreibe die entstandenen Figuren. Denke dir den Kreis in 24, 48, ... Teile zerlegt und die Teile wie oben zusammengesetzt. Welche Form nimmt die neue Figur allmählich an? Gib die Länge und die Breite an. Gib eine Formel für den Flächeninhalt dieser Figur an.

b) Versuche, aus dem Ergebnis in a) eine Formel für den Flächeninhalt des Kreises herzuleiten.

c) Martinas Untersetzer hat den Radius 7 cm. Berechne den Flächeninhalt.

### Lösung

a) Die Figuren aus den Kreisteilen haben annähernd die Gestalt eines Rechtecks. Jedoch sind z. B. die vordere und die hintere „Seite" nicht geradlinig.

Je feiner man den Kreis unterteilt, desto mehr nähert sich die gelegte Figur einem Rechteck.
Länge des Rechtecks: $\frac{u}{2}$
Breite des Rechtecks: $r$
Flächeninhalt: $A = \frac{u}{2} \cdot r$

b) Der Kreis hat denselben Flächeninhalt wie die in a) gelegte Figur: $A = \frac{u}{2} \cdot r$
Da man bei dieser Formel erst jedesmal den halben Kreisumfang ausrechnen müßte, wandelt man die Formel um:

$A = \frac{u}{2} \cdot r$      Der halbe Kreisumfang $\frac{u}{2}$ ist $\pi \cdot r$. Für $\frac{u}{2}$ schreiben wir $\pi \cdot r$.
$A = \pi \cdot r \cdot r$      Für $r \cdot r$ schreiben wir $r^2$.
$A = \pi \cdot r^2$

*Ergebnis:* Für den Flächeninhalt des Kreises gilt: $A = \pi \cdot r^2$.

c) *Gegeben:*   r = 7 cm
   *Gesucht:*   Flächeninhalt A
   *Formel:*     $A = \pi \cdot r^2$
   *Einsetzen:* $A = \pi \cdot (7 \text{ cm})^2$
   *Überschlag:* $A \approx 3 \cdot 7 \text{ cm} \cdot 7 \text{ cm} = 147 \text{ cm}^2$

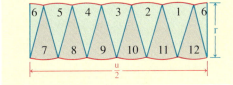

*Rechnung:*   π × 7 x² =
*Anzeige:*   153.93804

*Ergebnis:* Ein Kreis mit dem Radius 7 cm hat den Flächeninhalt 153,94 cm².

---

Für den **Flächeninhalt A eines Kreises** mit dem Radius r gilt:   $A = \pi \cdot r^2$.

**Zur Festigung und zum Weiterarbeiten**

**1.**
Ein Kreis hat den angegebenen Radius. Berechne den Flächeninhalt.
a) r = 5 cm    b) r = 2 cm    c) r = 3,50 m    d) r = 15 mm    e) r = 37 cm

**2.**
Ein Kreis hat den angegebenen Durchmesser. Berechne den Flächeninhalt.
a) d = 6 cm    b) d = 18 cm    c) d = 5,6 cm    d) d = 10 m    e) d = 30 mm

**3.**
Der Durchmesser d eines Kreises ist halb so groß wie der Radius r, also $\frac{d}{2} = r$.
Begründe: Der Flächeninhalt eines Kreises ist $A = \pi \cdot \frac{d^2}{4}$.
*Hinweis:* $\left(\frac{d}{2}\right)^2 = \frac{d}{2} \cdot \frac{d}{2} = \frac{d \cdot d}{2 \cdot 2} = \frac{d^2}{4}$

**4.**
Ein Kreis hat    a) den Radius r = 17 cm,    b) den Durchmesser d = 26 cm.
Berechne den Flächeninhalt und den Umfang.

**Übungen**

**5.**
Berechne den Flächeninhalt des Kreises. Runde auf zwei Stellen nach dem Komma.
a) r = 40 cm    b) r = 17 cm    c) r = 25 mm    d) r = 3,7 cm    e) r = 4,20 m    f) r = 3,51 m

**6.**
Berechne den Flächeninhalt des Kreises.
a) d = 14 cm    b) d = 60 cm    c) d = 18 mm    d) d = 2,6 mm    e) d = 2,80 m    f) d = 7,34 m

**7.**
Berechne Radius bzw. Durchmesser sowie Umfang und Flächeninhalt.

| Radius r | a) 8 cm | b) | c) 6 km | d) | e) 9,3 dm | f) |
|---|---|---|---|---|---|---|
| Durchmesser d | | 24 mm | | 480 m | | 0,56 m |
| Flächeninhalt A | | | | | | |

**8.**
Ein kreisrunder Wandspiegel hat den Durchmesser 80 cm. Wie groß ist die Spiegelfläche?

**9.**
Ein runder Teppich hat den Durchmesser 2,50 m. Berechne die Größe des Teppichs.

**10.**
Der Aktionsradius eines Rettungshubschraubers beträgt 60 km. Wie groß ist das Gebiet, in dem der Rettungshubschrauber eingesetzt werden kann?

**11.**
Ein Elektriker benutzt Kupferdraht verschiedener Dicke: 1,5 mm; 2 mm; 3 mm; 4,5 mm. Berechne für jede Drahtdicke die Größe der (kreisrunden) Querschnittsfläche.

### 12.
Ein kreisrundes Beet mit dem Durchmesser 3 m soll mit Rosen bepflanzt werden. Der Gärtner benötigt 4 Rosen pro m². Wie viele Rosen werden für das Beet benötigt? Runde.

### 13.
Berechne den Flächeninhalt der Figur.

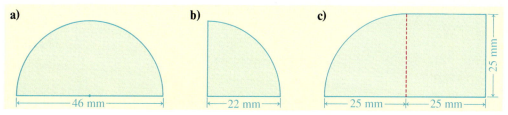

a)   b)   c)

### 14.
Ein Kreis hat den Umfang 40 cm. Wie groß ist der Flächeninhalt?
*Hinweis:* Berechne zuerst den Radius. Runde auf zwei Stellen nach dem Komma.

### 15.
Die kreisrunde Grünfläche einer Verkehrsinsel hat den Umfang 240 m. Berechne die Größe der Grünfläche. Runde sinnvoll.


## Kreisring

### Aufgabe
In einer Parkanlage befindet sich ein kreisrundes Blumenbeet.
Der Weg um das Beet soll gepflastert werden.
Wie groß ist die Wegfläche um das Beet?

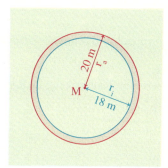

### Lösung
Die gesuchte Wegfläche hat die Form eines Kreisringes.
Für den Flächeninhalt gilt:

A = große Kreisfläche − kleine Kreisfläche
$A = \pi r_a^2 - \pi r_i^2$
$\phantom{A} = 3{,}14 \cdot 20 \text{ m} \cdot 20 \text{ m} - 3{,}14 \cdot 18 \text{ m} \cdot 18 \text{ m}$
$\phantom{A} = 238{,}76 \text{ m}^2$

*Ergebnis:* Die Wegfläche ist 238,76 m² groß.

---

Für den **Flächeninhalt eines Kreisringes** gilt:

A = Flächeninhalt des großen Kreises − Flächeninhalt des kleinen Kreises

$A = \pi r_a^2 - \pi r_i^2$

## Zur Festigung und zum Weiterarbeiten

**1.** Berechne die rot gefärbte Fläche des Kreisringes.

a)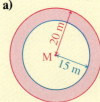
b)
c)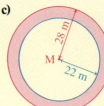
d)

**2.**
Für den Flächeninhalt eines Kreisringes rechnet man oft mit folgender Formel:
$A = \pi(r_a^2 - r_i^2)$. Führt die Rechnung mit dieser Formel zum gleichen Ergebnis? Begründe.

## Übungen

**3.**
Berechne den Flächeninhalt des Kreisringes.

a) $r_a = 12$ cm  
   $r_i = 10$ cm  
b) $r_a = 40$ mm  
   $r_i = 20$ mm  
c) $r_a = 70$ cm  
   $r_i = 67$ cm  
d) $r_a = 4$ dm  
   $r_i = 3$ dm  
e) $r_a = 4,2$ m  
   $r_i = 4$ m  

**4.**
Ein kreisrunder Platz hat einen Durchmesser von 46 m [von 63 m]. In der Mitte befindet sich eine Brunnenanlage mit 9,5 m Durchmesser.
Wieviel m² Platz bleiben zur freien Verfügung übrig?

## Vermischte Übungen

**5.**
Berechne Radius bzw. Durchmesser sowie Umfang und Flächeninhalt.

| Radius r     | a) 7 cm | b)     | c) 8,4 cm | d)     | e) 4,5 km | f)     |
|--------------|---------|--------|-----------|--------|-----------|--------|
| Durchmesser d|         | 13 cm  |           | 1,70 m |           | 2,06 m |

**6.**
Ein Kugelstoßkreis hat den Durchmesser 2,135 m.
**a)** Wie lang ist der Eisenring rings um den Kreis?
**b)** Berechne den Flächeninhalt des Kugelstoßkreises.

**7.**
Eine kreisrunde Tischdecke hat den Durchmesser 1,50 m.
**a)** Wieviel m² Stoff werden zur Herstellung der Decke gebraucht? Rechne für Verschnitt noch 25% hinzu.
**b)** Der Rand der Decke soll mit Spitze eingefaßt werden. Wieviel m Spitze benötigt man?

## Vermischte Übungen

**1.**
Im Bild siehst du ein landwirtschaftliches Nutzfahrzeug mit einer 12reihigen Rübenhacke. Dabei wird in einem Arbeitsgang eine 6 m breite Fläche bearbeitet. Das Fahrzeug legt in jeder Minute 75 m zurück.

a) Wie groß ist die Fläche, die das Fahrzeug in jeder Minute bearbeitet?

b) Wieviel m² (wieviel ha) werden in einer Stunde bearbeitet?

**2.**
Die Spritzanlage im Bild rechts hat eine Spritzbreite von 12 m. Das Spritzfahrzeug legt in der Minute 100 m zurück.

a) Wie groß ist die bearbeitete Fläche pro Minute?

b) Wieviel m² [wieviel ha] wird in einer halben Stunde bearbeitet?

**3.**
Berechne die Flächengröße der beiden Ackerflächen A und B in m² und ha. Eine Rübenmaschine kann in einer Stunde bis zu 3 ha bearbeiten. Mit welcher Arbeitszeit ist für die Bearbeitung der drei Ackerflächen zu rechnen?

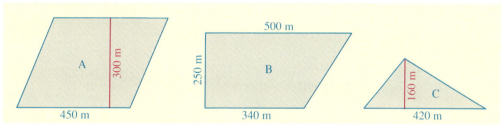

**4.**
Ein Mähdrescher (Schnittbreite 2,8 m) fährt mit einer Geschwindigkeit von $3 \frac{km}{h}$.

a) Wieviel m legt er in einer Stunde zurück, wieviel m in einer Minute?

b) Wieviel m² werden in einer Minute, wieviel m² [wieviel ha] in einer Stunde abgeerntet?

c) Wie lange braucht der Mähdrescher für ein rechteckiges Feld mit den Seitenlängen 300 m und 140 m?

**5.**
Eine Fläche soll aufgeforstet werden.

a) Wie groß ist die Fläche, die aufgeforstet werden soll?

b) Die gesamte Fläche soll mit Tannen bepflanzt werden. Die Kosten für die Aufforstung von Nadelwald belaufen sich auf 4 300 DM pro ha.

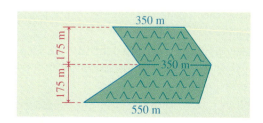

## 6.
Bei einer Flurbereinigung sollen landwirtschaftliche Flächen getauscht werden.
a) Fläche A: Rechteck mit a = 430 m und b = 185 m
   Fläche B: Parallelogramm mit g = 508 m und h = 148 m
   Da die beiden Flächen nicht gleich groß sind, soll als Ausgleich eine Entschädigung von 8,50 DM pro m² gezahlt werden. Wie hoch ist die Entschädigung?
b) Ein dreieckiges Stück Weideland mit g = 440 m und h = 180 m soll gegen ein flächengleiches rechteckiges Stück Land mit einer Seitenlänge von 120 m getauscht werden. Wie breit ist dieses Rechteck?

## 7.
Landwirtin Finkenbrink hat 225 dt Gerste bei einer Fläche von 4,5 ha geerntet (1 dt = 100 kg). In nächsten Jahr sät sie die Gerste auf einer rechteckigen Fläche mit den Seitenlängen 380 m und 250 m. Mit welchem Ernteertrag rechnet sie (gleiche Bedingung angenommen)?

## 8.
Für die Ernte bestellt Landwirtin Finkenbrink einen Mähdrescher. Dafür muß sie pro ha 240 DM bezahlen.
a) Wieviel kostet der Einsatz des Mähdreschers für ihre rechteckige Weizenfläche (a = 280 m, b = 125 m)?
b) Die Flächen mit Getreide betragen 8,5 ha, 12,4 ha, 18 ha und 26 ha. Wie hoch sind die Kosten für den Mähdrescher insgesamt?

## 9.
Ein rechteckiges Weidestück (67,6 m lang, 32 m breit) soll mit einem Elektrozaun eingezäunt werden. Wieviel m Zaun sind zu setzen?

## 10.
Um Wildfraß zu vermeiden, soll die Schonung (Bild rechts) eingezäunt werden.
a) Wie lang wird der Zaun?
b) 1 m Zaun zu setzen kostet 57 DM.
c) Wieviel m² ist die Schonung groß?

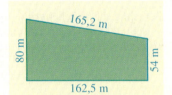

## 11.
Landwirt Groß läßt seinen Hof neu pflastern.
a) Wie groß ist die Hoffläche?
b) Ein Pflasterstein ist 25 cm lang und 12,5 cm breit. Wie viele Steine benötigt er?
c) Die Randsteine sind 80 cm lang. Sie sind etwas höher als die übrigen Steine. Wie viele Randsteine benötigt er?

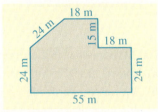

## 12.
Berechne den Flächeninhalt und den Umfang einer Tischplatte (Bild rechts).

## 13.
Der Minutenzeiger einer Uhr ist 5 cm lang. Welche Weglänge legt die Zeigerspitze
a) in 1 Stunde zurück;
b) an 1 Tag zurück?

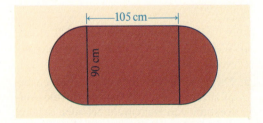

**14.**
Aus einer quadratischen Fliese soll ein möglichst großer runder Untersetzer hergestellt werden (Bild rechts).

a) Wieviel cm² groß wird der Untersetzer?

b) Wieviel cm² Fliese gehen verloren?
Wieviel Prozent der Gesamtfläche beträgt der Verlust?

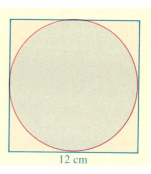

12 cm

**15.**
Aus einem rechteckigen Blech (13 cm lang, 8 cm breit) soll eine möglichst große kreisrunde Platte ausgeschnitten werden.

a) Lege eine Zeichnung an.

b) Wieviel cm² wird die Platte? Wieviel cm² Blech bleiben übrig?

c) Welchen Umfang hat die Platte?

**16.**
Aus einem 10 cm langen Draht soll ein kreisrunder Ohrring hergestellt werden. Berechne den Durchmesser.

**17.**
Der Stamm einer Buche hat den Umfang 370 cm.

a) Berechne den Durchmesser.

b) Man kann das Alter eines Baumes an der Anzahl der Jahresringe erkennen. Die durchschnittliche Dicke eines Jahresringes beträgt 2 mm. Wie alt ist die Buche ungefähr?

**18.**
a) Ein Pkw-Reifen hat den Durchmesser 60 cm. Berechne den Umfang.

b) Wie oft dreht sich das Rad bei einer Fahrt von Dortmund nach Bonn (120 km)?

c) Der Pkw fährt mit einer Geschwindigkeit von 80 $\frac{km}{h}$. Wie oft dreht sich das Rad bei dieser Geschwindigkeit in 1 Minute, wie oft in 1 Sekunde?

**19.**
In einem Park ist ein kreisrunder Teich. Im Abstand von 50 cm vom Rand des Teiches ist ringsum ein Schutzgeländer. Es ist 22 m lang. Unmittelbar vor dem Geländer ist ringsum ein 2 m breiter Asphaltweg angelegt (Bild rechts).

a) Berechne den Durchmesser der Wasserfläche. Runde passend.

b) Wieviel m² groß ist die Wasserfläche? Runde auf eine Stelle nach dem Komma.

c) Wieviel m² groß ist die asphaltierte Fläche?

**20.**
Berechne den Umfang und den Flächeninhalt der blau gefärbten Figur.

a)

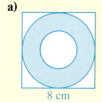

8 cm

b)

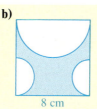

8 cm

c)

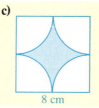

8 cm

d)

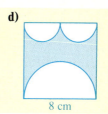

8 cm

# 4. Potenzen und Wurzeln

## Potenzen mit natürlichen Exponenten

### Einführung der Potenzen

**Aufgabe**

Plakate, Hefte, Postkarten und ähnliches haben bestimmte Formate. So hat z. B. ein Schreibmaschinenblatt das Format DIN A4, Postkarten haben das Format DIN A6.
Die Ausgangsgröße DIN A0 ist ein Rechteck mit dem Flächeninhalt 1 m². Aus einem Blatt der Größe DIN A0 bekommt man durch Halbieren 2 Blätter der Größe DIN A1; durch Halbieren eines Blattes der Größe DIN A1 bekommt man 2 Blätter der Größe DIN A2 usw.
Wie viele Blätter vom Format DIN A4 kann man aus einem Blatt von Format DIN A0 herstellen?

**Lösung**

1 Blatt   DIN A0 ergibt                             2 Blätter DIN A1
2 Blätter DIN A1 ergeben  $2 \cdot 2$               = 4 Blätter DIN A2
4 Blätter DIN A2 ergeben  $4 \cdot 2 = 2 \cdot 2 \cdot 2$       = 8 Blätter DIN A3
8 Blätter DIN A3 ergeben  $8 \cdot 2 = 2 \cdot 2 \cdot 2 \cdot 2$ = 16 Blätter DIN A4

*Ergebnis:* Man erhält aus einem Blatt DIN A0 also 16 Blätter im DIN A4-Format.

### Zur Information

Abkürzend schreibt man für $2 \cdot 2 \cdot 2$ auch $2^3$. Man spricht: „2 hoch 3".
Ebenso schreibt man:   $2 \cdot 2 \cdot 2 \cdot 2 = 2^4$

---

Ein Produkt aus gleichen Faktoren kann man als **Potenz** schreiben:

$7 \cdot 7 \cdot 7 \cdot 7 = 7^4$

Der **Exponent** (die *Hochzahl*) 4 gibt an, wie oft die **Basis** (die *Grundzahl*) 7 als Faktor auftritt.

## Zur Festigung und zum Weiterarbeiten

**1.**
a) Schreibe kürzer:
   (1) $6 \cdot 6 \cdot 6 \cdot 6 \cdot 6 \cdot 6 \cdot 6$    (2) $\frac{5}{7} \cdot \frac{5}{7} \cdot \frac{5}{7} \cdot \frac{5}{7}$    (3) $0{,}2 \cdot 0{,}2 \cdot 0{,}2 \cdot 0{,}2 \cdot 0{,}2$

b) Schreibe ausführlich und berechne:  $3^2$;  $2^3$;  $8^3$;  $1^2$;  $1^3$;  $0^3$;  $(\frac{1}{2})^2$;  $1{,}4^2$;  $(\frac{3}{4})^2$

c) Suche die fehlende Zahl:    $8 = 2^{\blacksquare}$;    $81 = 3^{\blacksquare}$;    $25 = \blacksquare^2$;    $64 = \blacksquare^3$

**2.**
Berechne und beachte den Unterschied.
a) $2^3$;  $2 \cdot 3$;  $3^2$    b) $5 \cdot 4$;  $5^4$;  $4^5$    c) $10 \cdot 2$;  $10^2$;  $2^{10}$

**3.**
a) Die Basis kann auch negativ sein. Zum Beispiel: $-4$.
Beachte, daß die negative Basis eingeklammert werden muß. Schreibe als Produkt und berechne.
$(-10)^2$;  $(-10)^3$;  $(-3)^3$;  $(-1)^5$;  $(-5)^4$

$(-4)^2 = (-4) \cdot (-4)$
$= 16$
$(-4)^3 = (-4) \cdot (-4) \cdot (-4)$
$= -64$

b) Berechne die Potenzen.
Wann ist das Ergebnis positiv, wann negativ?
(1) $(-2)^2$;  $(-2)^3$;  $(-2)^4$;  $(-2)^5$    (2) $(-3)^1$;  $(-3)^2$;  $(-3)^3$;  $(-3)^4$

c) Ohne Klammern wird anders gerechnet (siehe Beispiel rechts). Berechne ebenso:
$-10^2$;  $-20^3$;  $-1^8$;  $-8^3$;  $-11^4$

$-3^4 = -(3 \cdot 3 \cdot 3 \cdot 3)$
$= -81$

**4.**
Berechne und schreibe auf: $2^2, 2^3, \ldots, 2^{10}$. Lerne auswendig.

## Übungen

**5.**
Schreibe als Produkt und berechne.
a) $8^3$; $10^5$; $4^4$    b) $0{,}5^2$; $0{,}2^3$; $2^5$    c) $3^4$; $0{,}3^3$; $8^3$    d) $3{,}45^2$; $5{,}3^4$; $7{,}9^3$

**6.**
Berechne.
a) $3^3$; $6^3$; $9^3$; $2^6$; $4^4$; $10^5$; $10^7$    b) $(\frac{1}{2})^3$; $(\frac{1}{4})^2$; $(\frac{1}{3})^2$; $(\frac{1}{3})^3$; $(\frac{3}{4})^2$; $(\frac{2}{3})^2$; $(\frac{2}{3})^3$; $(\frac{3}{8})^2$

**7.**
Berechne mit dem Taschenrechner.
a) $3^6$; $3^8$; $2^{10}$; $4^5$    b) $1{,}2^4$; $2{,}5^5$; $0{,}4^4$    c) $3{,}24^4$; $0{,}71^4$; $13{,}561^3$    d) $(\frac{3}{4})^5$; $(\frac{1}{2})^6$; $(\frac{7}{8})^5$

**8.**
Schreibe als Produkt, rechne dann.
a) $(-100)^2$; $-100^2$    c) $(-15)^2$; $-15^2$    e) $(-8)^4$; $-8^4$    g) $(-\frac{5}{4})^3$; $-(\frac{5}{4})^3$
b) $(-20)^3$; $-20^3$    d) $(-1)^7$; $-1^7$    f) $(-3{,}2)^3$; $-3{,}2^3$    h) $(-0{,}8)^4$; $-0{,}8^4$

**9.**
Schreibe als Potenz:    $16$;   $81$;   $400$;   $32$;   $27$;   $64$;   $125$;   $1\,000\,000$.

## Zehnerpotenzen

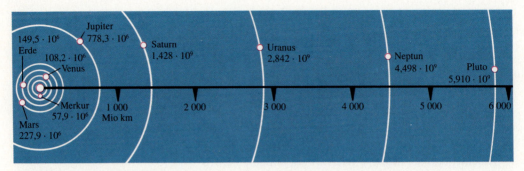

Astronomische Größen findet man im Atlas oder Lexikon auf verschiedene Arten angegeben. Im Bild oben sind z. B. die mittleren Entfernungen einiger Planeten von der Sonne in Millionen km angegeben.

### Aufgabe
Die mittlere Entfernung der Erde von der Sonne beträgt etwa 149 Millionen Kilometer. Im Lexikon findet man dafür auch die Angabe $149 \cdot 10^6$ km.
a) Zeige, daß beide Entfernungsangaben dasselbe bedeuten.
b) Schreibe auch die Entfernung Sonne–Mars mit einer Zehnerpotenz auf.

### Lösung
a) $149 \cdot 10^6$ km $= 149 \cdot 1\,000\,000$ km $= 149\,000\,000$ km $= 149$ Millionen km $= 149$ Mio. km
b) 228 Millionen km $= 228\,000\,000$ km $= 228 \cdot 1\,000\,000$ km $= 228 \cdot 10^6$ km

### Zur Festigung und zum Weiterarbeiten

**1.**
a) Schreibe die Zehnerpotenzen $10^1$; $10^2$; $10^3$; $10^4$; $10^5$; $10^6$; $10^7$; $10^8$; $10^9$ ausführlich und lies sie.
b) Lerne die Zehnerpotenzen auswendig. Wie kann man sich die Ergebnisse leicht merken?

**2.**
Schreibe auch die Entfernungen der anderen Planeten von der Sonne mit einer Zehnerpotenz.

**3.**
a) Schreibe die Saturnentfernung als Kommazahl (mit nur einer Stelle vor dem Komma).
b) Berechne $1\,428 \cdot 1\,000\,000$ mit dem Taschenrechner und vergleiche seine Anzeige mit der Darstellung in a).

> 149 Millionen
> $= 149\,000\,000$
> $= 1{,}49 \cdot 100\,000\,000$
> $= 1{,}49 \cdot 10^8$

### Übungen

**4.**
Schreibe ausführlich und lies.
a) $64 \cdot 10^3$; $18 \cdot 10^6$; $126 \cdot 10^5$; $3 \cdot 10^9$    b) $35 \cdot 10^8$; $35 \cdot 10^7$; $35 \cdot 10^6$

**5.**
Lies die Zahlen und schreibe sie mit Zehnerpotenzen.

$240\,000 = 24 \cdot 10\,000 = 24 \cdot 10^4$

a) 170 000; 2 500 000; 1 900; 243 000 000 000
b) 3 800; 189 000; 1 890 000; 108 000 000

**6.**
Schreibe ausführlich.
a) $4{,}3 \cdot 10^6$; $\quad 8{,}5 \cdot 10^3$; $\quad 3{,}1 \cdot 10^9$
b) $10{,}2 \cdot 10^6$; $\quad 6{,}5 \cdot 10^9$; $\quad 1{,}8 \cdot 10^6$
c) $4{,}23 \cdot 10^6$; $\quad 0{,}8345 \cdot 10^4$; $\quad 8{,}937 \cdot 10^2$

**7.**
In der Tabelle sind Städte und deren Einwohnerzahl aufgeführt. Schreibe die Zahlen ausführlich und auch mit einer Zehnerpotenz.
*Beispiel:* 420 Tausend = 420 000 = $420 \cdot 10^3$

| Berlin | 2,1 Millionen |
|---|---|
| Hamburg | 1,9 Millionen |
| München | 1,3 Millionen |
| Köln | 1,1 Millionen |
| Bonn | 280 Tausend |
| Dortmund | 642 Tausend |
| Gummersbach | 45 Tausend |
| Siegen | 117 Tausend |
| Münster | 263 Tausend |

△ **8.**
In der Astronomie gibt man Entfernungen häufig in Lichtjahren an. 1 Lichtjahr ist die Länge der Strecke, die das Licht in einem Jahr zurücklegt.
In einer Sekunde legt das Licht eine Entfernung von nahezu 300 000 km zurück.
Wie lang ist die Strecke, die das Licht zurücklegt in

a) einer Minute;     b) einer Stunde;     c) einem Tag;     d) einem Jahr?


## Quadratwurzeln

### Einführung der Quadratwurzeln

**Aufgabe**
Ein quadratisches Baugrundstück ist 400 m² groß.
Mit welcher Länge grenzt es an die Straße?

**Lösung**
$A = a \cdot a$
$400 \text{ m}^2 = 20 \cdot 20 \text{ m}^2 = 20 \text{ m} \cdot 20 \text{ m}$
*Ergebnis:* Das Grundstück grenzt mit einer Länge von 20 m an die Straße.

**Zur Information**
*Einführung der Quadratwurzel*
In der Lösung der Aufgabe sehen wir: Die Zahl 400 kann als Produkt aus zwei gleichen Faktoren, nämlich der Zahl 20, geschrieben werden. (Hierbei müssen wir nach der Zahl 20 suchen!) Wir sagen: 20 ist die **Quadratwurzel** aus 400. Wir schreiben: $20 = \sqrt{400}$.

> Die Zahl 49 kann man als Produkt aus zwei *gleichen* Faktoren schreiben: $49 = 7 \cdot 7$
> Man sagt: 7 ist die **Quadratwurzel** (kurz: **Wurzel**) aus 49. Man schreibt: $7 = \sqrt{49}$
> $\sqrt{49}$ berechnen bedeutet: Suche die positive Zahl, die mit sich selbst multipliziert 49 ergibt.

*Beispiele*
Wir suchen die Zahl, die mit sich selbst multipliziert ergibt. (a) 36; (b) $\frac{25}{36}$; (c) 0; (d) 0,36

(a) $\sqrt{36} = 6$; denn $6^2 = 6 \cdot 6 = 36$  
(b) $\sqrt{\frac{25}{36}} = \frac{5}{6}$; denn $(\frac{5}{6})^2 = \frac{5}{6} \cdot \frac{5}{6} = \frac{25}{36}$  
(c) $\sqrt{0} = 0$; denn $0^2 = 0 \cdot 0 = 0$  
(d) $\sqrt{0,36} = 0,6$; denn $0,6^2 = 0,6 \cdot 0,6 = 0,36$

**Zur Festigung und zum Weiterarbeiten**

**1.**
Ein Quadrat hat den Flächeninhalt   **a)** 16 m²;   **b)** 100 m²;   **c)** 36 cm²;   **d)** 3 600 dm².
Gib die Seitenlänge des Quadrats an.

**2.**
Schreibe die Zahl als Produkt aus zwei gleichen positiven Faktoren.
a) $64 = \blacksquare \cdot \blacksquare$   b) $25 = \blacksquare \cdot \blacksquare$   c) $49 = \blacksquare \cdot \blacksquare$   d) $144 = \blacksquare \cdot \blacksquare$   e) $\frac{1}{16} = \blacksquare \cdot \blacksquare$   f) $\frac{1}{64} = \blacksquare \cdot \blacksquare$
    $81 = \blacksquare \cdot \blacksquare$     $16 = \blacksquare \cdot \blacksquare$     $16 = \blacksquare \cdot \blacksquare$     $900 = \blacksquare \cdot \blacksquare$     $\frac{1}{4} = \blacksquare \cdot \blacksquare$     $\frac{1}{36} = \blacksquare \cdot \blacksquare$

**3.**
Zum Bestimmen von Wurzeln ist es nützlich, gewisse Quadratzahlen zu kennen. Präge dir die folgenden Quadratzahlen ein: $1^2 = 1$; $2^2 = 4$; $3^2 = 9$; ... bis $25^2 = 625$.

**4.**
Berechne.
a) $\sqrt{16}$; $\sqrt{81}$; $\sqrt{100}$; $\sqrt{25}$; $\sqrt{1}$; $\sqrt{4}$; $\sqrt{64}$    b) $\sqrt{\frac{16}{25}}$; $\sqrt{\frac{81}{100}}$; $\sqrt{\frac{4}{49}}$    c) $\sqrt{0,01}$; $\sqrt{0,49}$; $\sqrt{0,0225}$

**5.**
Bestimme die Wurzeln. Vergleiche. Was fällt dir auf?
a) $\sqrt{9}$; $\sqrt{900}$; $\sqrt{90\,000}$    b) $\sqrt{4}$; $\sqrt{0,04}$; $\sqrt{0,0004}$    c) $\sqrt{25}$; $\sqrt{0,25}$; $\sqrt{0,0025}$

**6.**
Zeichne die Tabelle ab und fülle sie aus. Vergleiche die erste mit der letzten Spalte.

a)

| hoch 2 | | $\sqrt{\phantom{x}}$ |
|---|---|---|
| 6 | 36 | 6 |
| 9 | | |
| 10 | | |
| 5 | | |

b)

| $\sqrt{\phantom{x}}$ | | hoch 2 |
|---|---|---|
| 16 | | |
| 25 | | |
| 121 | | |
| 100 | | |

c)

| $\sqrt{\phantom{x}}$ | | hoch 2 |
|---|---|---|
| 4 | | |
| | | 7 |
| | | 1 |
| 0 | | |

> Das Wurzelziehen ist die Umkehrung des Quadrierens.
>
> Das Quadrieren ist die Umkehrung des Wurzelziehens.

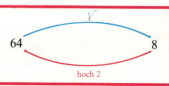

## Übungen

**7.**
Berechne.

a) $\sqrt{144}$    b) $\sqrt{9}$    c) $\sqrt{\frac{1}{4}}$    d) $\sqrt{\frac{25}{49}}$    e) $\sqrt{256}$    f) $\sqrt{784}$

$\sqrt{225}$    $\sqrt{121}$    $\sqrt{\frac{1}{9}}$    $\sqrt{\frac{9}{64}}$    $\sqrt{529}$    $\sqrt{361}$

$\sqrt{900}$    $\sqrt{169}$    $\sqrt{\frac{1}{100}}$    $\sqrt{\frac{36}{100}}$    $\sqrt{441}$    $\sqrt{1024}$

**8.**
Bestimme die Wurzeln. Was fällt auf?

a) $\sqrt{81}$; $\sqrt{8100}$; $\sqrt{810000}$    b) $\sqrt{100}$; $\sqrt{10000}$; $\sqrt{1000000}$    c) $\sqrt{144}$; $\sqrt{1,44}$; $\sqrt{0,0144}$

**9.**
Bestimme die Wurzeln.

a) $\sqrt{640000}$; $\sqrt{810000}$; $\sqrt{250000}$; $\sqrt{40000}$    c) $\sqrt{0,0064}$; $\sqrt{0,04}$; $\sqrt{0,0016}$; $\sqrt{0,0009}$

b) $\sqrt{1440000}$; $\sqrt{2560000}$; $\sqrt{4000000}$    d) $\sqrt{0,0225}$; $\sqrt{0,0625}$; $\sqrt{0,0001}$; $\sqrt{0,0256}$

**10.**
a) $\sqrt{12100}$; $\sqrt{1,21}$; $\sqrt{0,0121}$; $\sqrt{1210000}$    b) $\sqrt{16900}$; $\sqrt{1,69}$; $\sqrt{0,0169}$; $\sqrt{1690000}$

**11.**
a) Berechne die Wurzeln aus den Zahlen $4$; $\frac{1}{16}$; $121$; $\frac{1}{25}$; $1$; $\frac{25}{36}$; $\frac{36}{25}$; $49$; $\frac{9}{16}$; $\frac{16}{9}$; $100$; $\frac{1}{100}$; $\frac{100}{121}$.

b) Welche Zahlen werden beim Wurzelziehen vergrößert? Welche Zahlen werden verkleinert? Welche Zahlen bleiben unverändert?

## Näherungsweises Bestimmen von Quadratwurzeln

### Aufgabe
Beim Neubau eines Hauses wird eine quadratische Diele geplant. Sie soll 12 m² groß sein.
Wie lang muß eine Wand sein?

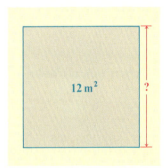

### Lösung
Wir finden die Lösung durch systematisches Probieren.

*1. Schritt:*

Wir sehen:    $3^2 = 9$;   3 ist also zu klein.
$4^2 = 16$;   4 ist also zu groß.

12 liegt zwischen 9 und 16, also liegt $\sqrt{12}$ zwischen 3 und 4.

*2. Schritt:*

Wir wollen die erste Stelle nach dem Komma ermitteln: Wir beginnen mit der „Mitte" zwischen 3 und 4: also 3,5.

$3,5^2 = 12,25$;   3,5 ist also zu groß.
$3,4^2 = 11,56$;   3,4 ist also zu klein.

12 liegt zwischen 11,56 und 12,25, also liegt $\sqrt{12}$ zwischen 3,4 und 3,5.

*3. Schritt:*

$3{,}45^2 = 11{,}9024$   zu klein
$3{,}46^2 = 11{,}9716$   immer noch zu klein
$3{,}47^2 = 12{,}0409$   zu groß

12 liegt zwischen 11,9716 und 12,0409, also liegt $\sqrt{12}$ zwischen 3,46 und 3,47.

Bis jetzt können wir den Dezimalwert für $\sqrt{12}$ bis auf die erste Stelle nach dem Komma genau angeben: $\sqrt{12} = 3{,}5$ (aufgerundet).

*Ergebnis:* Die Wand ist ungefähr 3,50 m lang.

*Anmerkung:* Genügt die Genauigkeit nicht, will man zum Beispiel auf cm genau die Länge kennen, muß man eine weitere (die dritte) Stelle nach dem Komma ausprobieren.

### Zur Festigung und zum Weiterarbeiten

**1.**
Zwischen welchen natürlichen Zahlen liegt:
**a)** $\sqrt{3}$;   **b)** $\sqrt{89}$;   **c)** $\sqrt{17}$?

> 19 liegt zwischen den Quadratzahlen 16 und 25.
> Also liegt $\sqrt{19}$ zwischen $\sqrt{16}\,(=4)$ und $\sqrt{25}\,(=5)$.
> $\sqrt{19}$ liegt zwischen 4 und 5.

**2.**
Berechne $\sqrt{6}$ bis auf die erste Stelle nach dem Komma genau.

### Übungen

**3.**
Zwischen welchen natürlichen Zahlen liegt folgende Wurzel?
**a)** $\sqrt{52}$   **b)** $\sqrt{33}$   **c)** $\sqrt{101}$   **d)** $\sqrt{180}$   **e)** $\sqrt{240}$

**4.**
Bestimme die Wurzel bis auf eine Stelle nach dem Komma genau.
**a)** $\sqrt{30}$   **b)** $\sqrt{7}$   **c)** $\sqrt{14}$   **d)** $\sqrt{5}$   **e)** $\sqrt{40}$   **f)** $\sqrt{50}$   **g)** $\sqrt{2}$

### Taschenrechner beim Bestimmen von Quadratwurzeln – Reelle Zahlen

**Aufgabe**

Viele Taschenrechner haben eine besondere Taste für das Bestimmen von Quadratwurzeln.

**a)** Beschreibe, wie im Beispiel $\sqrt{14}$ bestimmt wird. Runde das angezeigte Ergebnis auf drei Stellen nach dem Komma.

| Tastenfolge | Anzeige |
|---|---|
| 14  $\sqrt{\phantom{x}}$ | 3.7416573 |

**b)** Bestimme ebenso: $\sqrt{23}$. Runde das Ergebnis auf zwei Stellen nach dem Komma.

**c)** Runde das angezeigte Ergebnis für $\sqrt{15}$ auf fünf Stellen nach dem Komma.

*Anmerkung:* Manche Taschenrechner haben keine Wurzeltaste, sondern nur die Taste $\boxed{x^2}$. Hier bestimmt man Quadratwurzeln mit der Tastenfolge $\boxed{\text{INV}}$ $\boxed{x^2}$.

## Lösung

**a)** Zuerst gibt man die Zahl 14 in den Taschenrechner ein, dann drückt man auf die Taste mit dem Wurzelzeichen. Wir erhalten 3,741673, aufgerundet 3,742.

**b)** $\sqrt{23} = 4{,}795832$   aufgerundet:   4,80

**c)** $\sqrt{15} = 3{,}872983$   abgerundet:   3,87298

### Zur Festigung und zum Weiterarbeiten

**1.**
Bestimme die Wurzeln mit dem Taschenrechner und runde auf drei Stellen nach dem Komma.

a) $\sqrt{87}$    b) $\sqrt{55}$    c) $\sqrt{578}$    d) $\sqrt{0{,}44}$    e) $\sqrt{28}$

**2.**
Ein Quadrat hat den Flächeninhalt 20 m². Wie groß ist seine Seitenlänge? Runde sinnvoll!

### Zur Information

Berechnen wir $\sqrt{2}$ mit dem Taschenrechner, so erhalten wir 1,4142135.
Multiplizieren wir diese Zahl mit sich selbst, ergibt sich: 1,99999982358225. Das ist aber nicht genau 2. Also ist die Zahl 1,4142135 nicht ganz genau gleich $\sqrt{2}$. Durch Ausrechnen weiterer Stellen kann man die Genauigkeit erhöhen, man kommt aber nie zu einer „letzten" Stelle.

> $\sqrt{2}$ ist ein **nicht-abbrechender Dezimalbruch:**
> $\sqrt{2} = 1{,}4142135623730950488016887242096980785696718753\ldots$
> $\qquad\qquad\qquad\qquad\qquad\qquad\qquad\qquad\uparrow$
> $\qquad\qquad\qquad\qquad\qquad\qquad$ Es geht immer weiter.

Alle Wurzeln – ausgenommen solche aus Quadratzahlen wie 4, 9, 16 usw. – werden durch nicht-abbrechende Dezimalbrüche dargestellt. Nicht nur Wurzeln, auch andere Zahlen wie z. B. $\pi = 3{,}1415927\ldots$ brechen nie ab. Solche Zahlen nennt man **irrational**.
Abbrechende Dezimalbrüche wie z. B. 1,25; 0,2 oder periodische Dezimalbrüche, wie z. B. $1{,}\overline{21}$, $0{,}\overline{3}$, heißen dagegen **rationale** Zahlen.

Diese Zahlen kann man als Brüche darstellen:    $1{,}25 = \frac{5}{4}$;   $0{,}2 = \frac{1}{5}$;   $1{,}\overline{21} = \frac{40}{33}$;   $0{,}\overline{3} = \frac{1}{3}$.
Irrationale Zahlen kann man nicht als Brüche darstellen.
Die rationalen und die irrationalen Zahlen zusammen nennt man **reelle Zahlen.**

### Übungen

**3.**
Runde das Ergebnis auf zwei Stellen [auf drei Stellen] nach dem Komma.

a) $\sqrt{20}$    b) $\sqrt{125}$    c) $\sqrt{640}$    d) $\sqrt{48{,}5}$    e) $\sqrt{86{,}1}$    f) $\sqrt{24{,}2}$
    $\sqrt{55}$      $\sqrt{165}$      $\sqrt{690}$      $\sqrt{2{,}2}$      $\sqrt{144{,}6}$      $\sqrt{0{,}55}$
    $\sqrt{47}$      $\sqrt{280}$      $\sqrt{98}$      $\sqrt{0{,}95}$      $\sqrt{54{,}9}$      $\sqrt{8{,}75}$

**4.**
Der Schornstein für einen geplanten Neubau soll einen quadratischen Innenquerschnitt der Größe 560 cm² haben. Berechne die Innenabmessungen des Schornsteins.

**5.**
Ein quadratisches Grundstück ist 300 m² [600 m²] groß.
a) Berechne die Seitenlänge. Runde das Ergebnis auf eine Stelle nach dem Komma.
b) Das Grundstück soll eingezäunt werden. Wieviel m Zaun sind erforderlich?

**6.**
Ein quadratischer Bauplatz ist 800 m² groß. Er soll mit einem Bauzaun umgeben werden. Wieviel m Zaun benötigt man? Runde sinnvoll.

## Lösen von einfachen quadratischen Gleichungen

### Die quadratische Gleichung $x^2 = a$

Aus dem vorherigen Abschnitt wissen wir: $\sqrt{25} = 5$, denn $5 \cdot 5 = 25$.
5 ist aber nicht die einzige Zahl, die mit sich selbst multipliziert 25 ergibt. Auch $-5$ erfüllt diese Forderung: $(-5) \cdot (-5) = 25$.

**Aufgabe**
a) Welche Zahlen ergeben quadriert die Zahl 49? Stelle dazu eine Gleichung auf.
b) Welche Lösungen haben die Gleichungen (1) $x^2 = 0$; (2) $x^2 = -4$; (3) $x^2 = 5$?

**Lösung**
a) Wir suchen Zahlen x, für die gilt: $x^2 = 49$.
   Die Zahl 7, das ist $\sqrt{49}$, ist eine Lösung, denn $7^2 = 7 \cdot 7 = 49$.
   Die Zahl $-7$, das ist $-\sqrt{49}$, ist auch eine Lösung, denn $(-7)^2 = (-7) \cdot (-7) = 49$.
   Wir erhalten für die Gleichung $x^2 = 49$ zwei Lösungen: 7 und $-7$.
   Die Lösungsmenge L der Gleichung $x^2 = 49$ lautet: $L = \{7; -7\}$.
b) (1) Die Gleichung $x^2 = 0$ hat nur die Lösung 0. Lösungsmenge: $L = \{0\}$
   (2) Die Gleichung $x^2 = -4$ hat *keine* Lösung. Lösungsmenge: $L = \{\ \}$ (leere Menge)
       Es gibt nämlich keine Zahl, deren Quadrat negativ ist.
       Auch $(-2)^2 = (-2) \cdot (-2) = +4$ ist positiv.
   (3) Die Gleichung $x^2 = 5$ hat zwei Lösungen, nämlich:
       $\sqrt{5}$ (das ist näherungsweise 2,236) und $-\sqrt{5}$ (das ist näherungsweise $-2,236$)
       Lösungsmenge: $L = \{\sqrt{5}; -\sqrt{5}\}$

**Zur Festigung und zum Weiterarbeiten**
**1.**
Bestimme die Lösungsmenge der Gleichung.
a) $x^2 = 81$  c) $x^2 = 0,44$  e) $x^2 = 7$  g) $x^2 = 6$  i) $x^2 = 64$
b) $x^2 = 144$  d) $x^2 = 2$  f) $x^2 = 3,4$  h) $x^2 = -7$  j) $x^2 = \frac{36}{49}$

**2.**
Bestimme die Lösungsmenge. *Beachte:* Die Variable muß nicht immer x heißen.
a) $25 = x^2$   b) $z^2 = 4$   c) $a^2 = 10$   d) $121 = c^2$   e) $19 = b^2$   f) $-5 = y^2$

> Für Gleichungen der Form $x^2 = a$ gilt:
> (1) $x^2 = 16$ hat zwei Lösungen, nämlich 4 und $-4$ (*Beachte:* 16 ist positiv).
> (2) $x^2 = 0$ hat eine Lösung, nämlich 0.
> (3) $x^2 = -4$ hat keine Lösung (*Beachte:* $-4$ ist negativ).

## Übungen
**3.**
Gib die Lösungsmenge an.
a) $x^2 = 16$    d) $x^2 = 121$    g) $x^2 = -64$    j) $x^2 = 196$    m) $x^2 = 361$
b) $x^2 = 15$    e) $x^2 = 0$      h) $x^2 = 169$    k) $x^2 = 441$    n) $x^2 = 289$
c) $x^2 = -81$   f) $x^2 = 63$     i) $x^2 = -169$   l) $x^2 = -441$   o) $x^2 = 256$

**4.**
Gib die Lösungsmenge an.
a) $x^2 = \frac{4}{9}$    c) $x^2 = \frac{1}{36}$    e) $x^2 = \frac{100}{144}$    g) $x^2 = \frac{81}{64}$    i) $x^2 = -\frac{1}{3}$
b) $x^2 = \frac{16}{25}$  d) $x^2 = -\frac{1}{36}$   f) $x^2 = -\frac{100}{144}$   h) $x^2 = \frac{121}{169}$  j) $x^2 = -\frac{5}{9}$

**5.**
Für welche Zahlen x gilt:
a) $x^2 = 0{,}01$   c) $x^2 = 1{,}44$   e) $x^2 = 0{,}64$    g) $x^2 = 0{,}16$   i) $x^2 = -0{,}4$
b) $x^2 = 0{,}04$   d) $x^2 = 2{,}56$   f) $x^2 = -0{,}64$   h) $x^2 = 0{,}25$   j) $x^2 = 0{,}2$

**6.**
Gib die Lösungsmenge an. *Beachte:* Die Variable heißt nicht immer x.
a) $x^2 = 1$    c) $x^2 = 2$    e) $a^2 = 5$    g) $9 = y^2$    i) $10 = z^2$
b) $x^2 = -1$   d) $x^2 = -2$   f) $a^2 = -5$   h) $-9 = y^2$   j) $20 = z^2$

## Die quadratische Gleichung $ax^2 + b = c$

**Aufgabe**
Gib die Lösungen der Gleichung   a) $3x^2 = 75$;   b) $4x^2 + 14 = 50$ an.

**Lösung**
Wir versuchen, die Gleichung auf die Form $x^2 = \ldots$ zu bringen.

a) $3x^2 = 75$     $|:3$
   $x^2 = 25$
   $L = \{5; -5\}$

b) $4x^2 + 14 = 50$   $|-14$
   $4x^2 = 36$   $|:4$
   $x^2 = 9$
   $L = \{3; -3\}$

*Ergebnis:* Die Zahlen 5 und $-5$ sind Lösungen der Gleichung $3x^2 = 75$.

*Ergebnis:* Die Zahlen 3 und $-3$ sind Lösungen der Gleichung $4x^2 + 14 = 50$.

## Zur Festigung und zum Weiterarbeiten

**1.**
Gib die Lösungsmenge an. *Beachte:* Die Variable muß nicht immer x sein.
- a) $2x^2 = 32$
- b) $18x^2 = 72$
- c) $5x^2 = 0$
- d) $5x^2 = 20$
- e) $27 = 9x^2$
- f) $-4x^2 = 16$
- g) $1,5x^2 = 54$
- h) $6x^2 = 150$
- i) $3a^2 = -15$
- j) $7z^2 = 252$
- k) $243 = 3x^2$
- l) $4y^2 = 0$

**2.**
Welche Zahlen erfüllen die Gleichung?
- a) $3x^2 + 8 = 20$
- b) $1,5x^2 - 14 = 10$
- c) $6x^2 + 30 = 30$
- d) $2x^2 + 6 = 4$
- e) $x^2 + 8 = 20$
- f) $6 + x^2 = 150$
- g) $a^2 - 5 = 31$
- h) $4 - b^2 = -8$
- i) $4c^2 - 6 = 10$
- j) $7 + 2y^2 = 13$
- k) $12 + r^2 = 181$
- l) $z^2 + 10 = 4$

☐ **3.**
Berechne den Radius eines Kreises mit dem Flächeninhalt a) $100 \text{ cm}^2$; b) $5 \text{ m}^2$; c) $80 \text{ cm}^2$.

## Übungen

**4.**
Bestimme die Lösungsmenge.
- a) $5x^2 - 35 = 90$
- b) $6x^2 - 8 = 20$
- c) $\frac{1}{2}x^2 - 5,12 = 0$
- d) $3x^2 + 9 = 9$
- e) $4x^2 + 2 = 11$
- f) $\frac{1}{6}x^2 + 1 = 1,06$
- g) $0,2z^2 + 8 = 4$
- h) $3x^2 - 6 = 2x^2 + 30$
- i) $3x^2 + 4 = 2$
- j) $57 = 2a^2 - 15$
- k) $9,6 = 10x^2 + 6$
- l) $171 = 100y^2 + 50$

**5.**
Welche Zahlen erfüllen die Gleichung?
- a) $\frac{1}{3}r^2 - 4 = 8$
- b) $2,2 + 0,6b^2 = 4$
- c) $3 + \frac{1}{2}y^2 = 3$
- d) $4 + \frac{1}{3}z^2 = 16$
- e) $4 + a^2 = 12$
- f) $c^2 - 5 = 0$
- g) $2z^2 + 4 = 2$
- h) $20 = r^2 + 4$
- i) $5y^2 + 9 = 13,05$
- j) $600 = 12z^2 + 12$
- k) $10 = 4b^2 + 9$
- l) $4,5 = 8r^2 + 4,5$

**6.**
Eine Fläche von $3,6 \text{ m}^2$ ($= 36\,000 \text{ cm}^2$) wird von 250 Kacheln bedeckt. Wie lang sind die Kanten der Kacheln, falls diese quadratisch sind? (Fugen bleiben unberücksichtigt.)

☐ **7.**
Berechne den Radius [den Durchmesser] eines Kreises mit dem Flächeninhalt a) $40 \text{ cm}^2$; b) $77 \text{ cm}^2$.

☐ **8.**
Die Querschnittsfläche eines Elektrokabels ist $6 \text{ mm}^2$ groß. Wie groß sind Radius und Durchmesser des Kabels?

▲ **9.**
Ein 1 m langer Kupferdraht mit dem Querschnitt $1 \text{ mm}^2$ hat einen elektrischen Widerstand von $0,017 \, \Omega$ (Ohm). Angenommen, ein ebenso langer Kupferdraht mit kreisrunder Querschnittsfläche habe einen doppelt so großen Widerstand von $0,024 \, \Omega$. Dann ist seine Querschnittsfläche halb so groß. Berechne den Radius und den Durchmesser dieses Drahtes.

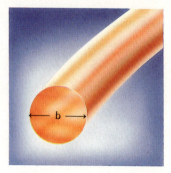

# 5. Die Satzgruppe des Pythagoras

## Satz des Pythagoras und seine Anwendung

### Satz des Pythagoras

**Aufgabe**

a) Im Bild siehst du ein rechtwinkliges Dreieck mit den Seitenlängen 3 cm, 4 cm und 5 cm. Vergleiche die Größe der beiden Quadrate über den kürzeren Seiten mit dem Quadrat über der längsten Seite. Zeichne das Dreieck.

b) Rechts siehst du ein Dreieck mit den Seitenlängen 7 cm, 5 cm und 4 cm. Dieses Dreieck hat keinen rechten Winkel. Vergleiche wie in a) die Größe der entsprechenden Quadrate.

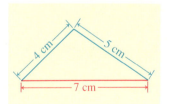

**Lösung**

a) Es gilt: $9\,\text{cm}^2 + 16\,\text{cm}^2 = 25\,\text{cm}^2$.
*Ergebnis:* Die beiden Quadrate über den kürzeren Seiten des rechtwinkligen Dreiecks sind zusammen genauso groß wie das Quadrat über der längsten Seite.

b) Der Flächeninhalt der Quadrate über den kürzeren Seiten beträgt 16 cm² bzw. 25 cm². Das Quadrat über der längsten Seite hat den Flächeninhalt 49 cm².
Beim nicht-rechtwinkligen Dreieck ist dieser Flächeninhalt nicht gleich der Summe der beiden anderen:
$49\,\text{cm}^2 \neq 16\,\text{cm}^2 + 25\,\text{cm}^2$

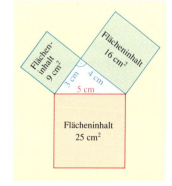

**Zur Information**

Im *rechtwinkligen* Dreieck haben die Seiten besondere Bezeichnungen.
Die Seite, die dem rechten Winkel gegenüberliegt, heißt **Hypotenuse,** im Bild die Seite $\overline{AB}$.
Die beiden anderen Seiten heißen **Katheten,** im Bild die Seiten $\overline{BC}$ und $\overline{AC}$.

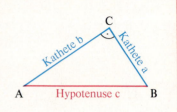

**Zur Festigung und zum Weiterarbeiten**

**1.**
Gib in jedem rechtwinkligen Dreieck die Hypotenuse und die beiden Katheten an.

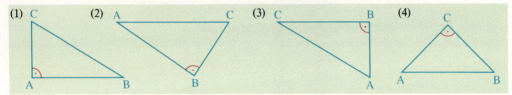

**2.**
Zeichne ein rechtwinkliges Dreieck. Miß die Länge der Seiten und berechne jeweils den Flächeninhalt des Quadrats über jeder Seite.
Überprüfe: Der Flächeninhalt des Quadrats über der Hypotenuse ist genauso groß wie der Flächeninhalt der Quadrate über den beiden Katheten zusammen.

**3.**
**a)** Zeichne die Figur vergrößert ab. (Das Dreieck ABC soll gleichschenklig sein.) Schneide die Figur aus. Zerlege das eine Kathetenquadrat wie in der Figur angegeben.
Kann man mit den vier Teilen und dem anderen Kathetenquadrat das Hypotenusenquadrat auslegen?

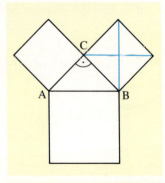

**b)** *Anfertigen eines Puzzles:*
   (1) Zeichne ein rechtwinkliges Dreieck.
       Zeichne die Quadrate über den Dreiecksseiten.
   (2) Nimm das größere Kathetenquadrat.
       Suche den Mittelpunkt M (Diagonalschnittpunkt).
   (3) Zeichne durch M die Senkrechte und die Parallele zur Hypotenuse des Dreiecks.
   (4) Schneide die Figur aus.
   (5) Schneide die Teilfiguren I bis V aus.

Nun die Puzzle-Aufgabe:
Versuche, das Hypotenusenquadrat mit den Teilfiguren I bis V auszulegen.

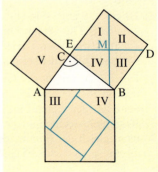

**4.**
Zeichne ein rechtwinkliges Dreieck mit den Katheten 5 cm und 8 cm auf Pappe. Konstruiere über allen Seiten das jeweilige Quadrat. Schneide die Quadrate aus. Lege einerseits das Hypotenusenquadrat und zum anderen die beiden Kathetenquadrate auf eine Waage.

a) Was stellst du fest?     b) Erkläre deine Beobachtung.

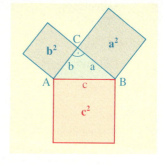

> **Satz des Pythagoras:**
> Im rechtwinkligen Dreieck sind die beiden Kathetenquadrate zusammen so groß wie das Hypotenusenquadrat.
> Sind a und b die Kathetenlängen und ist c die Hypotenuselänge, so gilt:
> $a^2 + b^2 = c^2$

Pythagoras von Samos lebte im 6. Jahrhundert v. Chr. in Griechenland. Als Philosoph und Mathematiker genoß er hohes Ansehen. Der nach ihm benannte Satz wurde allerdings schon viel früher entdeckt. Man weiß, daß er schon 1800 Jahre v. Chr. den babylonischen Mathematikern bekannt war.
Der „Pythagoras" ist einer der ältesten und berühmtesten Lehrsätze der Mathematik.

## Übungen
**5.**
Gib in jedem rechtwinkligen Dreieck die Hypotenuse und die beiden Katheten an.
Überprüfe: Der Flächeninhalt des Quadrats über der Hypotenuse ist genauso groß wie die Flächeninhalte der Quadrate über den beiden Katheten zusammen.

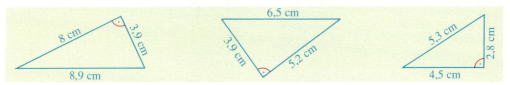

## Anwendungen des Satzes von Pythagoras – Seitenberechnungen

Der Satz des Pythagoras wird oft angewendet, um Längen von Seiten in rechtwinkligen Dreiecken zu berechnen. Im folgenden findest du Beispiele dafür.

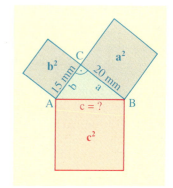

**Aufgabe**
a) Das Bild rechts zeigt ein rechtwinkliges Dreieck ABC. Berechne die Länge der Hypotenuse.
b) In einem rechtwinkligen Dreieck seien die Hypotenuse c = 30 cm und die Kathete a = 18 cm gegeben. Berechne die Länge der zweiten Kathete b.

## Lösung

**a)** *1. Weg (mit einer Tabelle):*
Wir ermitteln den Flächeninhalt der Quadrate über den Katheten. Zusammen haben diese den Flächeninhalt 625 mm².

| Seitenlänge (in mm) | Flächeninhalt (in mm) |
|---|---|
| 15 mm  →hoch 2→ | 225 mm² } |
| 20 mm  →hoch 2→ | 400 mm² } + |
| 25 mm  ←√← | 625 mm² |

625 mm² ist nach dem Satz des Pythagoras der Flächeninhalt des Quadrats über der Hypotenuse. Die Seitenlänge dieses Quadrats erhält man durch Wurzelziehen: $\sqrt{625} = 25$.

*Ergebnis:* Die Länge der Hypotenuse beträgt 25 mm.

*2. Weg (mit der Formel):*
Nach dem Satz des Pythagoras gilt:
$$a^2 + b^2 = c^2$$
Wir setzen a = 20 mm und b = 15 mm ein.
*Rechnung* (ohne Einheiten):
$$20^2 + 15^2 = c^2$$
$$400 + 225 = c^2$$
$$625 = c^2$$
$$\sqrt{625} = c$$
$$25 = c$$

**b)** *1. Weg (mit einer Tabelle):*

| Seitenlänge (in mm) | Flächeninhalt (in mm) |
|---|---|
| 30 cm  →hoch 2→ | 900 cm² } |
| 18 cm  →hoch 2→ | 324 cm² } − |
| 24 cm  ←√← | 576 cm² |

*Ergebnis:* Die zweite Kathete ist 24 cm lang.

*2. Weg (mit der Formel):*
Wir setzen die uns bekannten Seitenlängen für a und c in die Formel $a^2 + b^2 = c^2$ ein.
*Rechnung* (ohne Einheiten):
$$18^2 + b^2 = 30^2$$
$$324 + b^2 = 900$$
$$b^2 = 900 - 324 = 576$$
$$b = \sqrt{576}$$
$$b = 24$$

## Zur Festigung und zum Weiterarbeiten

**1.**
Die Katheten eines rechtwinkligen Dreiecks sind 6 m und 7 m lang. Berechne die Länge der Hypotenuse.

**2.**
In einem rechtwinkligen Dreieck sei die Länge der Hypotenuse mit 13 cm und die Länge der einen Kathete mit 5 cm angegeben. Berechne die Länge der zweiten Kathete.

**3.**
a) Um das Dach eines 10 m hohen Hauses zu erreichen, soll eine Leiter angestellt werden. Der Fuß der Leiter steht 3 m von der Hauswand entfernt.
Wie lang muß die Leiter sein?

b) Ein gleichschenkliges Dreieck hat die im Bild angegebenen Maße.
Berechne die Höhe des Dreiecks.

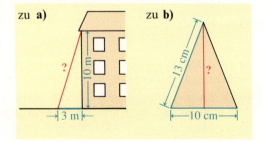

## Übungen

**4.**
Berechne die fehlenden Seitenlängen des rechtwinkligen Dreiecks. Überlege dir zuerst, welche Seiten die Katheten sind und welche Seite die Hypotenuse ist. Du kannst für die Rechnung eine Tabelle anlegen.

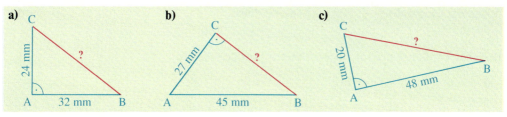

**5.**
Berechne die fehlenden Seitenlängen.

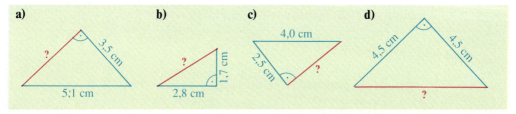

**6.**

| Länge der 1. Kathete | a) 5 cm | b) | c) 7 m | d) 14 cm | e) 11 cm | f) | g) 1,80 m |
|---|---|---|---|---|---|---|---|
| Länge der 2. Kathete | 12 cm | 20 mm | | 48 cm | | 1,6 dm | 2,40 m |
| Länge der Hypotenuse | | 29 mm | 25 m | | 61 cm | 2,0 dm | |

**7.**
Ein Sendemast ist durch Stahltaue abgesichert, die in 90 m Höhe am Mast befestigt sind. Die Taue sind 120 m vom Mast entfernt im Boden verankert.
a) Wie lang sind die Taue? (Das Durchhängen der Taue bleibe bei der Berechnung unberücksichtigt.)
b) Prüfe das Ergebnis durch eine Zeichnung im Maßstab 1 : 1000.

**8.**
Eine 13 m lange Leiter soll an einer Hauswand aufgestellt werden. Der Fuß der Leiter steht 5 m von der Wand entfernt.
a) Wie hoch reicht die Leiter?
b) Prüfe dein Ergebnis durch eine Zeichnung im Maßstab 1 : 100.

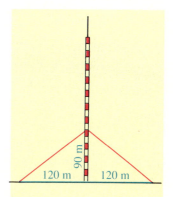

**9.**
Eine Ausstellungsfläche hat die rechts angegebenen Abmessungen. Bei B und D stehen zwei Fahnenmasten.
Wie weit sind sie voneinander entfernt?
*Beachte:* Die Diagonale teilt das Rechteck in zwei Dreiecke.

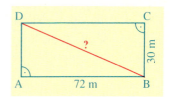

## 10.
Berechne für ein Rechteck die fehlende Größe.

| Länge der 1. Seite | a) 10 cm | b) | c) 14 m | d) 21 cm | e) 12 mm | f) 4,4 cm | g) |
|---|---|---|---|---|---|---|---|
| Länge der 2. Seite | 24 cm | 30 mm | | 28 cm | 16 mm | 3,3 cm | 2,4 dm |
| Länge der Diagonalen | | 34 mm | 50 m | | | | 3,0 dm |

## 11.
Berechne die Länge der rot eingezeichneten Strecke.

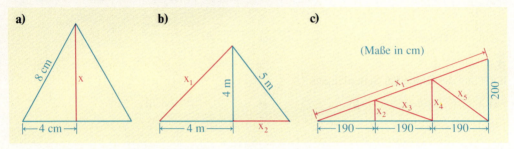

## 12.
Berechne die Längen der rot eingezeichneten Strecken.

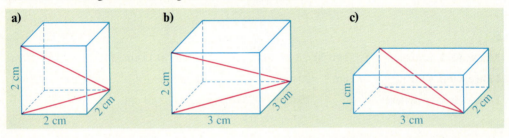

## 13.

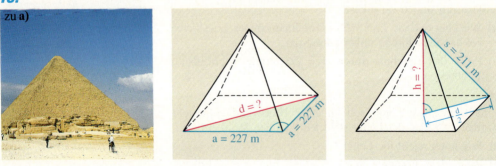

Die Cheops-Pyramide in Ägypten hat eine quadratische Grundfläche der Seitenlänge a = 227 m. Die Seitenkanten haben die Länge s = 211 m. Aus diesen Angaben kann man die Höhe der Cheops-Pyramide berechnen.

a) Berechne zuerst die Diagonallänge d der Grundfläche (Bild Mitte). Runde auf Meter.
b) Berechne nun die Höhe h der Cheops-Pyramide (Bild rechts). Runde auf Meter.

## Kathetensatz des Euklid

**Aufgabe**

Berechne die Größe der farbigen Flächen durch Ausmessen der jeweiligen Seite.

**Lösung**

Das Quadrat über der Kathete hat die Seitenlänge 3 cm, also beträgt sein Flächeninhalt 9 cm². 
Das Rechteck an der Hypotenuse hat die Seitenlänge 5 cm und 1,8 cm, also beträgt der Flächeninhalt 5 cm · 1,8 cm = 9 cm². 
Wir stellen fest, daß Rechteck und Quadrat den gleichen Flächeninhalt haben.

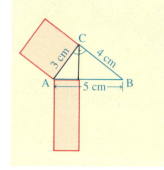

**Zur Festigung und zum Weiterarbeiten**

**1.**
Zeichne das Dreieck und berechne die Flächeninhalte der farbigen Flächen durch Ausmessen. Vergleiche.

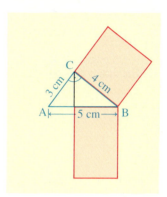

**Kathetensatz des Euklid:**

Im *rechtwinkligen* Dreieck gilt:
Das Quadrat über einer Kathete hat den gleichen Flächeninhalt wie das Rechteck (mit der Hypotenuse als langer Seite) über dem entsprechenden Abschnitt auf der Hypotenuse.

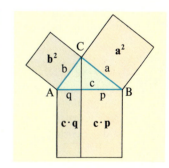

Euklid war ebenfalls ein griechischer Mathematiker. Er lebte im 2. Jahrhundert v. Chr. in Alexandria.

**Übungen**

**2.**
a) Berechne die Quadrate und Rechtecke über den Hypotenusenabschnitten in dem rechtwinkligen Dreieck mit den Seitenlängen 5 cm, 12 cm und 13 cm.
b) Wie groß ist der Abschnitt x auf der Hypotenuse? Wie lang ist die andere Kathete?

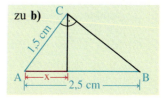

# 6. Geometrie 2 – Körper

In der Geometrie bezeichnet man genauso wie in den Naturwissenschaften und in der Technik alle Gegenstände als Körper. Körper gibt es in vielfältigen Formen und Größen.
In diesem Kapitel geht es um die Darstellung und um die Berechnung der Oberfläche und des Volumens häufig vorkommender einfacher Körper.

## Prismen

### Schrägbild eines Prismas

**Aufgabe**

Erstelle eine vereinfachte Zeichnung des rechts abgebildeten Hauses.
Zeichne nur die Kanten.
Fenster und Türen müssen nicht mit eingezeichnet werden.

**Lösung**

Körper lassen sich zeichnerisch auf verschiedene Arten darstellen.
Eine Art, Körper zeichnerisch darzustellen, ist das **Schrägbild**.
Anschauliche Schrägbilder erhält man so:

(1) Man zeichnet die Vorderfläche. Sie bleibt in Form und Größe erhalten.
(2) Dann zeichnet man die senkrecht nach hinten verlaufenden Kanten im Winkel von 45° und verkürzt sie auf die Hälfte.
(3) Man zeichnet die Rückfläche.

Alle nicht sichtbaren Kanten kann man gestrichelt zeichnen oder auch weglassen.

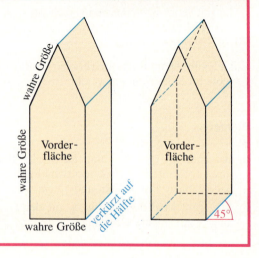

## Zur Festigung und zum Weiterarbeiten

**1.**
Zeichne selbst das Schrägbild des Hauses mit Türen und Fenster (siehe Aufgabe, Seite 88).

**2.**
Zeichne das Schrägbild eines Würfels mit einer Kantenlänge von 2 cm [4 cm; 5 cm].

**3.**
Zeichne drei verschiedene Schrägbilder einer Streichholzschachtel. Nimm dazu jeweils eine der drei verschieden großen Flächen als Vorderfläche.

## Übungen

**4.**
Zeichne den Körper im Schrägbild. Welche Flächen erscheinen nicht in natürlicher Größe (sind verzerrt dargestellt)? Zeichne diese Flächen in natürlicher Größe (Maße in mm).

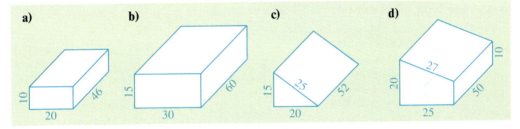

**5.**
Zeichne die roten Flächen in natürlicher Größe (Maße in mm).

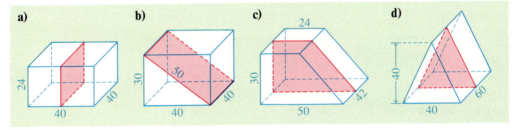

## Netz und Oberfläche eines Prismas

**Aufgabe**

a) Zeichne ein Netz des Körpers (Maße in mm).

b) Berechne die Größe der Oberfläche (Maße in mm).

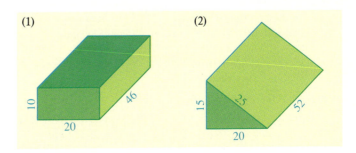

**Lösung**

a) (1) Der Körper ist ein Quader. Das Netz besteht aus 6 Rechtecken.

(2) Der Körper ist ein Prisma. Das Netz besteht aus 2 Dreiecken und 3 Rechtecken.

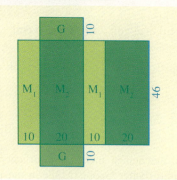
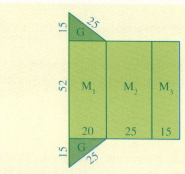

b) Aus dem Netz in a) kannst du die Oberfläche berechnen.

(1) $O = 2 \cdot G + 2 \cdot M_1 + 2 \cdot M_2$
$G = 10 \text{ cm} \cdot 20 \text{ cm} = 200 \text{ cm}^2$
$M_1 = 10 \text{ cm} \cdot 46 \text{ cm} = 460 \text{ cm}^2$
$M_2 = 20 \text{ cm} \cdot 46 \text{ cm} = 920 \text{ cm}^2$
$O = 2 \cdot 200 \text{ cm}^2 + 2 \cdot 460 \text{ cm}^2 + 2 \cdot 920 \text{ cm}^2$
$O = 3160 \text{ cm}^2$

*Ergebnis:* Die Größe der Oberfläche beträgt $3160 \text{ cm}^2$.

(2) $O = 2 \cdot G + M_1 + M_2 + M_3$
$G = \dfrac{15 \text{ cm} \cdot 20 \text{ cm}}{2} = 150 \text{ cm}^2$
$M_1 = 20 \text{ cm} \cdot 52 \text{ cm} = 1040 \text{ cm}^2$
$M_2 = 25 \text{ cm} \cdot 52 \text{ cm} = 1300 \text{ cm}^2$
$M_3 = 15 \text{ cm} \cdot 52 \text{ cm} = 780 \text{ cm}^2$
$O = 2 \cdot 150 \text{ cm}^2 + 1040 \text{ cm}^2 + 1300 \text{ cm}^2 + 780 \text{ cm}^2$
$O = 3420 \text{ cm}^2$

*Ergebnis:* Die Größe der Oberfläche beträgt $3420 \text{ cm}^2$.

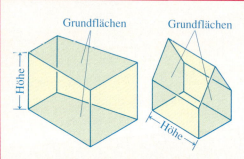
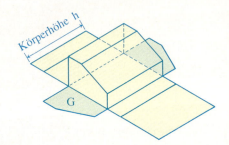

Ein **Prisma** hat folgende Eigenschaften:
(1) Wenigstens zwei Flächen sind zueinander parallel und deckungsgleich. Sie heißen **Grundflächen**.
(2) Die Seitenflächen sind stets Rechtecke. Sie sind senkrecht zu den Grundflächen. Alle Seitenflächen zusammen bilden den **Mantel**.
(3) Die Länge der Seitenkanten ist die **Höhe** des Prismas. Die Höhe gibt den Abstand der beiden Grundflächen an.

Für die **Oberfläche des Prismas** gilt:
Größe der Oberfläche = Größe des Mantels + Größe der beiden Grundflächen.
$O = M + 2 \cdot G$

**Zur Festigung und zum Weiterarbeiten**

**1.**
Welcher Körper ist ein Prisma, welcher nicht? Beschreibe jeweils die beiden Grundflächen.

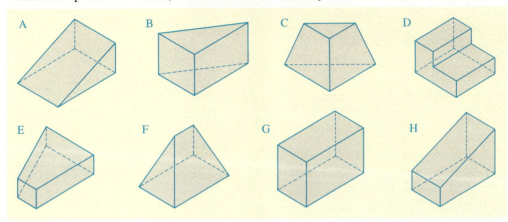

**2.**
Welches Netz gehört zum Körper A, welches zu B? Berechne jeweils die Größe der Oberfläche.
*Beachte:* Die Körper sind *nicht* im Schrägbild gezeichnet (Maße in cm).

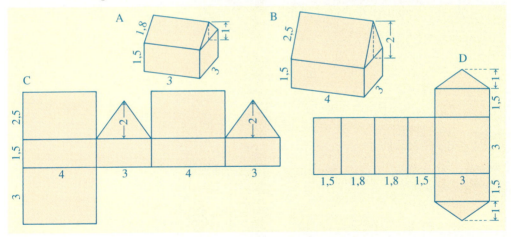

**3.**
Begründe an der Figur rechts:
Flächeninhalt des Mantels
= Umfang einer Grundfläche · Körperhöhe.
*Kurz:* M = u · h.

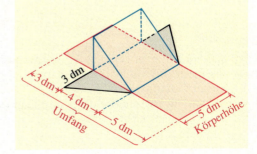

**Übungen**

**4.**
Zeichne verschiedene Netze einer Streichholzschachtel und berechne die Oberfläche.

## 5.
Zeichne die Körper zuerst im Schrägbild. Zeichne dann zu jedem Körper ein Netz und berechne die Größe der Oberfläche.

a) b) c) d)

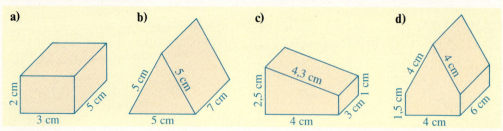

## 6.
a) Zeichne ein Schrägbild des Körpers rechts.
b) Denke dir den Körper auf der Grundfläche um 90° gedreht. Zeichne dann ein Schrägbild.
c) Zeichne ein Netz des Körpers.
d) Berechne die Größe der Oberfläche.

## 7.
Zeichne ein Netz und berechne die Größe der Oberfläche (Maße in mm).

a) b) c) d)

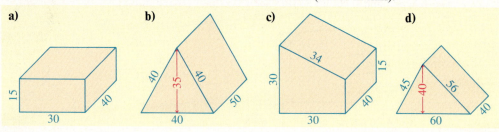

## 8.
Berechne die Größe der Oberfläche (Maße in cm).

| Grund-fläche | a) | b) | c) | d) |
|---|---|---|---|---|
|  | 1,5 × 3 | Dreieck 3; 3,6; 2 | Trapez 2,6; 2; 2,1; 4,3 (Höhe 2) | Dreieck 1,5; 5,2; 5 |
| Höhe | 4 cm | 6 cm | 2 cm | 12 cm |

## 9.
Ein Kunsthandwerker benötigt für eine Wandverzierung Körper aus Blech (Bild rechts). Jeder Körper ist ein Prisma mit dreieckiger Grundfläche.
Wieviel dm² Blech benötigt der Kunsthandwerker für einen Körper (Verschnitt nicht mitgerechnet)?

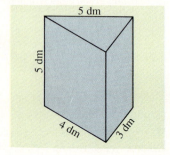

## Volumen eines Prismas

**Aufgabe**

Firma Neuki will ihre Ware in Zukunft statt in einem quaderförmigen Behälter (1) in einer schöneren sechseckigen Dose (2) verkaufen. Vergleiche den Rauminhalt der beiden Verpackungen.

(1) 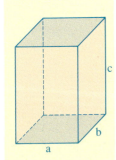   Kantenlängen des Quaders:
a = 8 cm
b = 10 cm
c = 12 cm

(2) 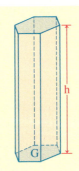   Größe der Grundfläche:
G = 60 cm²

Körperhöhe:
h = 16 cm

**Lösung**

Bei beiden Behältern muß das Volumen bestimmt werden.
Beim Volumen des Quaders rechnest du zuerst die Größe der Grundfläche (G = a · b) aus und multiplizierst dann das Ergebnis mit der Höhe c.
Bei einem Prisma muß auch die Größe der Grundfläche mit der Höhe multipliziert werden.

(1) G = 8 cm · 10 cm
G = 80 cm²
V = 80 cm² · 12 cm
V = 960 cm³

(2) G = 60 cm²
V = 60 cm² · 16 cm
V = 960 cm³

*Ergebnis:* Das Volumen beider Behälter ist gleich groß.

---

Für das **Volumen eines Prismas** gilt:
Volumen = Größe der Grundfläche · Körperhöhe.
V = G · h

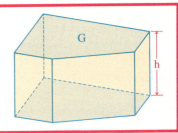

---

**Zur Festigung und zum Weiterarbeiten**

**1.**
Berechne das Volumen eines Würfels mit der angegebenen Kantenlänge.

a) 5 cm     b) 8 cm     c) 12 cm     d) 25 cm

**2.**
Miß die Kantenlängen einer Streichholzschachtel und berechne das Volumen.

**3.**
Für das Volumen eines Quaders gilt die Formel: V = a · b · c.
Erkläre diese Formel mit der Volumenformel für ein Prisma.

## 4.
Berechne das Volumen der Prismen.

a)  b) 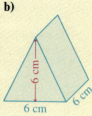 c) 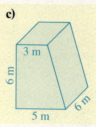 d)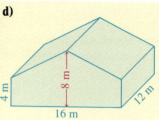

## 5.

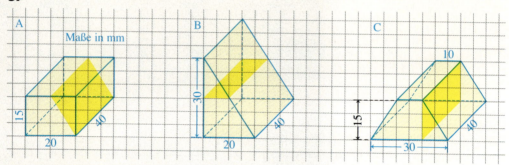

a) Vergleiche bei den drei Körpern die Größe der Grundflächen. Haben alle Körper dasselbe Volumen? Begründe deine Antwort.

b) Berechne das Volumen des Quaders. Welches Volumen haben die beiden anderen Körper?

## 6.
Rauminhalte (Volumina) mißt man in den Einheiten $mm^3$, $cm^3$, $dm^3$, $m^3$ und $ml$, $l$, $hl$.
In welcher Einheit würdest du folgende Volumengrößen angeben?

(1) Wassermenge in einem Schwimmbad
(2) Wassermenge in einem Aquarium
(3) Kantholz für ein Dach
(4) Gasverbrauch Einfamilienhaus
(5) Zahnpasta in der Tube
(6) Weinmenge in einem Holzfaß
(7) Tropfen in einer Medizinflasche
(8) Wasserverbrauch Einfamilienhaushalt

## Übungen
## 7.
Berechne das Volumen des Quaders mit den angegebenen Kantenlängen.

a) $a = 5$ cm; $b = 8$ cm; $c = 12$ cm
b) $a = 5$ cm; $b = 5$ cm; $c = 5$ cm
c) $a = 12$ cm; $b = 15$ cm; $c = 24$ cm
d) $a = 25$ cm; $b = 68$ cm; $c = 32$ cm

## 8.
Berechne das Volumen.

a)  b) 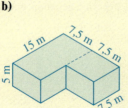 c) 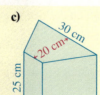 d)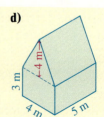

## 9.
Berechne das Volumen. Die Grundfläche ist ein Dreieck.

| Länge der Grundseite g | a) 7 m | b) 12 m | c) 11 mm | d) 13 m |
|---|---|---|---|---|
| Dreieckshöhe $h_g$ | 5 m | 8 m | 24 mm | 17 m |
| Größe der Grundfläche G | | | | |
| Körperhöhe h | 12 m | 18 m | 120 mm | 10 m |

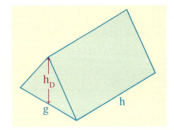

## 10.
Berechne das Volumen. Die Grundfläche ist ein Trapez.

| Länge a | a) 12 cm | b) 36 m | c) 54 mm | d) 14 dm |
|---|---|---|---|---|
| Länge c | 6 cm | 42 m | 36 mm | 18 dm |
| Trapezhöhe $h_T$ | 5 cm | 70 m | 100 mm | 9 dm |
| Größe der Grundfläche G | | | | |
| Körperhöhe h | 10 cm | 50 m | 120 mm | 20 dm |

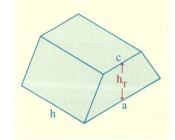

### Sachaufgaben zum Prisma – Vermischte Übungen

## 11.
Die Post bietet Pakete in folgenden Größen (in mm) an:

Größe 1: 250 × 175 × 100;   Größe 3: 400 × 250 × 150;
Größe 2: 350 × 250 × 120;   Größe 4: 500 × 300 × 200.

Berechne das Volumen und die Größe der Oberfläche der Postpakete.

## 12.
Eine Firma bietet Zahnpasta in quaderförmigen Schachteln mit den Kantenlängen 3 cm, 5 cm und 16,5 cm an. Die Tube in der Schachtel enthält 67,5 m$l$ Zahnpasta (1 m$l$ = 1 cm$^3$).
a) Berechne das Volumen der quaderförmigen Verpackung.
b) Berechne den prozentualen Anteil des Inhalts and der Verpackung.

## 13.
a) Berechne die Größe des Dachraumes.
b) Berechne die Größe der Dachfläche.
c) Für 1 m$^2$ braucht man 15 Pfannen.
   Wie viele Pfannen werden benötigt?
d) Das Decken des Daches kostet 46 DM pro m$^2$.
   Berechne die Kosten einschließlich 14% Mehrwertsteuer.

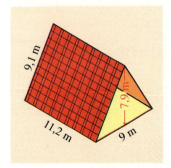

**14.**

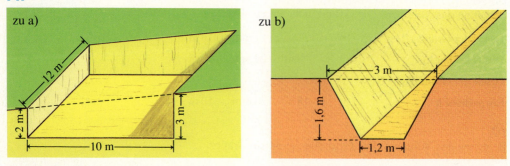

a) Wieviel m³ Erde mußten für die Baugrube in Hanglage ausgehoben werden (linkes Bild)?

b) Wieviel m³ Erde mußten für den 700 m langen Entwässerungsgraben (rechtes Bild) ausgehoben werden?

**15.**
Wieviel dm² Blech benötigt man für die Herstellung des Körpers? Wieviel *l* faßt er?

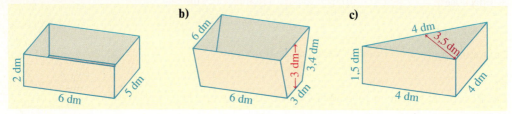

## Zylinder

**Mantel und Oberfläche des Zylinders**

**Aufgabe**

In einem Supermarkt wurden Konservendosen zu einem Quader aufgebaut.
Eine Konservendose hat einen Durchmesser von 10 cm und eine Höhe von 12 cm.
Wieviel m² Blech wurden zur Herstellung von 500 Dosen benötigt (ohne Verschnitt)?

**Lösung**

Zunächst muß die Oberfläche einer Konservendose bestimmt werden. Diese setzt sich zusammen aus den beiden kreisförmigen Grundflächen und der Mantelfläche.
Aus dem Schrägbild und der Netzzeichnung (abgewickelte Dose) ergibt sich:
Die Mantelfläche M hat die Form eines Rechtecks mit den Seitenlängen
u = Kreisumfang = $2 \cdot \pi \cdot r$ und
h = Dosenhöhe:
M = u · h = $2 \cdot \pi \cdot r \cdot h$
   = $2 \cdot \pi \cdot 5$ cm · 12 cm
   ≈ 377 cm²

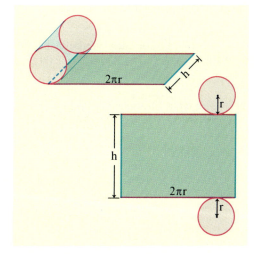

Kreisförmige Grundfläche:
G = $\pi \cdot r^2$
  = $\pi \cdot 5$ cm · 5 cm
  ≈ 78,5 cm²

Oberfläche einer Konservendose:   O = M + 2 · G = 377 cm² + 2 · 78,5 cm² = 534 cm²
Oberfläche von 500 Konservendosen:   534 cm² · 500 = 267 000 cm² = 26,7 m²
*Ergebnis:* Für 500 Konservendosen werden ungefähr 26,7 m² Blech benötigt.

---

Für die **Oberfläche eines Zylinders** gilt:

Größe der Oberfläche = Größe des Mantels + Größe der Grundflächen

O = M + 2 · G

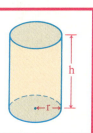

---

**Zur Festigung und zum Weiterarbeiten**

**1.**
Nenne aus deiner Umwelt Gegenstände, die die Form eines Zylinders haben.

**2.**
Eine Konservendose ist mit einem Etikettenband aus Papier umwickelt. Die Dose hat einen Durchmesser von 7,5 cm und eine Höhe von 21 cm. Zerschneide den Papiermantel längs einer Linie, die senkrecht zu den Grundflächen verläuft.

a) Welche Form hat der abgewickelte Mantel?
   Wie lang, wie breit ist er?

b) Zeichne ein Netz des Körpers. Berechne dann die Größe der Oberfläche.

**Übungen**

**3.**
Berechne die Größe der Mantelfläche und die Größe der Oberfläche des Zylinders.

a) r = 10 cm;  h = 20 cm     b) r = 14 cm;  h = 26 cm     c) d = 12 m;  h = 1,8 m

**4.**
Fülle die nebenstehende Tabelle aus.

**5.**
Berechne die Größe der Werbefläche bei einer Litfaßsäule (d = 1,20 m; h = 2,80 m).

|    | r     | d     | u | h     | M | O |
|----|-------|-------|---|-------|---|---|
| a) |       | 12 cm |   | 8 cm  |   |   |
| b) | 7 dm  |       |   | 12 dm |   |   |
| c) | 32 mm |       |   | 20 mm |   |   |
| d) |       | 44 cm |   | 30 cm |   |   |

**6.**
Die Walze einer Straßenbaumaschine hat den Durchmesser 1,20 m und ist 2,20 m breit. Wie groß ist die Fläche, die die Walze mit einer Umdrehung überfährt?

## Volumen des Zylinders

**Aufgabe**

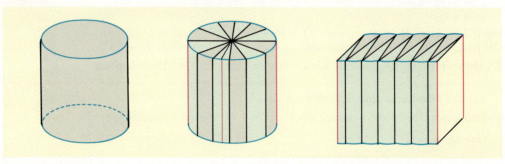

Eine Dose hat die Form eines Zylinders. Die Größe der Grundfläche ist G = 78,5 cm², die Höhe ist 12 cm. Das Volumen des Zylinders ist zu bestimmen.
Der Zylinder sei wie im Bild dargestellt zerlegt; die Teile seien zu einem neuen Körper zusammengesetzt. Denke dir den Zylinder immer feiner zerlegt.

**a)** Welcher Form nähert sich der zusammengesetzte Körper, wenn man den Zylinder immer feiner zerlegt? Nenne eine Formel für das Volumen.

**b)** Gib nun eine Formel für das Volumen des Zylinders an.

**c)** Berechne das Volumen der Dose.

**Lösung**

**a)** Der aus den Zylinderteilen zusammengesetzte Körper hat annähernd die Form eines Quaders. Je feiner die Zerlegung des Zylinders ist, desto mehr nähert sich der neue Körper einem Quader.
Für das Volumen dieses Quaders gilt:

Volumen = Größe der Grundfläche · Höhe
kurz: $V = G \cdot h$

**b)** Der Körper in a) hat dasselbe Volumen wie der Zylinder.

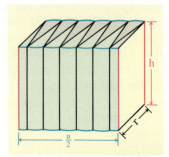

---

Volumen des Zylinders = Größe der Grundfläche · Höhe      kurz: $V = G \cdot h$

**c)** *Gegeben:* G = 78,5 cm²; h = 12 cm
*Formel:* V = G · h
*Einsetzen:* V = 78,5 cm² · 12 cm
*Rechnung* (ohne Einheiten): 78,5 · 12 = 942
*Ergebnis:* Für das Volumen V der Dose gilt: V = 942 cm³

**Zur Festigung und zum Weiterarbeiten**

**1.**
Berechne das Volumen des Zylinders.

**a)** G = 52 cm²; h = 8 cm    **b)** G = 28,5 cm²; h = 15 cm    **c)** G = 17,5 cm²; h = 4,2 cm

**2.**
**a)** Ein Zylinder hat folgende Maße: Radius der Grundfläche: r = 5 cm; Höhe: h = 7 cm.
Berechne sein Volumen.
*Anleitung:* Bestimme zuerst die Größe der Grundfläche.

**b)** Eine andere Formel für das Volumen des Zylinders ist: $V = \pi \cdot r^2 \cdot h$.
Begründe, daß diese Formel richtig ist.

---

Für das **Volumen eines Zylinders** gilt:

Volumen = Größe der Grundfläche · Höhe

V = G · h

Insbesondere gilt auch: $V = \pi \cdot r^2 \cdot h$.

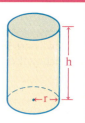

---

**3.**
Manche Farbeimer haben die Form eines Zylinders. Berechne das Volumen mit der Formel V = r² · h. Beachte das Beispiel.

**a)** r = 7 cm    **b)** r = 8 cm    **c)** r = 12 cm
   h = 16,5 cm       h = 20 cm         h = 22,5 cm

*Gegeben:* r = 6 cm; h = 10 cm
*Formel:* $V = \pi \cdot r^2 \cdot h$
*Einsetzen:* $V = \pi \cdot (6\,cm)^2 \cdot 10\,cm$
*Rechnung:*

| π | × | 6 | x² | × | 10 | = | 1 130.9734 |

*Ergebnis:* V ≈ 1 131 cm³

**Übungen**

**4.**
Berechne das Volumen des Zylinders.

| Grundflächengröße G | a) 35 cm² | b) 200 cm² | c) 3,75 cm² | d) 1,7 m² | e) 0,87 m² |
|---|---|---|---|---|---|
| Höhe h | 12 cm | 23 cm | 1,8 cm | 0,7 cm | 0,75 cm |

**5.**
Berechne das Volumen des Zylinders.

| Radius r | a) 4 cm | b) 30 mm | c) 10 cm | d) 2,5 cm | e) 10,5 dm |
|---|---|---|---|---|---|
| Höhe h | 7 cm | 20 mm | 11,5 cm | 3 cm | 1,8 m |

**6.**
Wieviel Liter passen in das Gefäß? *Hinweis:* 1 000 cm³ = 1 *l*

a) Eimer: r = 11 cm; h = 28 cm
c) Becher: r = 3,5 cm; h = 7,5 cm
b) Kochtopf: r = 10 cm; h = 11,5 cm
d) Dose: r = 5 cm; h = 11 cm

**7.**
Ein zylindrischer Wasserbehälter hat den Durchmesser 5 cm und die Höhe 8 dm (Innenmaße).

a) Wieviel Liter Wasser faßt der Behälter, wenn er ganz voll ist?

b) Der Behälter ist zu $\frac{3}{4}$ seiner Höhe mit Wasser gefüllt. Wieviel Liter Wasser sind in dem Behälter?

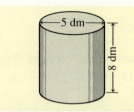

**8.**
Ein Garten-Swimming-Pool hat den Durchmesser 4 m und die Höhe 1,20 m.

a) Das Wasser steht 0,92 m hoch. Wieviel m³ Wasser sind in dem Swimming-Pool?

b) Wieviel m³ Wasser passen in den Swimming-Pool, wenn er randvoll gefüllt ist?

**9.**
Jan bewässert seinen Garten mit einem 14 m langen Gartenschlauch (Innendurchmesser des Schlauches: 1 cm). Wieviel *l* Wasser sind in dem Schlauch?

**10.**
Berechne das Volumen, die Größe der Mantelfläche und die Größe der Oberfläche des Zylinders mit dem Grundkreisradius r und der Höhe h.

a) r = 3 cm; h = 4 cm
b) r = 7 cm; h = 2 cm
c) r = 10 cm; h = 2,5 cm

**11.**
Der Durchmesser eines 8 dm langen Benzinfasses ist 6 dm (Innenmaße):

a) Wieviel Liter passen in der Faß?

b) Das Faß ist mit Benzin gefüllt. 1 Liter Benzin wiegt 0,7 kg. Wie schwer ist das Benzin?

c) Das leere Faß wiegt 28 kg. Wie schwer ist das Faß, wenn es gefüllt ist?

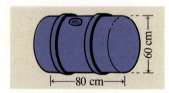

**12.**
Ein Brunnen ist mit einer zylindrischen Betonplatte abgedeckt. Der Durchmesser der Platte ist 110 cm, die Dicke der Platte 10 cm. 1 cm³ Beton wiegt 2,7 g. Wie schwer ist die Platte?

**13.**
Ein zylindrischer Stahlbolzen ist 170 mm lang und 24 mm dick. 1 cm³ Stahl wiegt 7,9 g. Wie schwer ist der Bolzen?

**14.**
Ein Heizöltank hat die rechts angegebenen Maße (Innenmaße). Laut Werkstattangabe kann der Tank 200 *l* Heizöl fassen.
Prüfe diese Angabe.

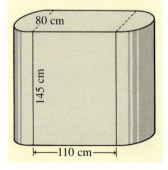

## Vermischte Übungen

**1.**
Berechne jeweils das Volumen des Prismas.

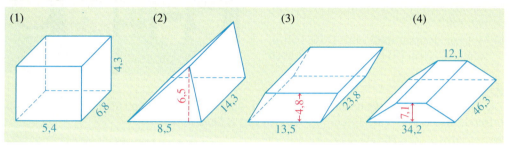

**2.**
Berechne die Größe der Oberfläche und das Volumen des Zylinders.

a) r = 15 mm; h = 25 mm
b) r = 7,5 cm; h = 13,4 cm
c) r = 25,8 dm; h = 12,7 cm
d) r = 48,25 cm; h = 7,75 m
e) d = 27 cm; h = 2,5 dm
f) d = 0,75 m; h = 87 cm
g) r = 0,78 m; h = 3,9 dm
h) r = 2 752 mm; h = 1,74 m
i) d = 156 cm; h = 2,75 m

**3.**
Berechne das Volumen.

a) Heuboden     b) Trog     c) Kartoffelmiete

 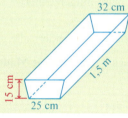 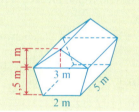

**4.**
Wieviel *l* Wasser werden für eine Füllung benötigt?

a) Trapezförmiger Wassertrog     b) Schwimmbecken

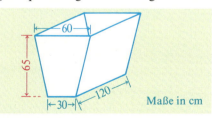 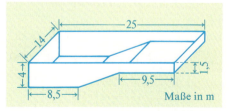

Maße in cm     Maße in m

**5.**
Auf ebenem Gelände soll für eine geradlinige Bahnstrecke ein Damm aufgeschüttet werden (Länge 230 m).
Im Bild ist ein Querschnitt des Dammes gegeben.
Wieviel m³ Erde werden für die Aufschüttung benötigt?

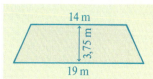

## 6.
Eine Firma soll für verschiedene Zwecke zylinderförmige Blechdosen liefern. Alle Dosen sollen das Volumen $\frac{3}{4}$ l haben.

a) Wie hoch muß eine Dose sein, wenn der Radius 5 cm [4 cm; 3,5 cm; 3 cm; 4,5 cm] sein soll?

b) Welchen Radius muß eine Dose haben, wenn sie 10 cm [13 cm; 8 cm; 6 cm] hoch sein soll?

## 7.
Die Größe der Mantelfläche eines Zylinders ist 400 cm. Berechne die Höhe des Zylinders für folgende Radien: 2,5 cm; 3,8 cm; 4,2 cm; 5,4 cm; 6,7 cm; 7,9 cm.

## 8.
Die kanadische Goldmünze "Maple Leaf" hat einen Durchmesser von 30 mm und wiegt 31,1035 g. Da sie Gold der feinsten Feinheit enthält, entspricht ihr spezifisches Gewicht dem von Gold (19,3 $\frac{g}{cm^3}$). Berechne mit diesen Angaben die Dicke des "Maple Leaf".

## 9.
In einen zylinderförmigen Blechbehälter (Durchmesser 40 cm; Höhe 40 cm) werden 20 l Wasser eingefüllt.

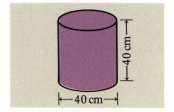

a) Wie hoch steht das Wasser im Behälter?
b) Wieviel l Flüssigkeit faßt der Behälter insgesamt?
c) Wieviel Blech braucht man für die Herstellung des Behälters (ohne Deckel, Verschnitt nicht mitgerechnet)?

## 10.
Berechne aus den gegebenen Stücken eines Zylinders alle anderen.

|    | Radius | Höhe  | Volumen | Größe der Mantelfläche | Größe der Oberfläche |
|----|--------|-------|---------|------------------------|----------------------|
| a) | 7 cm   | 9 cm  |         |                        |                      |
| b) | 12 dm  |       | 785,8 dm³ |                      |                      |
| c) | 18 cm  |       | 13 232,4 cm³ |                   |                      |
| d) |        | 25 cm | 85 529,9 cm³ |                   |                      |
| e) |        | 27 dm | 48 858 dm³ |                     |                      |

## 11.
Berechne das Volumen des Werkstücks.

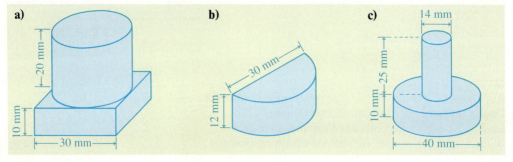

# 7. Ähnlichkeit – Zentrische Streckung – Strahlensätze

Die Bilder zeigen maßstäbliche Vergrößerungen bzw. Verkleinerungen. Die Vergrößerung und die Verkleinerung sind dem Original ähnlich. In diesem Kapitel beschäftigen wir uns damit, wie man maßstäbliche Vergrößerungen bzw. Verkleinerungen herstellt und wie man in vergrößerten bzw. verkleinerten Figuren Streckenlängen berechnet.

## Maßstab

### Vergrößern – Verkleinern

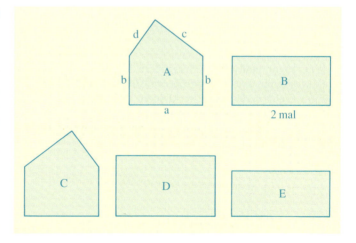

**Aufgabe**

Die Klasse 9a möchte auf dem Schulfest an einem Stand selbstgebaute Holzhäuser verkaufen. Dazu müssen die in einer Bauanleitung abgebildeten Häuser vergrößert nachgebaut werden. Die Klasse hat sich für eine 3fache Vergrößerung entschieden.
Zeichne das Hausteil A in 3facher Vergrößerung.

**Lösung**

*1. Schritt:* Miß die Längen der Seiten des Hausteils A.
Du erhältst: $a = 2$ cm; $b = 1{,}3$ cm; $c = 1{,}6$ cm; $d = 1{,}2$ cm.

*2. Schritt:* Multipliziere jede Seitenlänge mit dem Faktor 3.
Du erhältst: $a' = 6$ cm; $b' = 3{,}9$ cm; $c' = 4{,}8$ cm; $d' = 3{,}6$ cm.

*3. Schritt:* Konstruiere das vergrößerte Hausteil:
(1) Zeichne die Grundseite $a'$.
(2) Errichte in den Eckpunkten zu $a'$ senkrechte Seiten (Seitenwände) mit der Länge $b'$.

(3) Zeichne um die Eckpunkte dieser Seiten Kreisbögen mit dem Radius c' = 3,3 cm bzw. d' = 2,4 cm.

(4) Verbinde den Schnittpunkt der beiden Kreisbögen mit den Eckpunkten der Seitenwände.

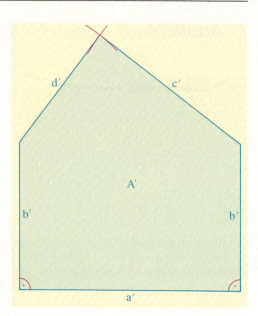

**Zur Festigung und zum Weiterarbeiten**

**1.**
Miß die Winkel in der Vorlage und in der vergrößerten Zeichnung. Was stellst du fest?

**2.**
Zeichne ein Dreieck ABC mit c = 5 cm, $\alpha = 35°$ und $\beta = 75°$.

a) Vergrößere es mit dem Faktor 2 [1,5; 1,8].

b) Verkleinere es mit dem Faktor 0,5 [$\frac{3}{4}$; 0,7].

**3.**
Zeichne ein Trapez ABCD (AB ∥ CD) aus a = 6,6 cm; d = 4,8 cm; $\alpha = 90°$ und $\beta = 45°$.

a) Vergrößere das Trapez mit dem Faktor 3; verkleinere es mit dem Faktor $\frac{1}{3}$.

b) Miß die Strecken $\overline{BC}$ und $\overline{CD}$. Überprüfe, ob man die entsprechenden Streckenlängen bei dem vergrößerten bzw. verkleinerten Trapez auch durch Multiplizieren mit dem Faktor 3 bzw. $\frac{1}{3}$ erhält.

c) Zeichne in jedem der drei Trapeze die Diagonalen ein. Vergleiche die Längen.

---

Eine Figur **maßstäblich vergrößern** bedeutet: Jede Streckenlänge wird mit demselben Faktor k mit k > 1 (*Vergrößerungsfaktor*) multipliziert.
Eine Figur **maßstäblich verkleinern** bedeutet: Jede Streckenlänge wird mit demselben Faktor k mit 0 < k < 1 (*Verkleinerungsfaktor*) multipliziert.
Die Winkelmaße werden dabei nicht verändert.

---

**Übungen**

**4.**
Übertrage die Figur in dein Heft.

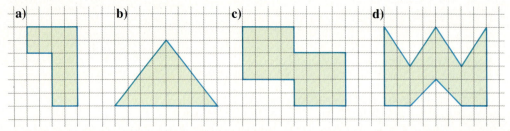

a) Zeichne die mit dem Faktor $\frac{3}{2}$ vergrößerte Figur.

b) Zeichne die mit dem Faktor $\frac{1}{2}$ verkleinerte Figur.

## 5.
Ein Rechteck mit den Maßen a = 9,6 cm und b = 5,7 cm wurde maßstäblich verkleinert. In dem verkleinerten Rechteck ist b′ = 1,9 cm.

**a)** Berechne den Verkleinerungsfaktor.

**b)** Bestimme die neue Seitenlänge a′.

**c)** Berechne für das ursprüngliche und das verkleinerte Rechteck den Flächeninhalt. Vergleiche.

## 6.
Zeichne ein Dreieck ABC mit den Maßen c = 10 cm, α = 50°, β = 75° und ein Dreieck A′B′C′ mit den Maßen c′ = 18 cm, α = 50°, β = 75°.
Stelle fest, ob das Dreieck A′B′C′ eine Vergrößerung des Dreiecks ABC ist. Gib gegebenenfalls den Vergrößerungsfaktor an.

## Maßstab

**Aufgabe**

Im Bild siehst du einen Ausschnitt aus einer Straßenkarte mit dem Maßstab 1 : 200 000.

**a)** Die Länge des Straßenabschnitts zwischen der Autobahnabfahrt Beckum und Beckum-Bahnhof beträgt 1 cm. Wie lang ist die Strecke in Wirklichkeit?

**b)** Wie lang ist die Strecke zwischen den Abfahrten Beckum und Oelde (schwarze Punkte) in Wirklichkeit?

Maßstab 1 : 200 000 bedeutet:
1 cm auf der Karte entsprechen 200 000 cm, d. h. 2 000 m, also 2 km in der Wirklichkeit.

**Lösung**

**a)** Die Länge x der Strecke von der Abfahrt Beckum nach Beckum-Bahnhof ist in der Wirklichkeit 200 000-mal so groß wie in der Karte.
*Ergebnis:* Die Strecke ist in Wirklichkeit 2 km lang.

$$x = 1 \text{ cm} \cdot 200\,000$$
$$= 200\,000 \text{ cm}$$
$$= 2\,000 \text{ m}$$
$$= 2 \text{ km}$$

**b)** Miß auf der Karte die Länge der Strecke von der Abfahrt Beckum-Neubeckum bis zur Raststätte Vellern. Du erhältst 4,05 cm. In Wirklichkeit ist diese Strecke 200 000-mal so lang.
*Ergebnis:* Die Strecke zwischen der Abfahrt Beckum-Neubeckum und der Raststätte Vellern ist 8,1 km lang.

$$x = 4,05 \text{ cm} \cdot 200\,000$$
$$= 810\,000 \text{ cm}$$
$$= 8\,100 \text{ m}$$
$$= 8,1 \text{ km}$$

**Zur Festigung und zum Weiterarbeiten**

**1.**
Kleine Bauteile der Feinmechanik werden manchmal vergrößert dargestellt. Auf dem Bild siehst du zwei Zahnräder einer Armbanduhr. Miß die Durchmesser in der Zeichnung.
Wie lang sind die Durchmesser in Wirklichkeit?

Maßstab 5 : 1

**2.**
Eine Landkarte hat den Maßstab 1 : 25 000.
**a)** Wie lang sind die Entfernungen 4 km, 25 km, 60 km auf der Landkarte?
**b)** Auf der Landkarte hast du Entfernungen von 3 cm, 7 cm und 12 cm gemessen. Wie lang sind die Entfernungen in Wirklichkeit?
*Hinweis:* Lege eine geeignete Tabelle an.

---

Der **Maßstab** bei technischen Zeichnungen, Landkarten, Plänen gibt das Verhältnis der Länge einer Strecke in der Zeichnung zu der Länge der Strecke in der Wirklichkeit an.

*Beispiele:*
Maßstab 1 : 75 000   Verkleinerung (1 cm in der Zeichnung entspricht 75 000 cm, also 750 m in der Wirklichkeit)
Maßstab 4 : 1   Vergrößerung (4 cm in der Zeichnung entsprechen 1 cm in der Wirklichkeit)

---

**Übungen**

**3.**
Zeichne die einzelnen Zimmer im Maßstab 1 : 100 [1 : 50].

|  | Länge | Breite |
|---|---|---|
| **Küche** | 3,90 m | 2,50 m |
| **Wohnzimmer** | 6,10 m | 4,60 m |
| **Schlafzimmer** | 4,60 m | 3,60 m |

**4.**
Miß dein Klassenzimmer aus. Zeichne im Maßstab 1 : 100 [im Maßstab 1 : 50].

**5.**
Übertrage die Tabelle in dein Heft und berechne die fehlenden Größen.

| Maßstab | 4 : 1 | 1 : 30 | 1 : 40 | 1 : 250 | 1 : 1 000 |
|---|---|---|---|---|---|
| **Länge in der Zeichnung** | 60 mm | 90 cm |  |  | 45 cm |
| **Länge in der Wirklichkeit** |  |  | 280 cm | 25 cm |  |

**6.**
Auf einer Landkarte (Maßstab 1 : 150 000) beträgt die Entfernung zweier Orte 7 cm. Wie groß ist die Entfernung in der Wirklichkeit?

**7.**
Wie lang sind folgende Flüsse auf einer Karte im Maßstab 1 : 100 000?

Elbe: 1 160 km;   Ems: 360 km;   Rhein: 1 320 km;   Weser: 430 km;   Main: 520 km

**8.**
Eine Lupe vergrößert im Maßstab 3 : 1.
- **a)** Miß die Höhe der großen und der kleinen Buchstaben in diesem Buch. Wie hoch erscheinen diese Buchstaben unter der Lupe?
- **b)** Mit der Lupe erscheint eine Ameise 2,1 cm lang. Wie lang ist die Ameise in Wirklichkeit?

**9.**
Auf einem Mikroskop steht: Maßstab 800 : 1.
- **a)** Unter dem Mikroskop hat ein Gegenstand eine Länge von 36 mm. Bestimme die wirkliche Länge.
- **b)** Eine Bakterie hat die Länge von $\frac{1}{1\,000}$ mm. Wie lang erscheint sie unter dem Mikroskop?


## Längenverhältnis zweier Strecken

**Aufgabe**

Ein Flugzeug benötigt für den Flug von Frankfurt nach Berlin 1 Std. 25 min.
Welche Zeit benötigt es bei gleicher Fluggeschwindigkeit von Hamburg nach Berlin?
Wir setzen voraus, daß die Flugroute die Luftlinie ist.

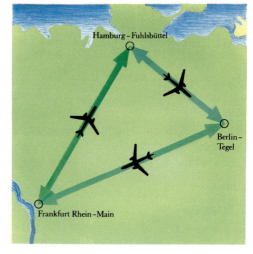

**Lösung**

Zur Lösung der Aufgabe benötigen wir nicht die wahren Entfernungen Frankfurt–Berlin und Hamburg–Berlin, sondern lediglich das Verhältnis der Entfernungen auf einer Landkarte. Für die Streckenlängen entnehmen wir der obigen Karte:

Länge der Strecke Frankfurt–Berlin = 55 mm
Länge der Strecke Hamburg–Berlin = 33 mm

Das Längenverhältnis der beiden Strecken auf der Karte beträgt:

$$k = \frac{\text{Länge der Strecke Hamburg–Berlin}}{\text{Länge der Strecke Frankfurt–Berlin}} = \frac{33 \text{ mm}}{55 \text{ mm}} = \frac{33}{55} = \frac{3}{5} = 0{,}6$$

Das Verhältnis der Flugzeiten ist dann ebenfalls $\frac{3}{5}$:

$$\frac{\text{Flugzeit Hamburg–Berlin}}{\text{Flugzeit Frankfurt–Berlin}} = \frac{3}{5}$$

Also gilt: Flugzeit Hamburg–Berlin = $\frac{3}{5} \cdot$ Flugzeit Frankfurt–Berlin = $\frac{3}{5} \cdot 85$ min = 51 min

*Ergebnis:* Ein Flugzeug benötigt von Hamburg nach Berlin 51 Minuten.

> Beim Vergleich zweier Größen (z. B. Längen, Zeiten) a und b bezeichnet man den Bruch $\frac{a}{b}$ bzw. den Quotienten a : b auch als **Verhältnis**.
>
> Den Bruch $\frac{a}{b}$ bzw. den Quotienten a : b liest man dann: *a zu b.*
>
> Ein Verhältnis kann man wie einen Bruch kürzen.
>
> *Beispiel:* |AB| = 0,9 cm; |CD| = 1,5 cm
>
> Dann gilt: $\frac{|AB|}{|CD|} = \frac{0,9 \text{ cm}}{1,5 \text{ cm}} = \frac{9}{15} = 0,6$ bzw.
>
> |AB| : |CD| = 0,9 : 1,5 = 9 : 15 = 3 : 5 = 0,6

*Beachte:* Das Verhältnis zweier Längen und ebenso zweier Zeiten ist eine Zahl. Auch der Maßstab ist eine Zahl. Er gibt das Verhältnis der Länge einer Strecke in der Zeichnung zu der Strecke in Wirklichkeit an (vgl. Seite 106).

**Zur Festigung und zum Weiterarbeiten**

**1.**
Bestimme in der Aufgabe (Seite 107) die Flugzeit Frankfurt–Hamburg.

**2.**
a) Bestimme das Längenverhältnis $\frac{|AB|}{|CD|}$ der Strecken $\overline{AB}$ und $\overline{CD}$.

    (1) |AB| = 35 m    (2) |AB| = 125 dm    (3) |AB| = 4 cm    (4) |AB| = 25,2 dm
        |CD| = 49 m         |CD| = 75 dm         |CD| = 48 cm         |CD| = 32,4 cm

b) Zeichne zwei Strecken $\overline{AB}$ und $\overline{CD}$ mit dem Längenverhältnis:

    (1) $\frac{|AB|}{|CD|} = \frac{3}{2}$    (2) $\frac{|AB|}{|CD|} = 2$    (3) $\frac{|AB|}{|CD|} = 0,4$    (4) $\frac{|AB|}{|CD|} = 1,2$

c) Das Längenverhältnis der Strecke $\overline{PQ}$ zur Strecke $\overline{RS}$ beträgt $\frac{3}{4}$. Bestimme die fehlende Länge.

    (1) |PQ| = 80 cm    (2) |RS| = 120 cm    (3) |RS| = 75 cm    (4) |PQ| = 48 mm

**Übungen**

**3.**
Entnimm der Zeichnung das Längenverhältnis $\frac{|PQ|}{|UV|}$, ohne mit dem Lineal zu messen.

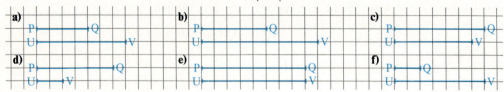

**4.**
a) Kürze folgende Verhältnisse so weit wie möglich.

    (1) 36 : 96;    (2) 24 : 60;    (3) 42 : 30;    (4) 80 : 32;    (5) 9,6 : 16,2;    (6) 8,4 : 12,6

b) Schreibe die Verhältnisse in der Form 1 : x [in der Form x : 1].

    (1) 7 : 35;    (2) 25 : 5;    (3) 12 : 24;    (4) 54 : 6;    (5) 2 : 5;    (6) 5 : 2;    (7) 20 : 25

**5.**
Bestimme das Längenverhältnis der längeren Seite zur kürzeren Seite
a) bei deinem Rechenheft;  b) bei deinem Mathematikbuch.

**6.**
Bestimme das Längenverhältnis. Entnimm die Maße der Strecken der Zeichnung.
a) |AB|:|CD|   d) |CD|:|EF|
b) |CD|:|AB|   ☐ e) |AB|:(|CD| + |EF|)
c) |AB|:|EF|   ☐ d) (|EF|:|AB|):|CD|

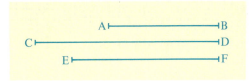

**7.**
Zeichne zwei Strecken $\overline{AB}$ und $\overline{CD}$ mit dem Längenverhältnis:
a) |AB|:|CD| = 3:4   b) |AB|:|CD| = 2:5   c) |AB|:|CD| = 3

**8.**
Berechne die Längenverhältnisse $\frac{a}{b}$ und $\frac{b}{a}$. Kürze so weit wie möglich.

a) a = 72 cm
   b = 90 cm
b) a = 30 cm
   b = 75 cm
c) a = 36 mm
   b = 4 cm
d) a = 240 cm
   b = 1,5 m

☐ **9.**
Berechne alle sechs Längenverhältnisse des Dreiecks ABC mit:
a) a = 6 cm, b = 4 cm, c = 9 cm
b) a = 3,5 cm, b = 2,1 cm, c = 7,2 cm
c) a = 5,4 cm, b = 3,6 cm, c = 5,4 cm
d) a = 2 cm, b = 1,5 cm, c = 2,5 cm

☐ **10.**
Das Längenverhältnis |UV|:|XY| zweier Strecken $\overline{UV}$ und $\overline{XY}$ beträgt $\frac{4}{5}$ [$\frac{3}{8}$].
Berechne die fehlende Länge.
a) |UV| = 1,2 m   b) |XY| = 16 cm   c) |UV| = 36 m   d) |XY| = 15 cm

☐ **11.**
Gegeben ist die Länge einer Strecke a = 5 cm sowie das Längenverhältnis a:b.
Wie lang ist die Strecke b?
a) a:b = 4:5   b) a:b = 1:3   c) a:b = 3:1

▲ **12.**
Bei Fahrrädern mit Gangschaltung hängt das Übersetzungsverhältnis von den Zahnrädern des Zahnkranzes und dem Kettenrad ab.

a) Peter hat ein Fahrrad mit einer 6-Gang-Schaltung. Die sechs Zahnräder des Zahnkranzes haben 12, 15, 18, 21, 24, 28 Zähne. Das Kettenrad hat 36 Zähne. Welche Übersetzungsverhältnisse kann er schalten?

b) Christina hat eine 10-Gang-Schaltung an ihrem Fahrrad. Der Zahnkranz hat fünf Zahnräder mit 12, 14, 16, 20 und 24 Zähnen. Die zwei Zahnkränze des Kettenrades haben 30 bzw. 48 Zähne. Bestimme alle Übersetzungsverhältnisse.

## Vermischte Übungen

**13.**
Entnimme der Zeichnung das Längenverhältnis.

a) $\dfrac{b}{a}$   c) $\dfrac{c}{a}$   ☐ e) $\dfrac{b+c}{a}$   ☐ g) $\dfrac{b}{a-c}$

b) $\dfrac{a}{b}$   d) $\dfrac{b}{c}$   ☐ f) $\dfrac{b-c}{a}$   ☐ h) $\dfrac{b}{a-c}$

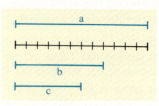

**14.**
Zeichne drei Streckenpaare ($\overline{AB}$; $\overline{CD}$), für dessen Längenverhältnis $\dfrac{|AB|}{|CD|}$ gilt:

a) A : B = 4 : 3   b) A : B = 3 : 5

**15.**
a) Das Modell eines D-Zug-Wagens (Spur H0: Maßstab 1:87) hat eine Länge von 30,6 cm. Wie lang ist der Wagen in Wirklichkeit?

b) Berechne die Länge des D-Zug-Wagens für die Spur N (Maßstab 1:160) [für die Spur Z, Maßstab 1:220].

c) Ein Wagenfenster ist 1,20 m breit und 90 cm hoch. Berechne die Maße für die Spur H0 [Spur N; Spur Z].

**16.**
Der Maßstab, der für Karten gewählt wird, hängt von ihren Einsatzmöglichkeiten ab: Stadtpläne und Wanderkarten haben größere Maßstäbe als Autokarten oder Landkarten. Gib für die verschiedenen Maßstäbe an, wieviel cm in der Wirklichkeit 1 cm auf der Karte entsprechen. Rechne um in km.

a) 1 : 10 000   b) 1 : 50 000   c) 1 : 200 000   d) 1 : 15 000 000
   1 : 12 500      1 : 75 000      1 : 650 000      1 : 30 000 000

**17.**
Bestimme aus der Landkarte die Entfernung (Luftlinie) der folgenden Orte:

a) Münster – Siegen
b) Aachen – Kassel
c) Bielefeld – Bonn

▲ **18.**
Auf einer Karte beträgt die Entfernung zweier Orte 4 cm. In Wirklichkeit liegen sie 20 km auseinander. Welchen Maßstab hat die Karte?

**19.**
Lupen und Mikroskope bieten verschiedene Vergrößerungsmöglichkeiten. Gib für die Maßstäbe an, wieviel cm in der Zeichnung 1 cm in der Wirklichkeit entsprechen.

a) 2 : 1   b) 30 : 1   c) 250 : 1   d) 2,5 : 1
   5 : 1      80 : 1       800 : 1       9,5 : 1

**20.**
Für das Längenverhältnis zweier Strecken gilt b : a = 4 : 7. Berechne die Länge a für:

a) b = 12 cm   b) b = 36 cm   c) b = 44 mm   d) b = 60 m

## 21.
Zeichne die Figur vergrößert mit dem Faktor $\frac{3}{2}$ und auch verkleinert mit dem Faktor $\frac{2}{3}$.

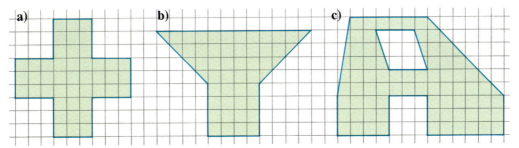

## 22.
Zeichne die Figuren vergrößert nach.

a) Das äußere Quadrat soll eine Kantenlänge von 10 cm haben.

b) Das innere Quadrat soll die Kantenlänge 1 cm haben.

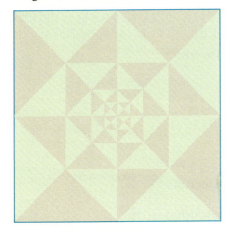

## 23.
Mit dem Fotokopiergerät kann man von Bildvorlagen verschiedene Vergrößerungen und Verkleinerungen herstellen. Dazu gibt man den gewünschten Vergrößerungs- bzw. Verkleinerungsfaktor k für die Seitenlängen ein.

a) Ein Quadrat mit der Seitenlänge a = 6 cm wird mit dem Faktor 1,2 [1,41; 0,71] kopiert. Berechne die neue Seitenlänge des Quadrates.

b) Ein Kreis mit dem Durchmesser d = 16 cm hat nach dem Kopieren einen Durchmesser d′ = 6,8 cm.
Mit welchem Faktor wurde kopiert?

c) Die Bildvorlage von einem Dreieck wurde mit dem Faktor 1,3 kopiert. Die Seitenlängen des kopierten Dreiecks betragen a = 3,9 cm, b = 5,2 cm und c = 6,5 cm. Berechne die Seitenlängen des Dreiecks auf der Vorlage.

# Strahlensätze

## Erster Strahlensatz

### Aufgabe

Die beiden von Z ausgehenden Halbgeraden (Strahlen) a und b werden von zwei zueinander parallelen Geraden g und h geschnitten. Was kannst du über die Längenverhältnisse $\frac{|ZA_1|}{|ZA_2|}$ und $\frac{|ZB_1|}{|ZB_2|}$ aussagen?

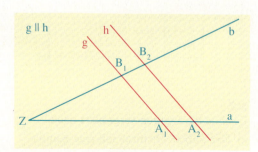

### Lösung

1. Schritt: Miß die Längen der angegebenen Strecken $|ZA_1|, |ZA_2|, |ZB_1|$ und $|ZB_2|$.
Du erhältst: $|ZA_1| = 3{,}6$ cm;  $|ZA_2| = 4{,}5$ cm;  $|ZB_1| = 2{,}8$ cm;  $|ZB_2| = 3{,}5$ cm.

2. Schritt: Bilde die gesuchten Längenverhältnisse. Du erhältst:

$\frac{|ZA_1|}{|ZA_2|} = \frac{3{,}6}{4{,}5} = 0{,}8$;  $\frac{|ZB_1|}{|ZB_2|} = \frac{2{,}8}{3{,}5} = 0{,}8$

Ergebnis: Die beiden Längenverhältnisse stimmen überein.

### Zur Information

Werden zwei Halbgeraden mit gemeinsamem Anfangspunkt Z von zwei zueinander parallelen Geraden g und h geschnitten, so nennt man diese Figur eine **Strahlensatzfigur.**
In diesem Fall sprechen wir statt von Halbgeraden auch von Strahlen.

Strahlensatzfigur
$g \parallel h$

### Zur Festigung und zum Weiterarbeiten

**1.**
Bestimme aus der Zeichnung die folgenden Verhältnisse:

a) $\frac{|ZA_1|}{|ZA_2|}$, $\frac{|ZA_1|}{|A_1A_2|}$   b) $\frac{|ZB_1|}{|ZB_2|}$, $\frac{|ZB_1|}{|B_1B_2|}$

**2.**
Bestimme in der Aufgabe oben die Längenverhältnisse $\frac{|ZA_1|}{|A_1A_2|}$ und $\frac{|ZB_1|}{|B_1B_2|}$.

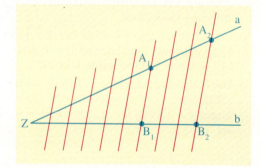

### Erster Strahlensatz

In einer Strahlensatzfigur gilt:
Das Längenverhältnis zweier Abschnitte auf dem einen Strahl ist gleich dem Längenverhältnis entsprechender Abschnitte auf dem anderen Strahl.

$$\frac{|ZB_1|}{|ZB_2|} = \frac{|ZA_1|}{|ZA_2|}; \quad \frac{|ZB_1|}{|B_1B_2|} = \frac{|ZA_1|}{|A_1A_2|}; \quad \frac{|ZB_2|}{|B_1B_2|} = \frac{|ZA_2|}{|A_1A_2|}$$

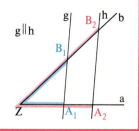

**3.**
Mit Hilfe des 1. Strahlensatzes kann man die Länge einer Strecke berechnen.

**a)** Erkläre am Beispiel die Berechnung der Länge y der roten Strecke (Maße in cm).

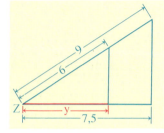

$$\frac{y}{7{,}50} = \frac{6}{9} \quad | \cdot 7{,}5$$

$$y = \frac{2}{3} \cdot 7{,}5$$

$$y = 5$$

*Ergebnis:* Die rote Strecke ist 5 cm lang.

**b)** Berechne die Länge d der roten Strecke (Maße in m).

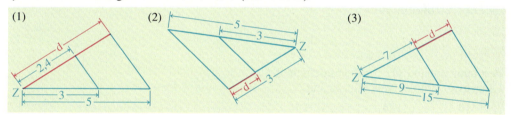

### Übungen

**4.**
Ergänze zu einer wahren Aussage.

**a)** $\dfrac{|ZB|}{|ZA|} = \dfrac{\rule{1cm}{0.4pt}}{\rule{1cm}{0.4pt}}$    **c)** $\dfrac{|ZP|}{|ZQ|} = \dfrac{\rule{1cm}{0.4pt}}{\rule{1cm}{0.4pt}}$    **e)** $\dfrac{|AB|}{\rule{1cm}{0.4pt}} = \dfrac{\rule{1cm}{0.4pt}}{|ZQ|}$

**b)** $\dfrac{\rule{1cm}{0.4pt}}{\rule{1cm}{0.4pt}} = \dfrac{|ZQ|}{|ZP|}$    **d)** $\dfrac{\rule{1cm}{0.4pt}}{|ZQ|} = \dfrac{|ZB|}{\rule{1cm}{0.4pt}}$

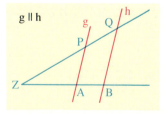

**5.**
Zeichne die Figur mehrmals in dein Heft. Versuche Strahlensatzfiguren zu entdecken. Zeichne die Strahlensatzfiguren farbig ein.

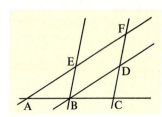

## 6.
Berechne die fehlende Länge x (Maße in cm).

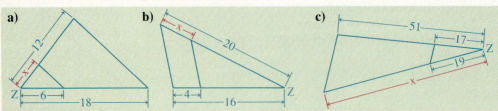

## 7.
Von den vier Längen $s_1$, $s_2$, $t_1$ und $t_2$ sind drei gegeben. Berechne die vierte Länge.

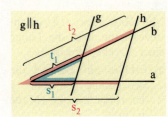

a) $s_1 = 3{,}0$ cm  b) $s_1 = 2{,}5$ cm  c) $s_1 = 4{,}8$ cm  d) $t_1 = 5{,}2$ cm
   $s_2 = 7{,}0$ cm     $t_2 = 3{,}5$ cm     $t_1 = 5{,}4$ cm     $t_2 = 9{,}1$ cm
   $t_1 = 4{,}2$ cm     $s_2 = 4{,}0$ cm     $t_2 = 7{,}5$ cm     $s_2 = 6{,}3$ cm

## Zweiter Strahlensatz

### Aufgabe
Bestimme anhand der Strahlensatzfigur die Längenverhältnisse. Was fällt dir auf?

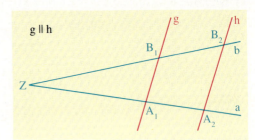

(1) $\dfrac{|A_1B_1|}{|A_2B_2|}$  (2) $\dfrac{|ZB_1|}{|ZB_2|}$  (3) $\dfrac{|ZA_1|}{|ZB_2|}$

### Lösung
*1. Schritt:* Miß die Längen der angegebenen Strecken.
Du erhältst: $|A_1B_1| = 1{,}2$ cm; $|A_2B_2| = 1{,}8$ cm; $|ZB_1| = 3{,}6$ cm; $|ZB_2| = 5{,}4$ cm; $|ZA_1| = 3{,}2$ cm; $|ZA_2| = 4{,}8$ cm.

*2. Schritt:* Bilde die angegebenen Streckenverhältnisse. Du erhältst:

(1) $\dfrac{|A_1B_1|}{|A_2B_2|} = \dfrac{1{,}2 \text{ cm}}{1{,}8 \text{ cm}} = \dfrac{2}{3}$  (2) $\dfrac{|ZB_1|}{|ZB_2|} = \dfrac{3{,}6 \text{ cm}}{5{,}4 \text{ cm}} = \dfrac{2}{3}$  (3) $\dfrac{|ZA_1|}{|ZA_2|} = \dfrac{3{,}2 \text{ cm}}{4{,}8 \text{ cm}} = \dfrac{2}{3}$

---

**Zweiter Strahlensatz**

In einer Strahlensatzfigur gilt:
Die Längen der Abschnitte auf den Parallelen stehen im gleichen Verhältnis wie die Längen zugehöriger Abschnitte auf jeweils einem der beiden Strahlen.

$\dfrac{|A_1B_1|}{|A_2B_2|} = \dfrac{|ZA_1|}{|ZA_2|}$ ;  $\dfrac{|A_1B_1|}{|A_2B_2|} = \dfrac{|ZB_1|}{|ZB_2|}$

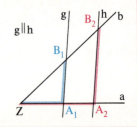

**Zur Festigung und zum Weiterarbeiten**

**1.**
Bestimme aus der Zeichnung die Verhältnisse. Vergleiche mit dem Strahlensatz.

a) (1) $\dfrac{|A_1B_1|}{|A_2B_2|}$, (2) $\dfrac{|ZB_1|}{|ZB_2|}$  b) (1) $\dfrac{|ZA_1|}{|ZA_2|}$, (2) $\dfrac{|A_1B_1|}{|A_2B_2|}$

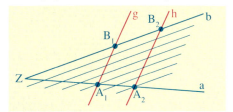 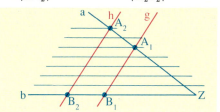

**2.**
Mit Hilfe des 2. Strahlensatzes kann man die Länge einer Strecke berechnen.

a) Erkläre am Beispiel die Berechnung der Länge y der roten Strecke (Maße in cm).

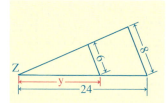

$\dfrac{y}{24} = \dfrac{6}{8} \quad | \cdot 24$

$y = \dfrac{6 \cdot 24}{8}$

$y = 18$

*Ergebnis:* Die Strecke y ist 18 cm lang.

b) Berechne die Länge d der roten Strecke (Maße in m).

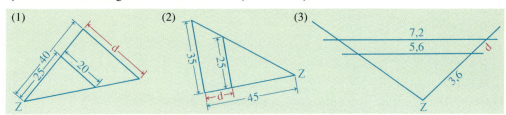

**Übungen**

**3.**
Ergänze zu einer wahren Aussage.

a) $\dfrac{|AP|}{|BQ|} = \dfrac{\rule{1em}{0.5pt}}{\rule{1em}{0.5pt}} = \dfrac{\rule{1em}{0.5pt}}{\rule{1em}{0.5pt}}$  b) $\dfrac{|BQ|}{|ZB|} = \dfrac{\rule{1em}{0.5pt}}{\rule{1em}{0.5pt}}$  c) $\dfrac{|AP|}{|ZP|} = \dfrac{\rule{1em}{0.5pt}}{\rule{1em}{0.5pt}}$

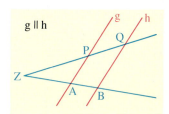

**4.**
Berechne die Länge x (Maße in cm).

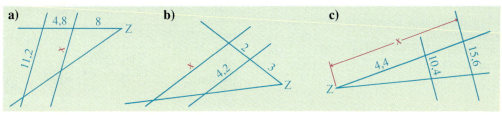

# Anwendungen der Strahlensätze

## Aufgabe
Schon im Altertum hat man die Höhen von Pyramiden durch Messen der Schattenlänge eines Stabes bestimmt.

a) Erläutere die nebenstehende Zeichnung.

b) Bestimme die Pyramidenhöhe für das Beispiel:
  $a = 230$ m,  $d = 125$ m,  $h = 3$ m,  $s = 5$ m.

## Lösung
a) Der Stab wird senkrecht so aufgestellt, daß das Ende seines Schattens mit dem Ende des Pyramidenschattens zusammenfällt. Die Längen a, d, h und s werden gemessen.

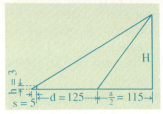

b) $\dfrac{H}{h} = \dfrac{s + d + \frac{a}{2}}{2}$   (2. Strahlensatz)

$\dfrac{H}{3} = \dfrac{5 + 125 + 115}{5}$   (Einsetzen)

$\dfrac{H}{3} = \dfrac{245}{5}$

$H = 49 \cdot 3$

$H = 147$

*Ergebnis:* Die Pyramide ist ungefähr 147 m hoch.

## Zur Festigung und zum Weiterarbeiten

**1.**
Wie kann man bei Sonnenschein mit Hilfe eines Stabes und eines Maßbandes die Höhe eines freistehenden Turmes bestimmen?

*Beispiel:* $s = 2{,}2$ m, $b = 3{,}7$ m, $d = 28$ m.

**2.**
Es soll die Entfernung zwischen den beiden Punkten A und D bestimmt werden. Zwischen ihnen liegt jedoch ein Gebäude. Es wird gemessen:
$|AC| = 63$ m,  $|CE| = 14$ m,  $|BD| = 10$ m
Bestimme $|AD|$.

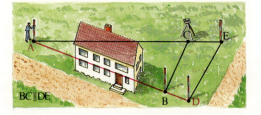

### Übungen

**3.**
Ein senkrecht aufgestellter Stab von 2 m Länge wirft einen 95 cm langen Schatten. Zur gleichen Zeit wirft ein Turm einen Schatten von 10 m Länge.
Wie hoch ist der Turm?

**4.**
Ein Waldarbeiter bestimmt mit Hilfe eines Försterdreiecks die Höhe eines Baumes.
Die Entfernung zum Baum beträgt 21 m.
Wie hoch ist der Baum ungefähr?

**5.**
Zur Messung einer kleinen Öffnung (z. B. einer Flasche) und zur Messung z. B. einer dünnen Holzplatte verwendet man einen *Meßkeil* bzw. einen *Keilausschnitt*.

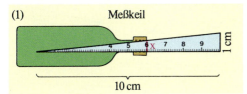 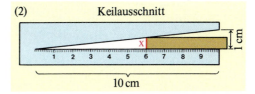

Berechne jeweils die Länge x. Erläutere die Wirkungsweise der Meßinstrumente.

**6.**
Der Mond ist 60 Erdradien (R = 6 370 km) von der Erde entfernt. Hält man einen Bleistift (Durchmesser 7 mm) im Abstand von ca. 78 cm vor das Auge, so ist der Mond gerade bedeckt. Welchen Durchmesser hat der Mond etwa? Lege eine Skizze an.

**7.**
Halte bei ausgestrecktem Arm den Daumen senkrecht vor das rechte Auge. Die Linien vom Auge zu den Daumenrändern bilden mit dem Daumen ein gleichschenkliges Dreieck. Das Verhältnis von Daumenbreite zum Armabstand ist für jeden Menschen unterschiedlich. Du kannst es für dich selbst bestimmen.

Nach dem 2. Strahlensatz gilt: $\dfrac{d}{a} = \dfrac{x}{y}$

Je nach dem ob x oder y bekannt ist bzw. sich besser abschätzen läßt, kann man z. B. die Breite eines Gebäudes oder die Entfernung zu einem Gebäude abschätzen.

**a)** Anjas Daumen ist 2 cm breit. Hält sie den Daumen 45 cm von einem Auge entfernt (das andere Auge geschlossen), so ist gerade ein Fußballtor (7,32 m breit) verdeckt.
Wie weit ist Anja vom Tor entfernt?

**b)** Uwe steht etwa 1 000 m von einem Waldstück entfernt. Sein Daumen ist 2,2 cm breit, seine Armlänge beträgt 66 cm. Das Waldstück wird genau von seinem Daumen überdeckt.
Wie breit ist das Waldstück?

**c)** Wie breit ist eine Brücke, die von 3 Daumenbreiten überdeckt wird?
Daumenbreite d = 2 cm, Armabstand a = 65 cm. Du stehst am 15. Straßenbegrenzungspfahl. Der Abstand zwischen je zwei Begrenzungspfählen beträgt 50 m.

### Vermischte Übungen

**8.**
Ergänze aufgrund eines Strahlensatzes zu einer wahren Aussage.

a) $\dfrac{|SD|}{|SE|} = \dfrac{\blacksquare}{\blacksquare}$  d) $\dfrac{|SA|}{|AB|} = \dfrac{\blacksquare}{\blacksquare}$  g) $\dfrac{|FC|}{\blacksquare} = \dfrac{\blacksquare}{|SB|}$

b) $\dfrac{|SA|}{|SB|} = \dfrac{\blacksquare}{\blacksquare}$  e) $\dfrac{|SC|}{\blacksquare} = \dfrac{\blacksquare}{|SD|}$  h) $\dfrac{|SC|}{\blacksquare} = \dfrac{\blacksquare}{|DF|}$

c) $\dfrac{|AD|}{|BE|} = \dfrac{\blacksquare}{\blacksquare}$  f) $\dfrac{\blacksquare}{|SB|} = \dfrac{|SF|}{\blacksquare}$  i) $\dfrac{|DA|}{|CF|} = \dfrac{\blacksquare}{\blacksquare}$

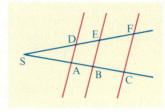

**9.**
Berechne die Länge der Strecke x (Maße in cm).

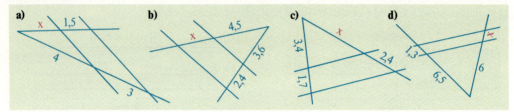

**10.**
Von den sechs Längen $s_1$, $s_2$, $t_1$, $t_2$, $p_1$ und $p_2$ sind vier gegeben. Berechne die beiden nicht gegebenen Längen.

a) $s_1 = 7{,}2$ cm   b) $s_1 = 4{,}8$ cm   c) $s_2 = 6{,}0$ cm   d) $s_1 = 2{,}7$ cm
$t_1 = 6{,}8$ cm      $t_2 = 11{,}0$ cm    $t_2 = 7{,}2$ cm      $t_2 = 4{,}5$ cm
$t_2 = 10{,}2$ cm     $p_1 = 5{,}4$ cm     $p_1 = 4{,}9$ cm      $t_1 = 3{,}3$ cm
$p_1 = 5{,}4$ cm      $p_2 = 9{,}9$ cm     $p_2 = 8{,}4$ cm      $p_2 = 4{,}0$ cm

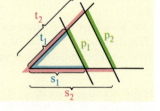

**11.**
Berechne die Länge der Strecke x (Maße in cm).

**12.**
Ein 1,80 m großer Mann wirft einen 1,35 m langen Schatten. Zu gleicher Zeit wirft ein Baum einen 12,60 m langen Schatten. Wie hoch ist der Baum?

**13.**
Der Schatten eines 1,80 m hohen senkrecht aufgestellten Stabes ist 1,55 m lang. Ein Baum wirft zur selben Zeit einen 12,70 m langen Schatten.
Wie hoch ist der Baum?

□ **14.**
a) Um die Breite |DE| eines Flusses zu bestimmen, werden die Punkte D, C, A und B wie im Bild abgesteckt und folgende Strecken gemessen (AB ∥ DC):
|DC| = 25 cm, |AB| = 35 m, |AD| = 21 m
Wie breit ist der Fluß?

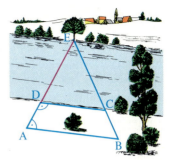

b) Um die Entfernung |AB| zu bestimmen wurden die Länge |PE| = 96 m, |EA| = 58 m und |EF| = 66 m gemessen. Berechne |AB|.

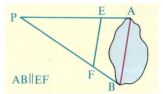

## Ähnlichkeit von Figuren

### Ähnliche Vielecke

**Aufgabe**

Die Schüler einer Klasse wollen die Wände ihres Klassenraumes bemalen. Dazu gehen sie in drei Schritten vor.

– Von geeigneten Gegenständen werden Dias angefertigt.
– Die Dias werden mit einem Projektor an die Wand projiziert.
– Das projizierte Bild wird nachgemalt.

Die folgenden Bilder zeigen das Dia eines Fensters (1) und zwei projizierte Bilder (2) und (3).

a) Was wurde bei der Projektion von Bild (2) falsch gemacht?
   Vergleiche nun das Dia (1) mit dem richtig projizierten Bild (3).
b) Was kannst du über entsprechende Winkel aussagen?
c) Die Breite des Bildes soll 1,20 m betragen. Wie hoch wird dabei das Bild?

## Lösung

**a)** Das Bild (2) ist verzerrt. Der Diaprojektor stand nicht waagerecht. Um ein unverzerrtes, also getreues Bild zu erhalten, darf man ihn weder kippen noch seitlich verkanten.

**b)** Beim verzerrten Bild (2) haben sich die Winkel gegenüber Bild (1) verändert, beim unverzerrten Bild (3) dagegen nicht.

**c)** Wir bestimmen nun die Höhe des Bildes (3).

Für das Dia gilt:

$$\frac{\text{Höhe des Dias}}{\text{Breite des Dias}} = \frac{24\,\text{mm}}{36\,\text{mm}} = \frac{2}{3}$$

Dasselbe Längenverhältnis gilt dann auch für das unverzerrt projizierte Bild (3):

$$\frac{\text{Höhe des Bildes}}{\text{Breite des Bildes}} = \frac{2}{3}$$

Daraus folgt:

Höhe des Bildes $= \frac{2}{3} \cdot$ Breite des Bildes $= \frac{2}{3} \cdot 1{,}20\,\text{m} = 0{,}80\,\text{m}$.

*Ergebnis:* Das Bild ist 0,80 m hoch.

---

Für **ähnliche Vielecke** gilt:
(1) Die Winkelmaße entsprechender Winkel stimmen überein.
(2) Die Längenverhältnisse entsprechender Seiten stimmen überein.

---

### Zur Festigung und zum Weiterarbeiten

**1.**
Man sagt: Zwei Geschwister sehen sich ähnlich. Vergleiche diesen Begriff „ähnlich" mit dem aus der Mathematik.

**2.**
**a)** Welche der Figuren sind jeweils ähnlich zueinander? Welche Punkte, welche Winkel, welche Strecken entsprechen sich?

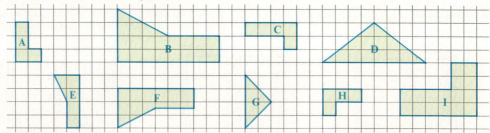

**b)** Betrachte jeweils zwei zueinander ähnliche Figuren aus Teilaufgabe a).
  (1) Mit welchem Faktor muß man die Länge einer Seite der kleineren [größeren] Figur multiplizieren, um die Länge der entsprechenden Seite der anderen Figur zu erhalten?
  (2) Mit welchem Faktor muß man den Flächeninhalt der kleineren [größeren] Figur multiplizieren, um den Flächeninhalt der anderen Figur zu erhalten?

**3.**
a) Zeichne drei Quadrate mit den Seitenlängen
(1) a = 3 cm; (2) a = 4,5 cm; (3) a = 10,5 cm.
b) Überprüfe, ob die Quadrate zueinander ähnlich sind.
c) Formuliere eine Vermutung über die Ähnlichkeit von Quadraten.

**4.**
Zeichne drei Rechtecke mit den Seitenlängen
(1) a = 3 cm, b = 4 cm; (2) a = 2 cm, b = 10 cm; (3) a = 4,7 cm, b = 6 cm.
Prüfe, ob die Rechtecke zueinander ähnlich sind. Was stellst du fest?

☐ **5.**
Für das nebenstehende Muster gilt:
AB ∥ CD ∥ EF und CB ∥ ED ∥ GF.
Übertrage die Figur mehrmals in dein Heft.
Suche zueinander ähnliche Vielecke. Zeichne
sie farbig in deine Zeichnungen ein.

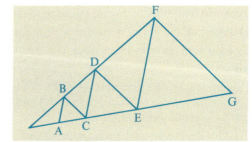

**Übungen**

**6.**
Prüfe, ob die beiden Vielecke ähnlich zueinander sind. Gib gegebenenfalls den Faktor an, mit dem man die Längen der Seiten des kleineren Vielecks multiplizieren muß, um die Längen der entsprechenden Seiten des größeren Vielecks zu erhalten.

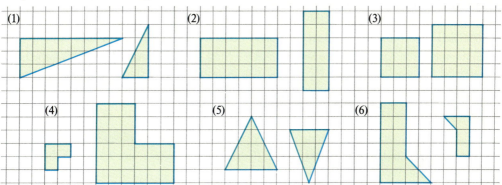

**7.**
Zeichne ein Dreieck ABC aus:

a) a = 4 cm; b = 2 cm; c = 5 cm        c) a = 4,2 cm; β = 35°; γ = 50°
b) α = 43°; c = 4,5 cm; b = 3 cm        d) c = 5,5 cm; γ = 48°; b = 3 cm

Zeichne dazu ein ähnliches Dreieck A'B'C', dessen Seitenlänge durch Multiplikation mit
k = 2 [k = 0,5] aus den Seitenlängen von ABC hervorgeht.

**8.**
Gegeben sind zwei zueinander ähnliche Dreiecke ABC und A'B'C' durch:

a) a = 3 cm; b = 4 cm; c = 6 cm und a' = 9 cm
b) a = 4 cm; b = 6 cm; c = 8 cm und c' = 2 cm
c) a = 5 cm; b = 7 cm; c = 9 cm und a' = 7,5 cm
d) a = 6 cm; a' = 4,5 cm; b' = 6 cm und c' = 9 cm

Bestimme die fehlenden Seitenlängen.

## 9.
Zeichne ein Rechteck mit den Seitenlängen 8 cm und 6 cm. Zeichne nun innerhalb des Rechtecks ein zweites Rechteck, das dem ersten ähnlich ist, und dessen kürzere Seite 4 cm beträgt.

## 10.
Sind bei einem Bilderrahmen inneres und äußeres Rechteck zueinander ähnlich?

## 11.
Kleinbildkameras liefern Bilder der Größe 24 mm mal 36 mm. Bei Vergrößerungen kann man die folgenden Formate erhalten:
7 cm × 10 cm, 9 cm × 13 cm, 10 cm × 15 cm (Postkarte) und 13 cm × 18 cm.

**a)** Prüfe, ob die Vergrößerungen jeweils das ganze Bild wiedergeben.

**b)** Falls nein, gib das Format an, das dies leisten würde.

## 12.
Papierformate sind genormt. Bei den Schulheften kennst du die Formate DIN-A4 (großes Schulheft), DIN-A5 (kleines Schulheft) und DIN-A6 (Vokabelheft). Für die DIN-A-Formate gelten folgende Bedingungen:

(1) Die Rechtecke sind zueinander ähnlich.
(2) Durch Halbieren der längeren Seite eines Rechtecks erhält man das nächstkleinere DIN-A-Format, z. B. aus DIN-A4 entsteht DIN-A5 (zwei kleine Schulhefte passen quer auf ein DIN-A4-Heft).
(3) Ein Rechteck des Formats DIN-A0 ist 1 m² groß.

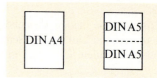

**a)** Wie viele Vokabelhefte bedecken ein kleines Schulheft? Wie viele ein großes Schulheft?.

**b)** Bestimme durch Ausmessen die Seiten eines Rechtecks vom Format DIN-A6 (Vokabelheft), DIN-A5 (kleines Schulheft), DIN-A4 (großes Schulheft), DIN-A3 (großer Zeichblock).

**c)** Bestimme das Seitenverhältnis der Rechtecke. Gib jeweils das Verhältnis der längeren Seite zu der kürzeren Seite an. Was stellst du fest?

## 13.
Gegeben ist ein Parallelogramm ABCD (AB ∥ CD) aus a = 3,6 cm, d = 2,4 cm und α = 55°. Zeichne ein dazu ähnliches Parallelogramm, dessen längere Seite **a)** 7,2 cm, **b)** 4,2 cm, **c)** 2,4 cm beträgt.

## 14.
Die Hersteller von Fernsehern bieten ihre Geräte mit unterschiedlichen Bildschirmgrößen an.

**a)** Bei Fernsehern ist das Verhältnis von Höhe zu Breite des Fernsehschirms einheitlich auf 3:4 festgelegt. Warum?

**b)** Die Größe eines Bildschirmes wird durch die Länge der Diagonalen angegeben.
Ein Hersteller bietet folgende Größen an:
40 cm, 42 cm, 55 cm, 63 cm, 70 cm.
Bestimme jeweils Höhe und Breite des Fernsehschirmes.
*Anleitung:* Übertrage die Tabelle in dein Heft und ergänze sie.

| Höhe (in cm) | Breite (in cm) | Diagonale (in cm) |
|---|---|---|
| 3 ⟩·8 | 4 ⟩·8 | 5 ⟩·8 |
|  |  | 40 |

## Zentrische Streckung

Du kennst bisher die folgenden Abbildungen.

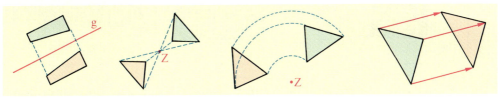

Geradenspiegelung  Punktspiegelung  Drehung  Verschiebung

Bei all diesen Abbildungen erhält man Bildfiguren, die zu den Originalfiguren kongruent (deckungsgleich) sind.
Wir suchen jetzt eine Abbildung, mit der man ähnliche Figuren herstellen kann.

### Aufgabe

Karin möchte ein Foto (9 cm × 13 cm) verschenken.
Um die Wirkung der Aufnahme zu verstärken, will sie das Foto auf kontrastfarbenen Karton kleben.

a) Beschreibe, wie du mit einem möglichst einfachen Verfahren und ohne großen Papierverschnitt aus dem großen Bogen einen Karton ausschneiden kannst, der die doppelte Seitenlängen des Bildes hat.

b) Beschreibe, wie du aus einem Kartonrest eine Unterlage schneiden kannst, deren Kantenlänge 1,5mal so groß ist wie die Seitenlänge des Bildes.

c) Überprüfe, ob die Rechtecke jeweils ähnlich zueinander sind.

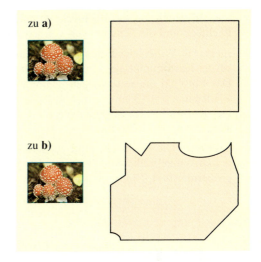

### Lösung

a)

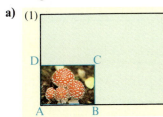 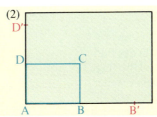 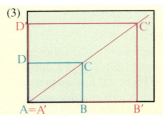

(1) Lege das Foto bündig in eine Ecke des großen Bogens. Zeichne die Seiten $\overline{BC}$ und $\overline{CD}$ nach. Nimm das Foto wieder von dem Bogen.

(2) Trage auf der unteren Kartonkante von A aus zweimal |AB| ab. Trage auf der linken Kartonkante von A aus zweimal |AD| ab.

(3) Zeichne die Diagonale $\overline{AC}$, verlängere sie über C hinaus. Trage auf der Diagonalen von A aus zweimal |AC| ab. Verbinde B' mit C' und C' mit D'. Schneide entlang dieser „Linien" den Karton aus.

**b)**

(1) Lege das Foto so auf den Kartonrest, daß zu allen Begrenzungslinien ungefähr gleicher Abstand besteht. Umfahre das Foto mit einem Bleistift. Nimm das Foto wieder vom Karton. Du erhältst ein Rechteck ABCD.

(2) Zeichne in das Rechteck die Diagonalen. Bezeichne ihren Schnittpunkt mit Z. Verlängere die Diagonalen über die Eckpunkte hinaus. Trage auf der Halbgerade $\overline{ZA}$ von Z aus das 1,5fache der Strecke |ZA| ab. Du erhältst A'. Verfahre ebenso für B', C' und D'.

(3) Verbinde A' mit B', B' mit C', C' mit D' und D' mit A'. Schneide die Unterlage entlang dieser Verbindungslinien aus.

**c)** Um zu prüfen, ob die Rechtecke ähnlich zueinander sind, mußt du die Winkel in jedem Rechteck und die Seitenlängen von jedem Rechteck messen. Du erhältst:

*zu a):* Die Winkel des Fotos und die Winkel der Kartonunterlage stimmen überein.
Das Foto hat die Seitenlängen
a = 9 cm, b = 13 cm.
Der Karton hat die Seitenlängen
a' = 18 cm, b' = 26 cm.

*zu b):* Die Winkel des Fotos und die Winkel der Kartonunterlage stimmen überein.
Das Foto hat die Seitenlängen
a = 9 cm, b = 13 cm.
Der Karton hat die Seitenlängen
a' = 13,5 cm und b' = 19,5 cm.

*Ergebnis:* Die Rechtecke sind zueinander ähnlich, da in beiden Lösungen die Rechtecke in den Winkeln übereinstimmen und in jeder Lösung Seitenlängen mit dem jeweiligen Vergrößerungsfaktor multipliziert wurden.

### Zur Festigung und zum Weiterarbeiten

**1.** Übertrage das Dreieck auf Karopapier. Vergrößere das Dreieck von Z aus mit dem Faktor k = 2,5. Als Hilfe sind $\overline{ZA}$ und A' schon eingezeichnet.

**2.** Konstruiere zu dem Viereck ABCD das Bildviereck mit dem Faktor $k = \frac{1}{2}$. Übertrage die Figur auf Karopapier und zeichne weiter. B' ist schon eingetragen.

**3.**
a) Zeichne ein Quadrat mit der Seitenlänge 8 cm. Wähle den Schnittpunkt der Diagonalen als Streckzentrum Z. Verkleinere das Quadrat mit $k = \frac{1}{2}$ [$k = \frac{1}{4}$; $k = \frac{1}{8}$].

b) Berechne den Flächeninhalt der vier Quadrate und vergleiche.

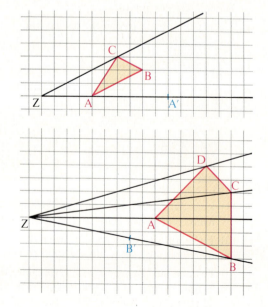

△ **4.**
Zeichne die Punkte P(4; 6); P'(6; 9) und Z(0; 0) in ein Gitternetz.
Der Punkt P' ist das Bild vom Punkt P bei der zentrischen Streckung mit dem Zentrum Z.
Bestimme den Streckfaktor k. Miß und rechne.

△ **5.**
Zeichne ein rechtwinkliges Dreieck ($\gamma = 90°$) mit a = 3 cm und b = 4 cm.
a) Bestimme rechnerisch die Seitenlängen eines mit dem Faktor k = 2 gestreckten Dreiecks.
b) Bestimme rechnerisch die Seitenlängen eines mit dem Faktor $k = \frac{1}{2}$ verkleinerten Dreiecks.
c) Berechne für jedes Dreieck den Flächeninhalt.

> Eine **zentrische Streckung** ist eine Abbildung, bei der man von einem *Zentrum* Z aus mit einem *Streckfaktor* k größer 0 (k > 0) die Bildpunkte nach folgender Konstruktionsvorschrift erhält:
> – Punkt und Bildpunkt liegen auf einer von Z ausgehenden Halbgeraden
> – die Strecke $\overline{ZP'}$ hat die k-fache Länge der Strecke $\overline{ZP}$: $|ZP'| = k \cdot |ZP|$
>
> Die zentrische Streckung hat folgende Eigenschaften:
> (a) Originalfigur und Bildfigur sind zueinander ähnlich.
> (b) Gerade und Bildgerade sind parallel zueinander.
> (c) Winkel und Bildwinkel sind gleich groß.
> (d) Die Bildstrecke $\overline{A'B'}$ ist k-mal so lang wie die Originalstrecke $\overline{AB}$: $|A'B'| = k \cdot |AB|$
> (e) Der Streckfaktor ist ausschlaggebend für die Größe der Bildfigur.
>    – Ist k größer 1 (k > 1), so wird die Ausgangsfigur vergrößert.
>    – Ist k kleiner 1 (k < 1), so wird die Ausgangsfigur verkleinert.
>    – Ist k gleich 1 (k = 1), so bleibt die Ausgangsfigur erhalten.
> (f) Der Flächeninhalt der Bildfigur beträgt das $k^2$-fache des Flächeninhaltes der Originalfigur: $A' = k^2 \cdot A$

**Übungen**

△ **6.**
Zeichne ein Rechteck mit den Seitenlängen a = 8 cm, b = 5 cm. Wähle einen Eckpunkt als Streckzentrum. Zeichne die Bildfigur mit dem Streckfaktor k = 1,2 [$k = \frac{3}{4}$].

△ **7.**
a) Zeichne die Figur ABCD auf Karopapier. Wähle das Streckzentrum Z so, daß die Strecke $\overline{ZA}$ 5 cm lang ist. Die Länge von $\overline{ZA'}$ soll 7,5 cm betragen. Berechne den Streckfaktor und zeichne die Bildfigur.
b) Verfahre ebenso. Die Länge der Strecke $\overline{ZB}$ soll 12 cm, die von $\overline{ZB'}$ 4 cm betragen.
c) Prüfe, ob Strecken und Bildstrecken jeweils parallel sind.

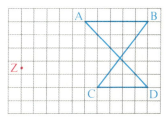

△ **8.**
Zeichne ein Dreieck ABC. Die Seite $\overline{AB}$ soll 6 cm, die Seite $\overline{AC}$ soll 4 cm lang sein und $\beta = 55°$. Konstruiere das Bilddreieck bei einer zentrischen Streckung mit dem Streckfaktor k = 2.
a) Wähle das Streckzentrum Z außerhalb des Dreiecks [innerhalb des Dreiecks].
b) Wähle als Streckzentrum Z den Punkt C.

## 9.
Ergänze jede Zeichnung von Aufgabe 8 durch das Bilddreieck mit k = 0,5 (in anderer Farbe).

## 10.
Zeichne die Figuren (1) und (2) ab. Bestimme Streckfaktor und Streckzentrum.

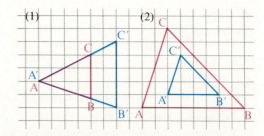

## 11.
Zeichne in ein Koordinatensystem das Viereck ABCD mit A($-2$; 0), B(4; 0), C(4; 2) und D(0; 4). Ferner sei der Punkt Z(0; $-2$) gegeben.
Konstruiere dann das Bild von ABCD bei der zentrischen Streckung mit A [mit Z] als Streckzentrum und k als Streckfaktor.

**a)** k = 2  **b)** k = 3  **c)** k = $\frac{1}{2}$  **d)** k = $\frac{3}{2}$  **e)** k = $\frac{5}{3}$  **f)** k = $\frac{2}{3}$

## 12.
Zeichne ein Quadrat ABCD mit der Seitenlänge a = 4 cm. Konstruiere dann das Bild des Quadrates bei der zentrischen Streckung mit

**a)** dem Streckzentrum A und dem Streckfaktor 1,5;

**b)** dem Schnittpunkt der Diagonalen als Streckzentrum und dem Streckfaktor $\frac{2}{3}$.

## 13.
**a)** Ein Foto im Format 9 × 13 kostet 0,69 DM. Eine Vergrößerung im Format 13 × 18 soll 2,90 DM kosten. Ist der Preis der Vergrößerung vom Papierverbrauch her gerechtfertigt?

**b)** Ein Bogen Geschenkpapier (59 × 41) kostet 1,50 DM. Ein großer Bogen (102,5 × 69,5) der selben Qualität kostet 2,79 DM.

## 14.
Aus einem Teppichprospekt:

**a)** Prüfe, ob die Teppiche ähnlich zueinander sind.

**b)** Beurteile die Preisrelation.
(Die Qualität der Teppiche ist gleich.)

## 15.
Untersuche, ob es eine zentrische Streckung gibt, die die Figur F auf die Figur G abbildet. Falls ja, zeichne das Streckzentrum ein und bestimme den Streckfaktor.

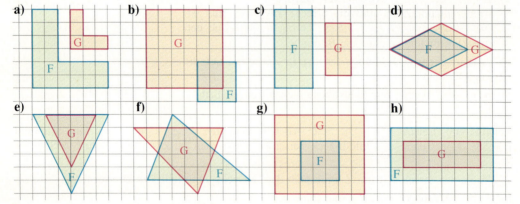

# 8. Algebra

$$V = a \cdot b \cdot c \quad A = \pi \cdot r^2 \quad A = \frac{g \cdot h}{2} \quad O = 6 \cdot a^2 \quad M = 2 \cdot \pi \cdot r \cdot h$$

$$A = a \cdot b \quad V = \pi \cdot r^2 \cdot h \quad u = 2 \cdot \pi \cdot r \quad a^2 + b^2 = c^2 \quad u = 2 \cdot a + 2 \cdot b$$

$$O = 2 \cdot a \cdot b + 2 \cdot a \cdot c + 2 \cdot b \cdot c \quad V = G \cdot h \quad A = \frac{a + c}{2} \cdot h$$

Du hast im Mathematikunterricht bereits viele Formeln kennengelernt und für Berechnungen benutzt. Oben siehst du einige Beispiele. In diesem Kapitel beschäftigen wir uns mit dem sinnvollen Umgang mit Formeln in verschiedenen Sachbereichen.

## Verwenden von Formeln

### Auswahl von Formeln

**Aufgabe**

Eine Bauerntruhe soll ringsum neu lackiert werden.
Die Truhe ist 1,20 m lang, 0,90 m breit und 0,80 m hoch.
Wieviel m² Holz sind zu lackieren?

**Lösung**

Die Truhe hat die Form eines Quaders.
Die Oberflächengröße dieses Quaders ist zu berechnen.
Suche zuerst die passende Formel. Betrachte dazu das Netz (die Abwicklung) des Quaders (Bild rechts).

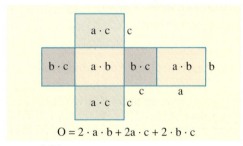

$O = 2 \cdot a \cdot b + 2a \cdot c + 2 \cdot b \cdot c$

*Gegeben:*    a = 1,20 m;  b = 0,90 m;  c = 0,80 m
*Gesucht:*    Oberflächengröße O
*Formel:*    $O = 2 \cdot a \cdot b + 2 \cdot a \cdot c + 2 \cdot b \cdot c$
*Einsetzen:*    $O = 2 \cdot 1{,}20 \text{ m} \cdot 0{,}90 \text{ m} + 2 \cdot 1{,}20 \text{ m} \cdot 0{,}80 \text{ m} + 2 \cdot 0{,}90 \text{ m} \cdot 0{,}80 \text{ m}$
*Rechnung:*    $O = 2 \cdot 1{,}2 \cdot 0{,}9 + 2 \cdot 1{,}2 \cdot 0{,}8 + 2 \cdot 0{,}9 \cdot 0{,}8$
(ohne Einheiten)    = 2,16    +    1,92    +    1,44    = 5,52

*Ergebnis:* Es sind 5,52 m² zu lackieren.

## Zur Festigung und zum Weiterarbeiten

**1.**
Die Truhe soll auch innen lackiert werden. Innenmaße der Truhe: 1,16 m; 0,86 m; 0,75 m.
Wieviel m² Holz werden bei der Innenlackierung behandelt?

**2.**
**a)** Sieh dir die Formeln im Bild auf Seite 127 oben an. Was kann man damit berechnen?
**b)** Welche Formeln gehören zu der Figur?

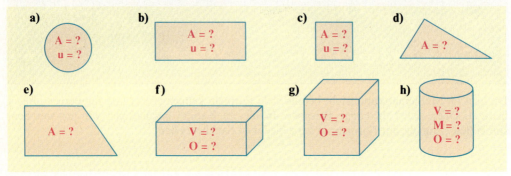

**3.**
Bei vielen Anwendungsaufgaben werden Formeln benutzt.
Überlege bei jeder Aufgabe: Mit welcher Formel kannst du die gesuchte Größe berechnen?

**a)** Ein dreieckiger Giebel ist 12 m breit. Die Höhe des Giebeldreiecks beträgt 2,50 m (Bild rechts).
Fertige eine Skizze der Giebelfläche an. Berechne die Größe des Giebeldreiecks.

**b)** Berechne das Volumen des umbauten Dachraumes.

**4.**
Bei vielen Anwendungen benutzt man mehrere Formeln.
**a)** An der Vorderseite des Hauses (Aufgabe 3) sind zwei rechteckige Fenster (Maße: 2,16 m, 1,20 m) und ein kreisrundes Fenster (Radius: 0,75 m).
Wie groß ist die gesamte Fensterfläche an der Vorderseite?

 **b)** Wieviel m² ist die Dachfläche des Hauses groß?

---

So bearbeitet man Anwendungsaufgaben mit Formeln:

(1) *Information:*   Lies dir die Aufgabe gründlich durch.
(2) *Gegeben, gesucht:* Schreibe auf, was gegeben ist und was gesucht ist.
(3) *Formel:*   Wähle eine Formel zur Berechnung der gesuchten Größe.
(4) *Einsetzen:*   Setze die gegebenen Größen in die Formel ein.
(5) *Rechnung:*   Rechne die gesuchte Größe aus.
(6) *Ergebnis:*   Schreibe einen Antwortsatz.

**Übungen**

**5.**
a) Ein Schwimmbecken ist 6 m lang, 4,50 m breit und 2,50 m tief. Wieviel m³ Wasser faßt das Becken, wenn es ganz gefüllt ist?

b) Wieviel m³ Wasser sind in dem Becken, wenn das Wasser nur 1,60 m tief ist?

c) Der Boden und die Seitenwände des Beckens sind gekachelt. Wieviel m² sind gekachelt?

**6.**
a) Ein kreisrundes Beet hat den Durchmesser 4 m. Berechne den Flächeninhalt.

b) Das Beet soll mit Randsteinen eingefaßt werden. Wieviel m Randsteine braucht man?

**7.**
Ein Fußballfeld ist 105 m lang und 70 m breit.

a) Das Fußballfeld soll mit Rasen eingesät werden. Wieviel m² Rasen werden eingesät?

b) Wie lang ist die Begrenzungslinie rings um das Feld?

c) Der Strafraum ist 40,32 m lang und 16,50 m breit. Berechne seine Flächengröße.

**8.**
Eine Straßenwalze hat den Durchmesser 90 cm und die Breite 1,30 m.

a) Wieviel m bewegt sich die Walze bei einer Umdrehung weiter?

b) Wie groß ist die Fläche, die bei einer Umdrehung der Walze überrollt wird?

**9.**
Die Fahrbahn zu einem Fabrikgelände wird auf einer Länge von 60 m mit einer 14 cm dicken Betondecke erneuert. Die Fahrbahn ist 3,50 m breit. Wieviel m³ Beton werden benötigt?

**10.**
Ein Eisenbahndamm hat die im Bild rechts angegebenen Maße.
Wieviel m³ Material waren zur Aufschüttung des Dammes auf einer Länge von 100 m erforderlich?

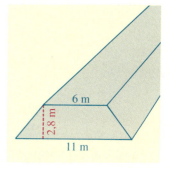

**11.**
a) Ein zylinderförmiger Behälter hat folgende Innenmaße:
Durchmesser 0,35 m; Höhe 0,80 m.
Wieviel *l* Wasser faßt der Behälter (1 m³ = 1 000 *l*)?

b) Die Außenmaße des zylinderförmigen Behälters:
Durchmesser 0,36 m; Höhe 0,81 m.
Der Behälter soll rundum neu gestrichen werden.
Wieviel m² sind zu streichen?

**12.**
a) Der Fußboden eines Kellerraumes wird mit Betonfarbe gestrichen (Bild rechts). Wieviel m² werden gestrichen?

☐ b) Die Kellerdecke und die Kellerwände erhalten einen neuen Anstrich mit Binderfarbe. Die Kellerdecke ist 1,90 m hoch.
Reicht es aus, wenn man Binderfarbe für 30 m² kauft?
Für die Eingangstür sind 2 m² abzuziehen.

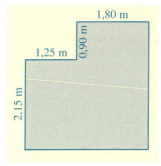

**13.**
Aus einer quadratischen Glasplatte der Seitenlänge 60 cm soll eine möglichst große kreisrunde Scheibe geschnitten werden. Wie groß ist der Verschnitt?

☐ **14.**
Berechne die Größe der Grundstücke.

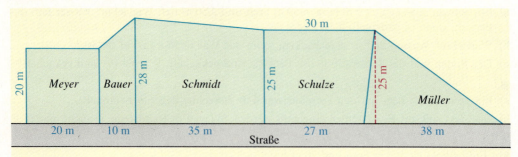

## Aufstellen von Formeln

**Aufgabe**

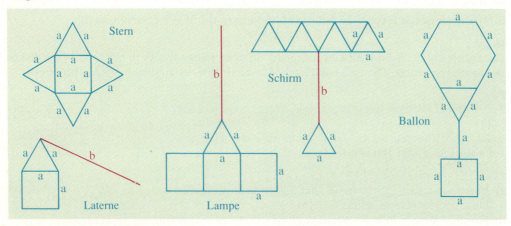

In einer Schülerarbeitsgemeinschaft werden Figuren aus Draht als Fensterschmuck hergestellt und mit Transparentpapier beklebt.

**a)** Der Stern (Bild oben) soll in verschiedenen Größen gebaut werden (Tabelle rechts). Wieviel cm Draht braucht man für jeden Stern? Wie rechnest du jedesmal?

|  | (1) | (2) | (3) | (4) |
|---|---|---|---|---|
| **Kantenlänge a** | 3 cm | 5 cm | 6 cm | 7,5 cm |
| **Kantenlänge b** | 5 cm | 6,1 cm | 4,8 cm | 5,3 cm |

**b)** Die gesamte Drahtlänge für einen Stern wird mit der Variablen d bezeichnet. Man kann die Drahtlänge d mit einer Formel berechnen. Stelle eine Formel auf, mit der du die Drahtlänge d berechnen kannst. Benutze für die Kantenlängen die Variablen a und b.

**c)** Gabis Stern soll die Kantenlängen a = 3,5 cm und b = 4,6 cm haben.
Berechne mit der aufgestellten Formel in b) den Drahtverbrauch für diesen Stern.

**d)** Auch die Laterne, die Lampe, der Schirm und der Ballon sollen in verschiedenen Größen gebaut werden. Stelle für jeden Gegenstand eine Formel auf, mit der du den Drahtverbrauch d berechnen kannst.

**Lösung**

a)

| Kantenlänge a (in cm) | Kantenlänge b (in cm) | Gesamtlänge (in cm) | berechnet |
|---|---|---|---|
| 3 | 5 | 4 · 3 + 8 · 5 | 12 + 40 = 52 |
| 5 | 6,1 | 4 · 5 + 8 · 6,1 | 20 + 48,8 = 68,8 |
| 6 | 4,8 | 4 · 6 + 8 · 4,8 | 24 + 38,4 = 62,4 |
| 7,5 | 5,3 | 4 · 7,5 + 8 · 5,3 | 30 + 42,4 = 72,4 |

Man multipliziert die Kantenlänge a jedesmal mit 4 und die Kantenlänge b mit 8 und addiert beide Produkte.

b) An dem Bild auf Seite 129 kannst du erkennen: Für die gesamte Drahtlänge d bei einem Stern gilt die Formel:   d = 4 · a + 8 · b.

c) Gabis Stern hat die Kantenlängen a = 3,5 cm und b = 4,6 cm.
*Formel:*                    d = 4 · a + 8 · b
*Einsetzen:*              d = 4 · 3,5 cm + 8 · 4,6 cm
*Rechnung* (ohne Einheiten):   d = 4 · 3,5 + 8 · 4,6 = 14 + 36,8 = 50,8
*Ergebnis:* Gabi braucht für ihren Stern 50,8 cm Draht.

d) Laterne:  d = 6 · a + b          Schirm:   d = 18 · a + b
   Lampe:   d = 12 · a + b         Ballon:   d = 13 · a

## Zur Festigung und zum Weiterarbeiten

**1.**

a) Ein Quader hat die Kantenlängen 8 cm, 6 cm und 3 cm. Thomas will ein Kantenmodell dieses Quaders bauen. Wieviel cm Draht braucht er? Wie rechnest du?

b) Die Gesamtlänge aller Kanten eines Quaders bezeichnet man mit k. Stelle eine Formel auf, mit der du die Gesamtlänge k aller Kanten berechnen kannst. Benutze für die Kantenlängen die Variablen a, b, c. (Bild rechts)

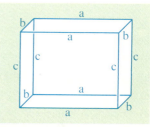

c) Ein Quader hat die nebenstehenden Kantenlängen (Tabelle). Berechne mit der Formel k = 4 · a + 4 · b + 4 · c die Gesamtlänge aller Kanten.

|  | (1) | (2) | (3) | (4) |
|---|---|---|---|---|
| **Kantenlänge a** | 15 cm | 30 cm | 9,5 cm | 16,7 cm |
| **Kantenlänge b** | 13 cm | 22 cm | 6,5 cm | 9,8 cm |
| **Kantenlänge c** | 9 cm | 14 cm | 3,6 cm | 12,5 cm |

☐ **2.**

Um den Papierverbrauch für einen Stern berechnen zu können, muß man die Höhe h jedes Seitendreiecks kennen. (Bild rechts)

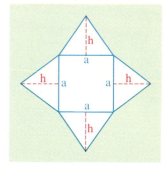

a) Für den Stern rechts gilt:  a = 25 mm; h = 18 mm. Berechne den Flächeninhalt. Wie rechnest du?

b) Stelle eine Formel für den Flächeninhalt A des Sterns auf. Benutze die Variablen a und h.

c) Für einen anderen Stern gilt:  a = 45 mm; h = 40 mm. Berechne mit der Formel A = $a^2$ + 2 · a · h den Flächeninhalt.

## Übungen

### 3.
a) Ein Würfel hat die Kantenlänge 5 cm.
Wieviel cm Draht braucht man für ein Kantenmodell?
Wie rechnest du?

b) Die Kantenlänge eines Würfels wird mit a bezeichnet.
Stelle eine Formel für die Gesamtlänge k aller Kanten des Würfels auf.

c) Ein Würfel hat die Kantenlänge 7,5 cm. Berechne mit der Formel k = 12 a die Gesamtlänge aller Kanten.

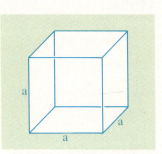

### 4.
Stelle eine Formel auf, mit der du die Gesamtlänge k aller Kanten des Körpers berechnen kannst.

a) Prisma mit quadratischer Grundfläche

b) Pyramide mit quadratischer Grundfläche

c) Prisma mit dreieckiger Grundfläche

d) Pyramide mit dreieckiger Grundfläche

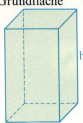 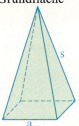  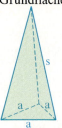

### 5.
Berechne die Gesamtlänge aller Kanten mit Hilfe einer passenden Formel (Maße in cm).

a) Quadratisches Prisma: a = 7; h = 5
b) Quader: a = 7; b = 6; c = 13
c) Dreiecksprisma: a = 9; h = 12
d) Dreiecksprisma: a = 14; h = 6,5
e) Quader: a = 27,5; b = 19; c = 9,2
f) Quadratische Pyramide: a = 17; a = 12
g) Quadratisches Prisma: a = 12,5; h = 7,5
h) Quadratische Pyramide: a = 13,5; s = 12

### 6.
Stelle eine Formel für den Umfang der Figur auf. Berechne dann für die angegebenen Längen den Umfang der Figur.

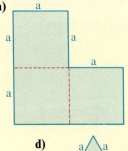
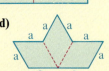
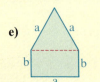

☐ **7.**
Stelle eine Formel für den Flächeninhalt der Figur auf. Berechne dann für die angegebenen Längen den Flächeninhalt der Figur.

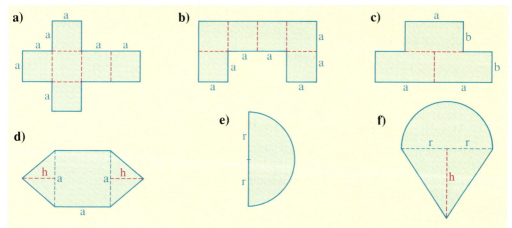

## Umformen von Formeln

### Formeln mit Produkten

**Aufgabe**

Eine Abwassergrube hat die Form eines Quaders. Sie ist 2,50 m lang und 2 m breit.
In die Grube passen 7,5 m³ Abwasser, wenn sie bis zur Oberkante gefüllt ist. Wie tief ist die Abwassergrube?
Benutze eine Formel.

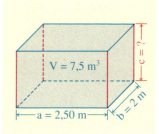

**Lösung**

Benutze die Formel $V = a \cdot b \cdot c$ für das Volumen eines Quaders.

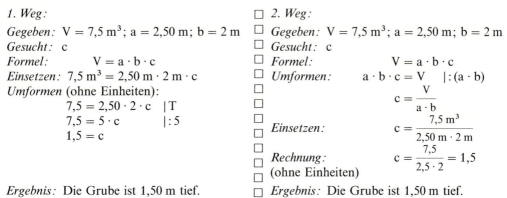

**Zur Festigung und zum Weiterarbeiten**

**1.**
a) Die Tabelle enthält Maße einiger Quader. Berechne mit der Formel V = a · b · c die fehlenden Kantenlängen.
*Hinweis:* In den beiden letzten Spalten sind die Größen zuerst in zueinander passenden Einheiten zu schreiben.

| V | 200 cm³ | 154 cm³ | 340 cm³ | 2 dm³ | 1 m³ |
|---|---------|---------|---------|-------|------|
| a | 5 cm    | 11 cm   |         | 10 cm | 25 cm |
| b | 8 cm    |         | 68 cm   | 8 cm  |      |
| c |         | 2 cm    | 1 cm    |       | 16 cm |

☐ b) Um die fehlenden Kantenlängen zu berechnen, kannst du auch den 2. Weg benutzen. Löse die Formel V = a · b · c nach a und nach b auf.

☐ c) Die Aufgabe $\frac{7{,}5}{2{,}5 \cdot 2}$ soll mit dem Taschenrechner berechnet werden. Die nebenstehende Tastenfolge ist falsch. Warum? Gib eine richtige Tastenfolge an.
*Beachte:* Ein Bruchstrich ersetzt eine Klammer.

7,5 ÷ 2,5 × 2 =

**2.**
a) Zum Bespannen eines Segels braucht man 7,25 m² Segeltuch (Verschnitt nicht berücksichtigt). Das Segel ist unten 2,50 m breit.
Berechne aus diesen Angaben, wie hoch das Segel ist.
*Hinweis:* Benutze die Formel $A = \frac{g \cdot h}{2}$ für den Flächeninhalt eines Dreiecks.

b) Ein Dreieck hat den Flächeninhalt 78 m². Eine Höhe dieses Dreiecks beträgt 13 m.
Wie lang ist die zugehörige Grundseite?

☐ c) Löse die Formel $A = \frac{g \cdot h}{2}$ nach g und dann nach h auf.

---

So bearbeitet man Anwendungsaufgaben mit Formeln:
(1) *Gegeben, gesucht:* Schreibe auf, was gegeben und was gesucht ist.
(2) *Formel:* Wähle eine Formel, mit der du die gesuchte Größe berechnen kannst.
(3) *Einsetzen:* Setze die gegebenen Größen in die Formel ein.
(4) *Umformen:* Wenn erforderlich, löse die Formel nach der gesuchten Größe auf.
(5) *Rechnung:* Rechne die gesuchte Größe aus.
(6) *Ergebnis:* Schreibe einen Antwortsatz.
Die Schritte (3) und (4) kann man vertauschen.

---

**Übungen**

**3.**
a) Ein Aquarium faßt 96 l Wasser. Es ist 80 cm lang und 30 cm breit. Wie hoch ist es?
b) In dem Aquarium sind 60 l Wasser. Wie hoch steht der Wasserspiegel?
c) Es werden 6 l Wasser nachgefüllt. Um wieviel cm steigt der Wasserspiegel?

**4.**
Eine Sprunggrube ist 6 m lang und 2 m breit. Es werden 3 m³ Sand in die Grube gebracht und gleichmäßig verteilt. Wie dick ist die Sandschicht nach dem Verteilen?

**5.**
Die Ladefläche eines Lkw ist 4,80 m lang und 2 m breit. Der Lkw wird mit 6 m³ Kies beladen. Denke dir die Kiesladung gleichmäßig auf der Ladefläche verteilt.
Wie dick liegt der Kies auf der Ladefläche?

**6.**
In der Tabelle sind die Maße einiger Dreiecke angegeben. Berechne für jedes Dreieck die fehlende Größe.

| Flächeninhalt | a) 48 cm² | b) 60 m² | c) 72 m² | d) 38 cm² | e) 10 dm² |
|---|---|---|---|---|---|
| Länge der Grundseite | | 15 m | | 8 cm | |
| Höhe | 6 cm | | 12 m | | 2,5 dm |

**7.**
Ein dreieckiges Eckgrundstück ist 600 m² groß (Bild rechts). Das Grundstück grenzt mit 40 m Länge an eine der beiden Straßen. Mit welcher Länge grenzt das Grundstück an die andere Straße?

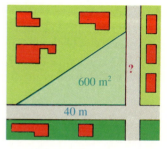

**8.**
Ein Kreis hat den folgenden Umfang. Berechne den Radius.

a) u = 7,85 m    c) u = 228,6 cm    e) u = 15,50 m
b) u = 125,6 cm    d) u = 2 m    f) u = 50,24 m

**9.**
a) Ein Wagenrad legt bei einer Umdrehung 5 m zurück. Welchen Durchmesser hat das Rad? Runde auf cm ($\pi \approx 3{,}14$).

b) Der Stamm einer alten Eiche hat den Umfang 7,60 m. Berechne den Durchmesser.

**10.**
Der Äquator der Erdkugel ist ungefähr 40 000 km lang, der Äquator des Mondes ungefähr 10 900 km. Berechne den Radius der Erdkugel und den Radius des Mondes.

**11.**
Die Mantelfläche eines Zylinders (Bild rechts) ist 942 cm² groß, die Höhe beträgt 25 cm. Wie groß ist der Radius der Grundfläche?
Benutze die Formel M = 2 · π · r · h für die Mantelfläche des Zylinders.

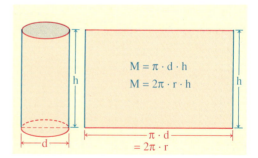

**12.**
Eine Druckwalze bedruckt bei einer Umdrehung genau ein DIN A4-Blatt in Hochformat (Höhe des Blattes 29,6 cm). Welchen Durchmesser hat die Walze mindestens?

**13.**
In einen Meßzylinder (Größe der Grundfläche 20 cm²) werden 300 cm³ Wasser gegossen. Wie hoch steht das Wasser in dem Meßzylinder?
Benutze die Formel V = G · h für das Volumen eines Zylinders.

☐ **14.**
In einer Fabrik werden Blechdosen hergestellt. Für die Böden und Deckel der Dosen schneidet die Maschine kreisförmige Bleche der Größe 95 cm² aus. In einem zweiten Arbeitsgang wird die Mantelfläche ausgeschnitten.
  a) Welche Seitenlänge muß die Mantelfläche einer 1-$l$-Dose haben (1 $l$ = 1 000 cm³)?
     *Hinweis:* Benutze für die Berechnung der Dosenhöhe die Formel V = G · h. Die Blechdicke und die Verschweißung kannst du vernachlässigen.
  b) Welche Höhe hat eine 0,75-$l$-Dose?

☐ **15.**
In einem Drahtziehwerk werden Rundstäbe der Dicke 20 mm und der Länge 2 m (= 2 000 mm) zu Drähten ausgezogen.
  a) Das Elektrohandwerk benötigt u.a. Drähte der Querschnittsgröße 4 mm². Welche Länge hat ein Draht, der aus einem Rundstab gezogen wird?
     *Hinweis:* Der Rundstab und der ausgezogene Draht haben die Form eines Zylinders. Sie haben dasselbe Volumen. Berechne zuerst das Volumen eines Rundstabes und dann mit der Formel V = G · h die Länge des ausgezogenen Drahtes.
  b) Die Querschnittsfläche des Drahtes soll 6 mm² groß sein. Wieviel m Draht können aus einem Rundstab gezogen werden?

## Formeln mit Summen und Produkten

**Aufgabe**
Eine Schonung soll rundum eingezäunt werden. Es werden 1 500 m Zaun verbraucht.
Die Schonung hat die Form eines Rechtecks und ist 460 m lang.
Benutze eine Formel.

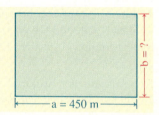

**Lösung**
Berechne mit der Formel u = 2 · a + 2 · b, wie breit die Schonung ist.

*1. Weg:*

Gegeben: u = 1 500 m; a = 450 m
Gesucht: b
Formel: u = 2 · a + 2 · b
Einsetzen: 1 500 m = 2 · 450 m + 2 · b
Umformen: 1 500 = 2 · 450 + 2 · b   |T
(ohne      1 500 =   900  + 2 · b   | − 900
Einheiten)   600 =         2 · b   | :2
             300 = b

*Ergebnis:* Das Gebiet ist 300 m breit.

☐ *2. Weg:*

☐ Gegeben: u = 1 500 m; a = 450 m
☐ Gesucht: b
☐ Formel: u = 2a + 2b
☐ Umformen: 2a + 2b = u       | − 2a
☐              2b = u − 2a    | :2
☐               b = $\frac{u - 2a}{2}$
☐ Einsetzen: b = $\frac{1\,500\,m - 2 \cdot 450\,m}{2}$
☐ Rechnung: b = $\frac{1\,500 - 2 \cdot 450}{2}$
☐ (ohne
☐ Einheiten)   = $\frac{1\,500 - 900}{2}$ = 300
☐
☐ *Ergebnis:* Das Gebiet ist 300 m breit.

## Zur Festigung und zum Weiterarbeiten

**1.**
a) In der Tabelle sind Maße für Rechtecke angegeben. Berechne die jeweils fehlende Seitenlänge mit der Formel
$u = 2 \cdot a + 2 \cdot b$.

| u | a) 19 m | b) 174 m | c) 2,50 m | d) 1,90 m |
|---|---|---|---|---|
| a |  | 18 m |  | 0,63 m |
| b | 16 m |  | 0,33 m |  |

□ b) Um die fehlende Seitenlänge zu berechnen, kannst du auch den 2. Weg benutzen.
Löse die Formel $u = 2 \cdot a + 2 \cdot b$ auch nach a auf.

□ **2.**

a) Im Bild ist ein trapezförmiges Grundstück dargestellt. Es wird an der Rückseite durch einen Wasserlauf begrenzt. Gesucht ist der Abstand des Wasserlaufs von der Straße.

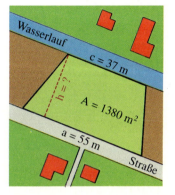

(1) Setze die gegebenen Größen in die Formel
$A = \dfrac{(a + c) \cdot h}{2}$ ein. Welche Größe ist zu berechnen?

(2) Kontrolliere die folgenden Umformungen.
Gib zuletzt die Lösung an.
$\dfrac{(55 + 37) \cdot h}{2} = 1380 \quad | \cdot 2$
$(55 + 37) \cdot h = 2760 \quad | \; 55 + 37 \text{ berechnen.}$
$92 \cdot h = 2760 \quad | : 92$
$h = \blacksquare$

b) Auch das nebenstehende Grundstück ist trapezförmig. Gesucht ist die Seitenlänge a.

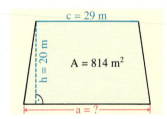

(1) Setze die gegebenen Größen in die Formel
$A = \dfrac{(a + c) \cdot h}{2}$ ein.

(2) Überprüfe die Umformungen. Rechne zu Ende.
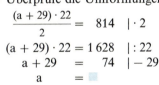
$(a + 29) \cdot 22 = 1628 \quad | : 22$
$a + 29 = 74 \quad | - 29$
$a = \blacksquare$

c) Das Bild rechts zeigt ein weiteres Trapez.
Berechne die Seitenlänge c dieses Trapezes. Verfahre wie in b).

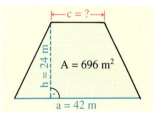

△ d) Löse die Formel $A = \dfrac{(a + c) \cdot h}{2}$

(1) nach h auf; (2) nach a auf; (3) nach c auf.

## Übungen

**3.**
Der Umfang und eine Seitenlänge eines Rechtecks sind gegeben. Berechne die fehlende Seitenlänge.

a) u = 125 cm
 a = 37 cm

b) u = 56 cm
 a = 13,6 cm

c) u = 46,2 dm
 b = 14,3 dm

d) u = 75,18 m
 b = 19,92 m

e) u = 10,5 km
 a = 3,9 km

**4.**
In der Werk-AG der 9. Klassen bauen die Teilnehmer Kantenmodelle von Quadern aus Draht. Für jedes Modell sollen genau 2 m Draht verbraucht werden. Berechne die fehlende Kantenlänge. Benutze die Formel $k = 4 \cdot a + 4 \cdot b + 4 \cdot c$.

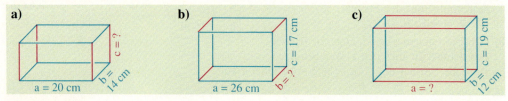

**5.**
Für Kantenmodelle quadratischer Prismen werde 2,40 m Draht benötigt. Berechne die fehlende Kantenlänge. Benutze die Formel $k = 8 \cdot a + 4 \cdot h$.

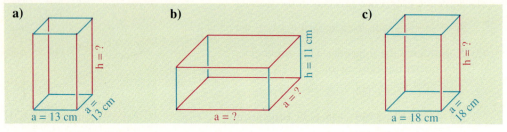

**6.**
Die Bilder zeigen Kantenmodelle von Pyramiden. Bei jedem Modell beträgt die Gesamtlänge aller Kanten 3 m. Berechne mit der passenden Formel die fehlende Kantenlänge.

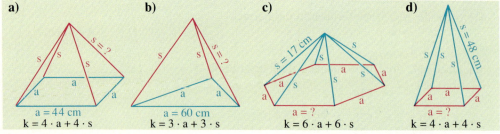

☐ **7.**
Berechne die fehlende Größe des Trapezes.

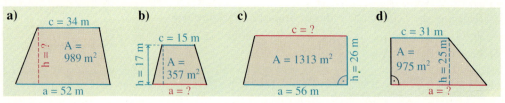

☐ **8.**
Müllers wollen für ihre Kinder einen Sandkasten anlegen. Der Sandkasten soll ringsum mit Holzbalken eingefaßt werden (Dicke der Balken 20 cm). Müllers haben 13 m Holzbalken gekauft. Da zwei Balken bereits auf 3,60 m Länge geschnitten sind, soll der Sandkasten 3,60 m lang werden. Bestimme die Länge und die Breite des Sandkastens (Innenmaße).

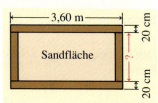

## Formeln mit quadratischen Gliedern

### Aufgabe
Die sechs Seitenflächen eines Würfels werden mit bunter Folie überklebt. Man braucht 150 cm² Folie (Der Verschnitt ist nicht mitgerechnet.)
Berechne aus dieser Angabe, wie groß die Kantenlänge des Würfels ist.
Benutze die Formel $O = 6 \cdot a^2$.

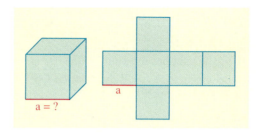

### Lösung

*1. Weg:*

| | |
|---|---|
| Gegeben: | $O = 150 \text{ cm}^2$ |
| Gesucht: | a |
| Formel: | $O = 6 \cdot a^2$ |
| Einsetzen: | $150 \text{ cm}^2 = 6 \cdot a^2$ |
| Umformen: | $6 \cdot a^2 = 150 \quad \vert : 6$ |
| (ohne Einheiten) | $a^2 = 25 \quad \vert \sqrt{\phantom{a}}$ |
| | $a = 5$ |

*2. Weg:*

| | |
|---|---|
| Gegeben: | $O = 150 \text{ cm}^2$ |
| Gesucht: | a |
| Formel: | $O = 6 \cdot a^2$ |
| Umformen: | $6 \cdot a^2 = O \quad \vert : 6$ |
| | $a^2 = \dfrac{O}{6} \quad \vert \sqrt{\phantom{a}}$ |
| | $a = \sqrt{\dfrac{O}{6}}$ |
| Einsetzen: | $a = \sqrt{\dfrac{150 \text{ cm}^2}{6}}$ |
| Rechnung: (ohne Einheiten) | $a = \sqrt{\dfrac{150}{6}} = \sqrt{25} = 5$ |

*Ergebnis:* Die Kantenlänge ist 5 cm.

*Ergebnis:* Die Kantenlänge ist 5 cm.

### Zur Festigung und zum Weiterarbeiten

**1.**
Die Oberflächengröße eines Würfels beträgt   a) 384 cm²;   b) 240 cm².
Berechne die Kantenlänge. Runde dein Ergebnis in b) auf Millimeter.

**2.**
a) Ein Schlosser bekommt den Auftrag, ein kreisrundes Blech der Größe 60 cm² auszuschneiden.
Welchen Radius muß der Schlosser wählen?
*Hinweis:* Benutze die Formel $A = \pi \cdot r^2$. Setze $\pi \approx 3{,}14$.

b) Ein Kreis hat den Flächeninhalt 20 cm². Berechne den Radius und den Durchmesser.

c) Löse die Formel $A = \pi \cdot r^2$ nach r auf.

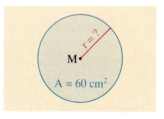

**3.**
a) Eine Blechdose faßt 1 *l* Flüssigkeit (1 *l* = 1 000 cm³). Die Dose ist 11 cm hoch.
Welchen Radius, welchen Durchmesser hat die Grundfläche? Die Dicke des Bleches kannst du vernachlässigen. Runde auf Millimeter.
*Hinweis:* Die Dose hat die Form eines Zylinders. Benutze daher die Formel $V = \pi \cdot r^2 \cdot h$.

b) Löse die Formel $V = \pi \cdot r^2 \cdot h$ nach r auf.

## Übungen

**4.**
Ein Würfel hat die folgende Oberflächengröße. Berechne die Kantenlänge und das Volumen.

a) 600 cm² b) 54 cm² c) 13,5 cm² d) 864 cm² e) 1 000 cm²

**5.**
a) Ein Würfel hat die Kantenlänge 9 cm. Berechne die Größe der Oberfläche.

☐ b) Bei einem anderen Würfel ist die Oberfläche doppelt so groß wie in a). Ist auch die Kantenlänge doppelt so groß?

**6.**
Lies den Ausschnitt aus dem nebenstehenden Zeitungsbericht über einen Tankerunfall. Angenommen, die Oberfläche ist kreisförmig. Wie groß ist dann der Durchmesser des Ölteppichs am ersten Tag, am zweiten Tag?

> ... Bei einem Tankerunfall hatte sich nach allen Seiten schnell ein Ölteppich ausgebreitet. Der Ölteppich hatte am ersten Tag die Größe 4 km², am zweiten Tag war er bereits auf 6 km² angewachsen.

**7.**
Ein Kreis hat den folgenden Flächeninhalt. Berechne den Radius und den Durchmesser.

a) 628 cm² b) 1 256 cm² c) 28,26 cm² d) 200 cm² e) 48 m² f) 1 m²

**8.**
Ein Tiefbauunternehmen verlegt eine Entwässerungsleitung. Damit das anfallende Wasser ohne Stauung abgeführt werden kann, muß der Querschnitt des Rohres mindestens 100 cm² groß sein. Welchen Durchmesser muß das Rohr haben? Runde.
*Hinweis:* Die Querschnittsfläche ist eine Kreisfläche. Berechne zuerst den Radius. Benutze die Formel A = π · r². Setze π ≈ 3,14.

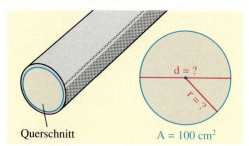

Querschnitt    A = 100 cm²

**9.**
Ein Wasserbecken wird durch ein Zuflußrohr (Durchmesser 8 cm) gespeist. Da das Füllen des Beckens zu lange dauert, soll das Zuflußrohr durch ein Rohr mit doppelt so großer Querschnittsfläche ersetzt werden. Welchen Durchmesser hat das neue Rohr?
*Hinweis:* Berechne zuerst die Querschnittsgröße des alten Rohres.

☐ **10.**
Eine zylinderförmige 0,5-l-Dose ist 12 cm hoch.

a) Welchen Radius und welchen Durchmesser hat die Grundfläche?

b) Wieviel cm² groß ist die Grundfläche?

c) Wieviel cm² Blech werden zur Herstellung der Dose gebraucht? (Rechne für Verschnitt und Überlappungen 20 cm² dazu.)

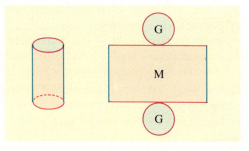

☐ **11.**
Ein Zylinder hat das Volumen V und die Höhe h. Berechne den Radius und den Flächeninhalt des Grundkreises, die Größe der Mantelfläche und die Oberflächengröße. Runde passend.

a) V = 800 cm³   b) V = 750 cm³   c) V = 1 000 cm³   d) V = 400 cm³   e) V = 1 200 cm³
   h =  10 cm       h =   6 cm       h =   13 cm         h =   3 cm        h =   15 cm

## Umformen der Formel zum Satz des Pythagoras

### Aufgabe

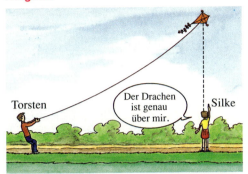
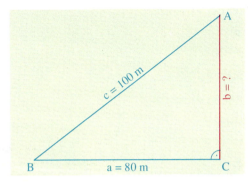

Torsten läßt seinen Drachen steigen. Er hat die 100 m lange Schnur schon ganz abgewickelt. Silke steht 80 m von Torsten entfernt und sagt: „An dieser Stelle ist der Drachen genau über mir." Wie hoch ist der Drachen über Silke?

### Lösung

An der Zeichnung erkennst du: Das Dreieck ABC ist rechtwinklig. Die gesuchte Drachenhöhe ist die Seitenlänge b. Im rechtwinkligen Dreieck kannst du Seitenlängen mit dem Satz des Pythagoras berechnen: $a^2 + b^2 = c^2$.

*1. Weg:*

Gegeben: $c = 100$ m; $a = 80$ m
Gesucht: b
Formel: $a^2 + b^2 = c^2$
Einsetzen: $(80 \text{ m})^2 + b^2 = (100 \text{ m})^2$
Umformen: $80^2 + b^2 = 100^2$
(ohne $\quad 6400 + b^2 = 10000 \mid -6400$
Einheiten) $\qquad\quad b^2 = 3600 \mid \sqrt{\phantom{x}}$
$\qquad\qquad\qquad b = 60$

*Ergebnis:* Der Drachen ist 60 m hoch.

*2. Weg:*

Gegeben: $c = 100$ m; $a = 80$ m
Gesucht: b
Formel: $a^2 + b^2 = c^2$
Umformen: $a^2 + b^2 = c^2 \qquad \mid -a^2$
$\qquad\qquad\quad b^2 = c^2 - a^2 \quad \mid \sqrt{\phantom{x}}$
$\qquad\qquad\quad b = \sqrt{c^2 - a^2}$
Einsetzen: $b = \sqrt{(100 \text{ m})^2 - (80 \text{ m})^2}$
Rechnung (ohne Einheiten):
$b = \sqrt{100^2 - 80^2} = \sqrt{10000 - 6400}$
$\phantom{b} = \sqrt{3600} = 60$

*Ergebnis:* Der Drachen ist 60 m hoch.

### Zur Festigung und zum Weiterarbeiten

**1.**
Berechne die fehlende Seitenlänge. Überlege zuerst: Welche Seite ist die Hypotenuse? Welche Seiten sind die Katheten? Schreibe dann mit den passenden Variablen die Formel für den Satz des Pythagoras. Bei a) lautet die Formel: $g^2 + h^2 = s^2$.

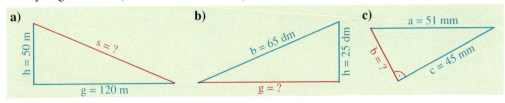

## 2.
Berechne die fehlende Seitenlänge in dem rechtwinkligen Dreieck.
Überlege zuerst: Welche der Variablen a, b, c in dem rechtwinkligen Dreieck gehört zur Hypotenuse, welche Variablen gehören zu den Katheten. Achte beim Aufschreiben der Formel genau auf die Variablen.

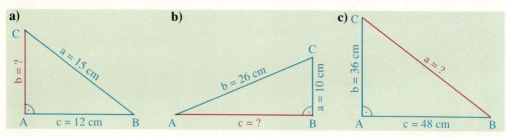

## 3.
**a)** Sieh dir das Bild (1) an. Das Dreieck ABC ist gleichschenklig. Berechne die Höhe h.
*Hinweis:* Benutze den Satz des Pythagoras in dem rechtwinkligen Teildreieck ADC.
Die Formel heißt hier: $b^2 = \left(\frac{c}{2}\right)^2 + h^2$.

**b)** Sieh dir das Bild (2) an. Berechne die Seitenlänge b. Schreibe zuerst die Formel zum Satz des Pythagoras mit den im Bild angegebenen Variablen auf.

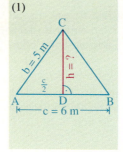
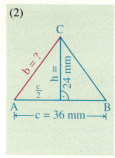

## Übungen

### 4.
Berechne die fehlende Seitenlänge. Runde bei Teilaufgabe c).

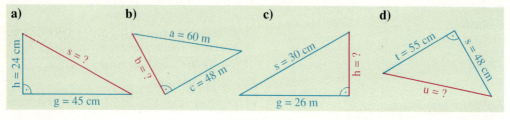

### 5.
Berechne die fehlende Seitenlänge. Runde bei Teilaufgabe c).

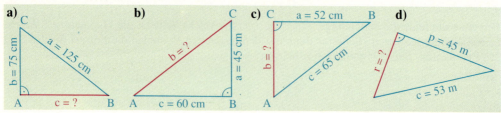

**6.**
Ein Rechteck hat die Seitenlängen a und b.
Berechne die Diagonalenlänge d (Bild (1)).

**a)** a = 12 cm  **b)** a = 9 cm  **c)** a = 8 cm
b = 5 cm     b = 40 cm    b = 15 cm

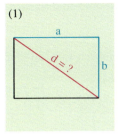
(1)

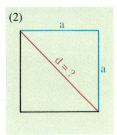
(2)

**7.**
Ein Quadrat hat die Seitenlängen a (Bild (2)).
Berechne die Diagonalenlänge d.

**a)** a = 5 cm  **b)** a = 8,5 cm  **c)** a = 12 cm

**8.**
Ein Drachen (Bild (1)) hat folgende Abmessungen. Berechne die Seitenlängen x und y.

**a)** r = 60 cm  **b)** r = 70 cm  **c)** r = 80 cm
s = 30 cm     s = 35 cm     s = 40 cm

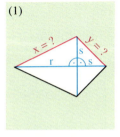
(1)

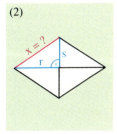
(2)

**9.**
Eine Raute (Bild (2)) hat die Maße r = 12 cm
und s = 9 cm. Berechne die Seitenlänge x.

☐ **10.**
Berechne die Höhe h des gleichschenkligen Dreiecks (Bild (1)). Bestimme dann den Flächeninhalt. Runde bei c).

**a)** g = 66 cm  **b)** g = 72 cm  **c)** g = 5 cm
s = 65 cm     s = 85 cm     s = 7 cm

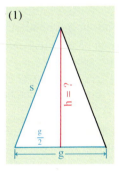
(1)

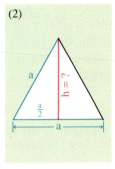
(2)

☐ **11.**
Ein gleichseitiges Dreieck hat die Seitenlänge a (Bild (2)). Berechne die Höhe und den Flächeninhalt. Runde passend.

**a)** a = 6 cm  **b)** a = 50 cm  **c)** a = 26 cm

☐ **12.**

zu a)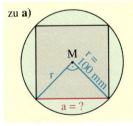

zu b)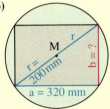

zu c)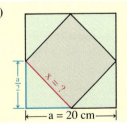

**a)** Aus einem runden Blech (Radius r = 100 mm) soll ein Quadrat geschnitten werden. Berechne die Seitenlänge a des Quadrates.

**b)** Aus einer runden Platte (r = 200 mm) wird ein Rechteck geschnitten. Die Seitenlänge a des Rechtecks soll 320 mm sein. Bestimme die andere Seitenlänge.

**c)** Von einem Quadrat (Seitenlänge a = 20 cm) werden vier Dreiecke abgetrennt. Es bleibt ein kleines Quadrat übrig. Berechne seine Seitenlänge.

## Vermischte Übungen – Anwendungen

**1.**
Die Figuren haben jeweils den Flächeninhalt A = 144 cm². Berechne die fehlenden Maße.

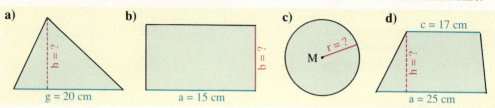

**2.**
Die Figuren haben jeweils den Umfang u = 42 cm. Berechne die fehlenden Maße.

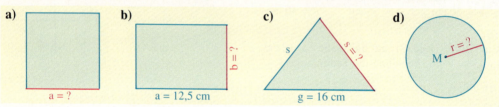

**3.**
Eine Transportbox für Katzen soll mindestens 40 dm³ Innenraum haben.

**a)** Eine Box ist 48 cm lang, 35 cm breit und 30 cm hoch (Innenmaße).
Ist der Innenraum groß genug?

**b)** Eine andere Box ist 45 cm lang und 32 cm breit.
Welche Höhe muß die Box mindestens haben?

**4.**
Aus einem 20 cm langen Metallstreifen wird ein Armreif angefertigt.
Welchen Durchmesser hat der Armreif?

**5.**
Eine Gefriertruhe hat die Außenmaße 85 cm, 55 cm und 66 cm. Die Truhe hat den Nutzinhalt 125 l. Das bedeutet: Der Gefrierraum faßt 125 l.

**a)** Berechne das Gesamtvolumen der Truhe.

**b)** Der (quaderförmige) Gefrierraum ist 60 cm lang und 40 cm breit.
Welche Tiefe hat der Gefrierraum? (Beachte: 1 l = 1 000 cm³)

**c)** Wieviel Prozent des Gesamtvolumens entfallen auf den Nutzinhalt?

**6.**
Manche Waren werden aufwendig verpackt. Die Schachtel rechts hat die Maße a = 16 cm; b = 3 cm; c = 4,5 cm. In der Schachtel befindet sich eine Tube Zahnpasta.
Auf der Tube steht: Inhalt 67,5 ml.

**a)** Wieviel cm² Karton wurden für die Schachtel verarbeitet?
Rechne für die Falzungen noch 10 cm² hinzu.

**b)** Berechne das Volumen der Schachtel. Vergleiche es mit dem Volumen der Zahnpasta-Tube (67,5 ml = 67,5 cm³).

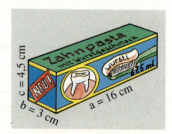

**7.**
Eine Schublade soll (einschließlich der vier Seitenwände) mit Folie ausgelegt werden (Innenmaße siehe Bild):
a) Wieviel cm² Folie braucht man?
b) Stelle eine Formel für den Folienbedarf A der Schublade auf. Benutze dabei die Variablen a, b, c.
c) Berechne das Volumen der Schublade.

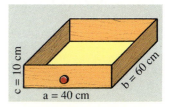

**8.**
Bei der Verlegung elektrischer Leitungen muß der Leitungsdraht die passende Querschnittsfläche haben.
a) Ein elektrischer Leitungsdraht hat den Durchmesser 4,4 mm. Wie groß ist die Querschnittsfläche des Drahtes? *Beachte:* Der Querschnitt hat die Form eines Kreises.
b) Ein Elektriker braucht für die Verlegung einer Steckdose einen Kupferdrahtleiter mit 9 mm² großem Querschnitt. Welchen Durchmesser muß der Leiter haben?

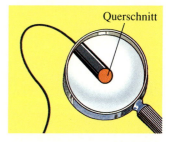

☐ **9.**
Ein Bordstein ist 90 cm lang. Der Querschnitt hat die Form eines Trapezes (Maße im Bild). 1 cm³ Bordsteinmaterial wiegt etwa 2,8 g. Berechne aus diesen Angaben, wie schwer ein Bordstein ist.
*Hinweis:* Bestimme zuerst den Flächeninhalt des trapezförmigen Querschnitts, dann das Volumen eines Bordsteins.

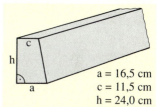

☐ **10.**
Ein Zelt hat eine rechteckige Grundfläche (Bild rechts).
a) Wie hoch ist das Zelt? Runde auf cm.
b) Wieviel m² Zeltplane braucht man für die Vorderwand?
c) Wieviel m² Zeltplane braucht man für die schrägen Seitenwände?
d) Wieviel m² Zeltplane braucht man insgesamt?
e) Zur Abstützung des Zeltes läuft eine Stange von der vorderen Zeltspitze quer durch die schräge Seitenwand. Wie lang ist diese Stange?

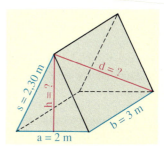

☐ **11.**
In einem Sägewerk werden aus Fichtenstämmen quaderförmige Holzbalken gesägt. Für einen Neubau wurden 30 Balken bestellt. Sie sollen 10 m lang, 30 cm breit und 20 cm dick sein.
a) Im Sägewerk lagern 15 m lange Fichtenstämme mit dem Durchmesser 35 cm. Können daraus Balken mit den erforderlichen Abmessungen gesägt werden? Beachte Bild (1).
b) Wie groß muß der Durchmesser der Stämme mindestens sein, aus denen die bestellten Balken gesägt werden? Beachte Bild (2).
c) Jeder Balken wird vor der Auslieferung mit einem Schutzmittel gestrichen. Wieviel m² Fläche werden bei einem Balken [bei allen 30 Balken] gestrichen?

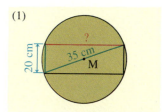

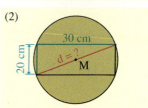

# 9. Lineare Funktionen und Gleichungssysteme

## Lineare Funktionen mit y = mx + b

### Proportionale Funktionen

**Aufgabe**

a) Ein Lastwagen wird mit Sand beladen. 1 m³ Sand wiegt 1,5 t. Wie kann man das Gewicht y des Sandes (in t) aus dem Sandvolumen x (in m³) berechnen?
Stelle eine entsprechende Funktionsgleichung auf. Zeichne den zugehörigen Graphen.

b) Verwende die Funktionsgleichung, die in a) aufgestellt wurde. Setze für x auch negative Zahlen ein, d.h. wähle als Definitionsbereich die Menge $\mathbb{Q}$ aller rationalen Zahlen. Ergänze entsprechend den Graphen von a).

**Lösung**

a) 1 m³ Sand wiegt 1,5 Tonnen.
2 m³ Sand wiegen 1,5 · 2 Tonnen (also 3 t).
3 m³ Sand wiegen 1,5 · 3 Tonnen (also 4,5 t).
x m³ Sand wiegen 1,5 · x Tonnen.
*Funktionsgleichung:* y = 1,5 · x
Um den Graphen zu zeichnen, stellen wir eine Wertetabelle auf:

| x | 0 | 1 | 2 | 3 | 4 | 5 | 6 |
|---|---|---|---|---|---|---|---|
| y | 0 | 1,5 | 3 | 4,5 | 6 | 7,5 | 9 |

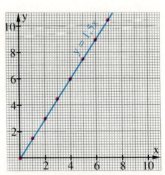

Der Graph ist eine durchgezogene Halbgerade. Sie beginnt im Ursprung des Koordinatensystems.

b) Zum Definitionsbereich $\mathbb{Q}$ gehören auch negative Zahlen. Wir ergänzen daher die Wertetabelle für negative x-Werte:

| x | −1 | −2 | −3 | −4 | −5 | −6 | −7 |
|---|---|---|---|---|---|---|---|
| y | −1,5 | −3 | −4,5 | −6 | −7,5 | −9 | −10,5 |

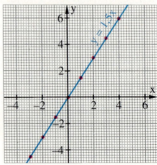

Der Graph wird zu einer Geraden ergänzt.

## Zur Festigung und zum Weiterarbeiten

**1.**
Gegeben ist die Funktionsgleichung. Lege eine Wertetabelle an und zeichne den Graphen.

a) $y = 2x$  c) $y = 4,5x$  e) $y = 0,25x$  g) $y = -2x$  i) $y = -4,5x$  k) $y = -0,75x$
b) $y = 3x$  d) $y = 0,5x$  f) $y = x$  h) $y = -3x$  j) $y = -0,5x$  l) $y = -x$

**2.**
Entscheide durch eine Punktprobe, welcher Punkt auf dem Graphen der Funktion liegt.

$P_1(1,5; 0,06)$;   $P_2(5; 10)$;   $P_3(-3; 8)$;   $P_4(-3; 1,8)$

a) $y = 2x$   b) $y = -4x$   c) $y = 0,4x$   d) $y = -0,6x$

> **Punktprobe**
> $P(4; -15)$       $y = -3x$
> $-15 = -3 \cdot 4$?       falsch
> P liegt nicht auf dem Graphen.

## Zur Information

**(1) *Proportionale Funktionen***
Alle oben vorkommenden Funktionen haben eine Funktionsgleichung der Form $y = m \cdot x$. Solche Funktionen heißen *proportionale Funktionen*.

---

Eine **proportionale Funktion** hat die Funktionsgleichung $y = m \cdot x$.
m heißt die Steigung der Funktion.

*Beispiele:* $y = 2,5x$;   $y = 0,5x$;   $y = -3x$

Der Graph einer proportionalen Funktion ist eine Gerade durch den Ursprung O des Koordinatensystems.
Ist $m > 0$, so geht die zu $y = mx$ gehörende Gerade *bergauf*.
Ist $m < 0$, so geht die zu $y = mx$ gehörende Gerade *bergab*.

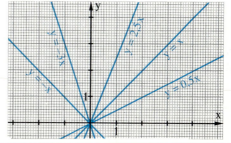

---

**(2) *Schnelles Zeichnen des Graphen einer proportionalen Funktion***
Es ist jeweils mühsam, eine Wertetabelle zum Zeichnen für den Graphen einer proportionalen Funktion aufzustellen. Da der Graph jedoch eine Gerade durch den Ursprung O des Koordinatensystems ist, genügt nur ein weiterer Punkt. Es ist günstig, diesen weit vom Ursprung zu wählen.

*Beispiel:* Zu zeichnen ist der Graph von $y = 0,3x$.
Für $x = 10$ erhalten wir $y = 0,3 \cdot 10 = 3$.
Wir zeichnen den Punkt $P(10; 3)$ und die Gerade durch die Punkte P und O.

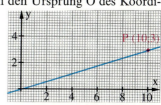

**(3) *Steigungsdreieck***
Gegeben sei die Funktion mit der Funktionsgleichung $y = 2x$. Die Dreiecke rechts am Graphen dieser Funktion heißen **Steigungsdreiecke**.
Für sie gilt hier jeweils:
1 nach rechts, 2 nach oben.

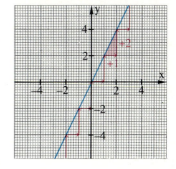

Man kann die Steigungsdreiecke verwenden, um den Graphen der Funktion schnell zu zeichnen.

*Beispiel 1:* Zu zeichnen ist der Graph von $y = -1{,}5x$.
Gehe vom Ursprung O einen Schritt nach rechts und 1,5 nach unten. Du erhältst dann einen zweiten Punkt der Geraden. Statt 1 nach rechts kann man auch 2 nach rechts gehen, dann aber $1{,}5 \cdot 2$, also 3, nach unten.

*Beispiel 2:* Zu zeichnen ist der Graph von $y = \frac{3}{4}x$.
Statt 1 nach rechts und $\frac{3}{4}$ nach oben kann man auch 4 nach rechts und $\frac{3}{4} \cdot 4$, also 3, nach oben gehen.

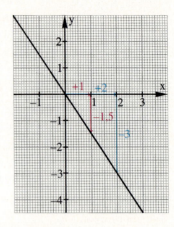

## Übungen

**3.**
a) Für 1 kg Kartoffeln zahlt man 0,75 DM. Zu jedem Gewicht gehört ein bestimmter Preis. Wie kann man den Preis y (in DM) aus dem Gewicht x (in kg) berechnen?
Stelle dazu eine Funktionsgleichung auf. Zeichne den Graphen.
b) Der Preis für 1 kg Kartoffeln steigt auf 0,90 DM [fällt auf 0,60 DM].
Was ändert sich am Graphen? Zeichne ihn.

**4.**
Zeichne den Graphen der Funktion.

a) $y = 2{,}5x$  c) $y = 3x$  e) $y = 0{,}4x$  g) $y = -\frac{3}{4}x$
b) $y = -2{,}5x$  d) $y = -3x$  f) $y = -0{,}4x$  h) $y = \frac{3}{4}x$

**5.**
Entscheide durch eine Punktprobe, welcher der Punkte auf dem Graphen der Funktion liegt.
$P_1(2; -1)$;  $P_2(-8; -2)$;  $P_3(4; -16)$;  $P_4(6; -2)$

a) $y = -4x$  b) $y = 2{,}5x$  c) $y = -\frac{1}{3}x$  d) $y = -\frac{1}{2}x$

**6.**
Gegeben ist der Graph einer proportionalen Funktion. Wie lautet die Funktionsgleichung?

a) 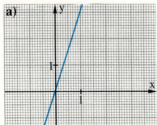  b) 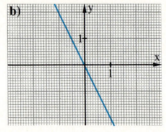  c)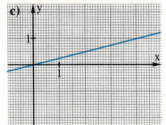

**7.**
Die Wertetabelle gehört zu einer proportionalen Funktion. Fülle die Lücken aus.

a)
| x | y |
|---|---|
| 1 | 5 |
| 2 |   |
|   | 20 |
|   | 30 |

b)
| x | y |
|---|---|
| 1 | −3 |
| 2 |   |
|   | −12 |
|   | +15 |

c)
| x | y |
|---|---|
| 1 |   |
| 2 | 4 |
| 3 |   |
| 4 |   |

d)
| x | y |
|---|---|
| −1 | −4 |
| −2 |   |
| −3 |   |
| −4 |   |

☐ **8.**
An welcher Stelle nimmt die Funktion den Wert 48 an?
a) $y = 3x$      b) $y = 4x$      c) $y = -\frac{1}{2}x$      d) $y = -16x$

☐ **9.**
Der Graph einer proportionalen Funktion geht durch den Punkt P. Wie heißt die Funktionsgleichung?
a) $P(3; 12)$      b) $P(7; 21)$      c) $P(1; -5)$      d) $P(2; -8)$

☐ **10.**
Der Graph der proportionalen Funktion $y = 3x$ verläuft durch P. Bestimme die fehlende Koordinate von P.
a) $P(2; ■)$    b) $P(7; ■)$    c) $P(-2; ■)$    ☐ d) $P(■; 24)$    ☐ e) $P(■; -33)$

## Lineare Funktionen y = mx + b

**Aufgabe**

a) Ein Lastwagenanhänger wiegt leer 3 Tonnen und wird mit Kies beladen. 1 m³ Kies wiegt 2 Tonnen.
Wie kann man das Gesamtgewicht y des Anhängers (in t) aus dem Kiesvolumen x (in m³) berechnen?
Stelle eine entsprechende Funktionsgleichung auf.
Zeichne den zugehörigen Graphen.

b) Verwende die Funktionsgleichung, die du in a) aufgestellt hast. Setze für x auch negative Zahlen ein, d.h. wähle als Definitionsbereich die Menge ℚ aller rationalen Zahlen. Ergänze entsprechend den Graphen von a).

**Lösung**

a) 1 m³ Kies wiegt 2 Tonnen.
2 m³ Kies wiegen 2 · 2 Tonnen (also 4 t)
3 m³ Kies wiegen 2 · 3 Tonnen (also 6 t)
x m³ Kies wiegen 2x Tonnen.
Das Gesamtgewicht, y Tonnen, setzt sich zusammen aus dem Gewicht der Kiesladung, 2x Tonnen, und dem Leergewicht des Anhängers, 3 Tonnen.

*Funktionsgleichung:* $y = 2x + 3$
Da hier für x keine negativen Zahlen eingesetzt werden, beginnt der Graph in einem Punkt auf der zweiten Koordinatenachse und steigt nach rechts oben an (durchgezogene Halbgerade).

b) Im Definitionsbereich ℚ sind auch negative Zahlen enthalten.
Der Graph wird zu einer Geraden ergänzt.

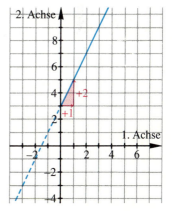

**Zur Festigung und zum Weiterarbeiten**

**1.**
Die lineare Funktion (mit ℚ als Definitionsbereich) hat die Funktionsgleichung:
a) $y = \frac{1}{2}x + 1$   b) $y = 3x - 4{,}5$   c) $y = -2x + 3$   d) $y = -1{,}5x$

Zeichne den Graphen. Notiere die Koordinaten des Schnittpunktes mit der 2. Koordinatenachse. Welcher der Punkte $P_1(5; -7)$, $P_2(6{,}5; 15)$, $P_3(-6; 9)$, $P_4(-9; -3{,}5)$ liegt auf dem Graphen?

**2.**
$g_1$, $g_2$ und $g_3$ sind jeweils Graphen einer linearen Funktion.
Bestimme zu jedem Graphen den Achsenabschnitt b auf der 2. Koordinatenachse und – mit Hilfe eines Steigungsdreiecks – die Steigung m.
Notiere für jede dieser linearen Funktionen die Funktionsgleichung in der Form
$y = m \cdot x + b$.

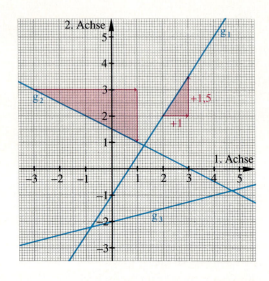

**3.**
Der Graph einer linearen Funktion hat die Steigung m und den Achsenabschnitt b.
Notiere die Funktionsgleichung und zeichne den Graphen mit Hilfe von m und b.

a) $m = 2{,}5$; $b = -1$   d) $m = 0$; $b = 3{,}2$
b) $m = -\frac{2}{3}$; $b = 4$   e) $m = -1$; $b = 0$
c) $m = 1$; $b = \frac{4}{3}$   f) $m = 0$; $b = 0$

---

Eine **lineare Funktion** hat die Funktionsgleichung $y = m \cdot x + b$.
Der Graph einer linearen Funktion ist *geradlinig*.
m ist die *Steigung* des Graphen.
b nennt man das *absolute Glied* oder den *Achsenabschnitt*.
Der Graph schneidet die 2. Koordinatenachse im Punkt $P(0; b)$.

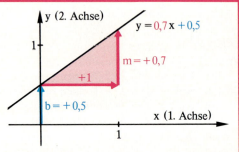

*Wir vereinbaren:* Wenn nichts anderes angegeben wird, soll der Definitionsbereich einer linearen Funktion die Menge ℚ der rationalen Zahlen sein.

---

**Übungen**

**4.**
Lies aus der Funktionsgleichung den Achsenabschnitt b und die Steigung m ab. Zeichne den Graph der linearen Funktion.
a) $y = 2x + 1$   b) $y = 1{,}5x - 3$   c) $y = -2x + 1$   d) $y = -\frac{3}{4}x + 2{,}4$   e) $y = -\frac{x}{5}$

### 5.
Die lineare Funktion hat die Gleichung

a) $y = 4x - 2$ 	c) $y = -3x + 4,5$ 	e) $y = 0 \cdot x + 1,5$
b) $y = \frac{1}{2}x + 3,5$ 	d) $y = -x + 7,1$ 	f) $y = 6x$

Zeichne den Graphen. Welcher der folgenden Punkte gehört zum Graphen?
$P_1(1; 1,5)$, $P_2(-1; -6)$, $P_3(2,4; 4,7)$, $P_4(0,5; 0)$

### 6.
Der Graph einer linearen Funktion geht durch die Punkte

a) $P_1(0; -5)$, $P_2(2; -1)$; 	b) $P_1(-3; 3)$, $P_2(3; 1)$; 	c) $P_1(-1; 1,8)$, $P_2(4; 1,8)$.

Zeichne den Graphen. Bestimme den Achsenabschnitt b und die Steigung m des Graphen. Notiere die Funktionsgleichung.

### 7.
Die lineare Funktion ist gegeben durch die Gleichung:

a) $y = x - 3,5$; 	b) $y = -\frac{2}{5}x + 3,5$; 	c) $y = -\frac{1}{4}x - 5,5$.

Die Punkte $P_1(0; \blacksquare)$, $P_2(-1; \blacksquare)$, $P_3(6; \blacksquare)$, $P_4(\blacksquare; 0)$, $P_5(\blacksquare; 1)$, $P_6(\blacksquare; -0,5)$ gehören zum Graphen der Funktion. Bestimme die fehlende Koordinate.

### 8.
Der Graph der linearen Funktion geht durch den Punkt P und hat die Steigung m. Zeichne den Graphen. Bestimme die Funktionsgleichung $y = mx + b$ mit Hilfe des Graphen.

a) $P(0; 4)$; $m = 0,3$ 	c) $P(4; -2)$; $m = -\frac{1}{2}$ 	e) $P(2; -2)$; $m = -3$
b) $P(-5; 0)$; $m = \frac{1}{5}$ 	d) $P(1; 6)$; $m = 1$ 	f) $P(-3,4; 4,2)$; $m = 0$

## Lineare Gleichungen der Form ax + by = c

### Graph einer linearen Gleichung mit zwei Variablen

**Aufgabe**

Mit Hilfe eines 90 m langen Zaunes soll an einem Flußufer eine rechteckige Pferdekoppel nach drei Seiten abgegrenzt werden. Dies kann auf verschiedene Weise geschehen, da *Länge (x Meter)* und *Breite (y Meter)* verändert werden können.

a) Stelle für die Maßzahlen x und y eine Gleichung auf, die erfüllt sein muß, damit der Zaun insgesamt die vorgeschriebene Länge von 90 m erhält.
   Welche der Zahlenpaare (10; 40), (20; 50), (30; 30), (40; 20) sind Lösungen dieser Gleichung, gehören also zur *Lösungsmenge* der Gleichung?

b) Stelle den Zusammenhang zwischen x und y durch einen Graphen dar. Löse dazu die Gleichung nach y auf. Suche mit Hilfe dieser Gleichung weitere Zahlenpaare der Lösungsmenge.

**Lösung**

**a)** Die Zaunlänge soll immer 90 m sein.
   Länge des Zaunes (in m): x
   doppelte Breite des Zaunes (in m): 2y
   Zaunlänge insgesamt (in m): x + 2y

   *Gleichung:* x + 2y = 90

| x | y | x + 2y = 90 | wahr/falsch | |
|---|---|---|---|---|
| 10 | 40 | 10 + 2 · 40 = 90 | wahr | also: (10; 40) ist eine Lösung |
| 20 | 50 | 20 + 2 · 50 = 90 | falsch | also: (20; 50) ist keine Lösung |
| 30 | 30 | 30 + 2 · 30 = 90 | wahr | also: (30; 30) ist eine Lösung |
| 40 | 20 | 40 + 2 · 20 = 90 | falsch | also: (40; 20) ist keine Lösung |

**b)** Wir lösen die Gleichung x + 2y = 90 nach y auf.

x + 2y = 90
2y = 90 − x
y = 45 − $\frac{x}{2}$
y = −$\frac{1}{2}$ · x + 45

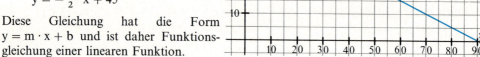

Diese Gleichung hat die Form y = m · x + b und ist daher Funktionsgleichung einer linearen Funktion.
Deren Graph ist eine Gerade mit der *Steigung* m = −$\frac{1}{2}$ und dem *Achsenabschnitt* b = 45.
Wenn du in die Funktionsgleichung y = −$\frac{1}{2}$ · x + 45 für x eine beliebige Zahl einsetzt, kannst du den zugehörigen Wert für y berechnen.

*Beispiel:* x = 70, also y = −$\frac{1}{2}$ · 70 + 45 = 10
Das Zahlenpaar (70; 10) gehört auch zur Lösungsmenge der Gleichung.
Auf diese Weise kannst du beliebig viele Lösungspaare finden.

**Zur Festigung und zum Weiterarbeiten**

**1.**
Gegeben ist die Gleichung mit zwei Variablen:

**a)** 4x + 2y = 10  **b)** 3x − 5y = 20  **c)** $\frac{x}{2}$ + y = −3,5  □ **d)** $\frac{x}{3}$ + $\frac{y}{4}$ = 1

Löse die Gleichung nach y auf. Zeichne mit Hilfe der Funktionsgleichung den Graphen.

**2.**
Welche der Zahlenpaare (4; 4), (−1; 1), (1; −6), (2; 0), (−1; 9), (0; $\frac{1}{4}$) gehören zur Lösungsmenge?

**a)** x + y = 8  **b)** 5y − 3x = 8  **c)** 8y + 7x = 2  **d)** −2x + $\frac{1}{3}$y = −4

**3.**
Die Zahlenpaare sollen Lösungen der Gleichung sein. Fülle die Lücken aus:
(−2; ▪), (8; ▪), (▪; −1), (▪; 2), (▪; 10).

**a)** 2x + y = 6  **b)** 3x − 4y = 12  **c)** 3y − 2x = −6  □ **d)** $\frac{1}{3}$x + y = $\frac{5}{6}$

Gleichungen der Form ax + by = c mit a ≠ 0 oder b ≠ 0 oder c ≠ 0 heißen **lineare Gleichungen mit zwei Variablen.** Die Zahlfaktoren heißen auch *Koeffizienten* der linearen Gleichung.

*Beispiele:* 4x + 2y = 10; 3x − 5y = 20; $\frac{x}{2}$ + y = − 3,5

Für x und y werden Zahlen aus ℚ eingesetzt. Jede Lösung einer solchen Gleichung ist ein Zahlenpaar. Die *Lösungsmenge* L ist die Menge aller Zahlenpaare, die die Gleichung erfüllen.
Man schreibt zum Beispiel für die Lösungsmenge der Gleichung 4x + 2y = 10:
L = {(x; y) | 4x + 2y = 10}
Der Graph einer linearen Gleichung ist eine Gerade.

## Übungen

**4.**
Ein Kreuz in der nebenstehenden (symmetrischen) Form soll gezeichnet werden. Dabei soll die gesamte Randlinie genau 40 cm lang sein. Sonst sind Länge und Breite der einzelnen Teile noch nicht festgelegt.

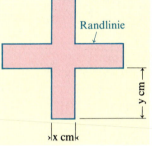

a) Gib die geforderte Bedingung für die Randlinie in Form einer Gleichung mit den Variablen x und y an.

b) Welche der Zahlenpaare sind Lösungen dieser Gleichung mit zwei Variablen?
(2; 4), (6; 2), (8; 3), (4,5; 1), (3; 3,5), ($\frac{1}{2}$; $\frac{19}{4}$)

c) Löse die Gleichung nach y auf. Zeichne die zugehörige Gerade.

□ d) Welcher Zahlenwert darf durch x und welcher durch y nicht überschritten [nicht unterschritten] werden?

**5.**
Gib Steigung und Achsenabschnitt des Graphen der linearen Gleichung an.
Zeichne die Gerade.

a) y = 2x + 3   b) y = − 4x + 2   c) y = $\frac{1}{3}$x − 1   d) y = − x   e) y = $\frac{x}{5}$ + 1,8

**6.**
Löse die lineare Gleichung nach y auf. Welche Steigung hat der Graph? In welchem Punkt schneidet die Gerade die 2. Koordinatenachse?

a) 3y = 12x + 15   b) 4x + 5y = 5   c) x − 3y = 0   □ d) 0,5x + 0,25y = 0,75

**7.**
Zeichne die Gerade.

a) 18x + 6y = 9   b) − x + 4y = 8,8   c) 5x − 2y = 7   □ d) $\frac{x+y}{4}$ = 1

**8.**
Gib drei verschiedene Zahlenpaare an, die zur Lösungsmenge der linearen Gleichung gehören.

a) 3x + y = 4   b) x + 3y = 4   c) 7x − 6y = 1   □ d) 0,2x + 0,5y = − 1

**9.**
Die Zahlenpaare sollen Lösungen der linearen Gleichung sein. Fülle die Lücken aus:
(0; ▨), (▨; 0), (1; ▨), (▨; 1), (3; ▨), (▨; − 5), (−$\frac{1}{2}$; ▨), (▨; 0,1).

a) x + y = 0   b) x − y = 1   □ c) 3x + 2y = 6   □ d) 0,75x − 0,5y = 0,375

**10.**
Welche der Punkte $P_1(1;1)$, $P_2(0,5;1)$, $P_3(1;-1)$, $P_4(-1;1)$, $P_5(-3;0)$, $P_6(0,2;3,2)$ und $P_7(3;6)$ gehören zum Graphen der linearen Gleichung?
a) $y - x = 3$  b) $2y + 9x = 11$  c) $y - 2x = 0$  d) $0,5x + 0,3y = 0,2$

### Sonderfälle bei linearen Gleichungen mit zwei Variablen

**Aufgabe**
Zeichne mit Hilfe einer Wertetabelle den Graphen der linearen Gleichung.
a) $0 \cdot x + 2 \cdot y = 6$  b) $3 \cdot x + 0 \cdot y = 12$
Nach welcher Variablen kannst du die Gleichung auflösen?

**Lösung**

a)

| x | y |
|---|---|
| -2 | 3 |
| -1 | 3 |
| 0 | 3 |
| 1 | 3 |
| 2 | 3 |

Ein Punkt gehört immer dann zum Graphen, wenn seine 2. Koordinate 3 ist. Die 1. Koordinate kann beliebig sein.

b)

| x | y |
|---|---|
| 4 | -2 |
| 4 | -1 |
| 4 | 0 |
| 4 | 1 |
| 4 | 2 |

Ein Punkt gehört immer dann zum Graphen, wenn seine 1. Koordinate 4 ist. Die 2. Koordinate kann beliebig sein.

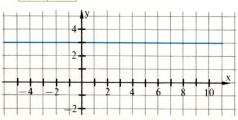
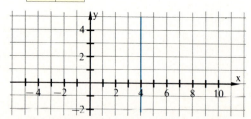

Die Gleichung kann nicht nach x aufgelöst werden; man darf durch 0 nicht dividieren.

Auflösung nach y:       $0 \cdot x + 2y = 6$
                              $2y = 6$

Vereinfachte Form der Gleichung:   $y = 3$

Die Gleichung kann nicht nach y aufgelöst werden; man darf durch 0 nicht dividieren.

Auflösung nach x:       $3x + 0 \cdot y = 12$
                              $3x = 12$

Vereinfachte Form der Gleichung:   $x = 4$

### Zur Festigung und zum Weiterarbeiten

**1.**
Zeichne den Graphen der linearen Gleichung. Notiere die Gleichung in vereinfachter Form.
a) $0 \cdot x + 3y = 6$  b) $5x + 0 \cdot y = -10$  c) $0 \cdot x - 4y = 2$  d) $-\frac{x}{2} + 0 \cdot y = 1$
Ist der Graph ein Funktionsgraph?

**2.**
Gegeben ist eine lineare Gleichung in der vereinfachten Form: a) $x = 5$  b) $y = -1$  c) $x = \frac{1}{2}$
Welche der Zahlenpaare $(1;5)$, $(\frac{1}{2};-1)$, $(5;2)$, $(5;-1)$ gehören zur Lösungsmenge?
*Hinweis:* Es ist zweckmäßig, die gegebene Gleichung in eine Gleichung mit zwei Variablen umzuformen, z.B.: $x + 0 \cdot y = 5$ anstelle von $x = 5$.

## 3.
Jede der beiden Koordinatenachsen kannst du als Graph einer linearen Gleichung mit zwei Variablen auffassen.
Notiere **a)** für die 1. Koordinatenachse, **b)** für die 2. Koordinatenachse
eine passende lineare Gleichung mit zwei Variablen. Gib auch die vereinfachte Form an.

> Eine lineare Gleichung mit zwei Variablen in der Kurzform $y = 3$ hat als Graph eine Parallele zur 1. Koordinatenachse. Eine solche Gleichung ist eine Funktionsgleichung.
> Eine lineare Gleichung mit zwei Variablen in der Kurzform $x = 4$ hat als Graph eine Parallele zur 2. Koordinatenachse. Eine solche Gleichung ist *keine* Funktionsgleichung.

### Übungen

## 4.
Zeichne den Graphen der linearen Gleichung. Notiere die Gleichung auch in vereinfachter Form.
**a)** $0 \cdot x + 3y = 21$ **b)** $0 \cdot x - 5y = 2$ **c)** $4x + 0 \cdot y = 8$ **d)** $-2x + 0 \cdot y = 10$

## 5.
Notiere die Gleichung in der ausführlichen Form, so daß beide Variablen x und y vorkommen. Zeichne auch die Gerade.
**a)** $y = 6$ **b)** $y = -1{,}5$ **c)** $x = 2$ **d)** $x = -5{,}5$ **e)** $y = 0$

## 6.
Gib zu der Geraden eine passende lineare Gleichung mit zwei Variablen an; notiere diese auch in der vereinfachten Form. Ist die Gerade Graph einer Funktion?

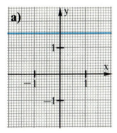 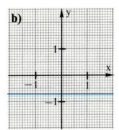 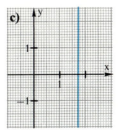 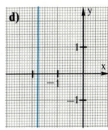

## 7.
Welche der Punkte $P_1(-1; 20)$, $P_2(12; -4{,}8)$, $P_3(0; -1)$, $P_4(12; 4{,}8)$, $P_5(-3; 0)$ und $P_6(0; 0)$ gehören zum Graphen der Gleichung?
**a)** $x = 12$ **b)** $y = 20$ **c)** $x = -1$ **d)** $y = -4{,}8$ **e)** $x = 0$ **f)** $y = 0$ **g)** $7x = 84$

## 8.
Stelle die Gleichung der Geraden auf, die durch den Punkt $P(4; -7)$ $[P(-1{,}9; 5{,}3)]$ geht und außerdem
**a)** parallel zur 1. Koordinatenachse ist; **b)** parallel zur 2. Koordinatenachse ist.

## 9.
Gib die Lösungsmenge an.
**a)** $0 \cdot x + 1 \cdot y = 1$ **b)** $0 \cdot x + 0 \cdot y = 1$ **c)** $0 \cdot x + 0 \cdot y = 0$

## Graphisches Lösungsverfahren für ein lineares Gleichungssystem

**Aufgabe**

Laut Herbergsverzeichnis hat die Jugendherberge von A-Stadt zusammen 12 Zimmer, nämlich Dreibett- und Fünfbettzimmer. Darin stehen insgesamt 50 Betten.
Wie viele Dreibettzimmer und wie viele Fünfbettzimmer hat die Jugendherberge?

a) Stelle dazu zwei lineare Gleichungen mit zwei Variablen auf.
b) Bestimme die Lösung durch planmäßiges Probieren.
c) Zeichne die Graphen beider Gleichungen in dasselbe Koordinatensystem. Lies aus der Zeichnung die Lösung ab.

**Lösung**

a) *Aufstellen der Gleichungen:*

| | |
|---|---|
| Anzahl der Dreibettzimmer: | $x$ |
| Anzahl der Fünfbettzimmer: | $y$ |
| Gesamtzahl der Zimmer: | $x + y = 12$     (1. Gleichung) |
| Anzahl der Betten in den Dreibettzimmern: | $3 \cdot x$ |
| Anzahl der Betten in den Fünfbettzimmern: | $5 \cdot y$ |
| Gesamtzahl der Betten: | $3 \cdot x + 5 \cdot y = 50$     (2. Gleichung) |

Wir suchen nun ein Zahlenpaar $(x; y)$, dessen Zahlen $x$ und $y$ *sowohl* die erste *als auch* die zweite lineare Gleichung erfüllen:    $x + y = 12$   *und*   $3x + 5y = 50$.
Wir sagen: Das Zahlenpaar $(x; y)$ erfüllt das Gleichungssystem aus beiden Gleichungen.
Für $x$ und für $y$ kommen hier nur natürliche Zahlen in Frage.

b) Durch Probieren findet man:
Die Jugendherberge hat 5 Dreibett- und 7 Fünfbettzimmer. Das sind, wie angegeben, insgesamt 12 Zimmer. In 5 Dreibettzimmern stehen 15 Betten, in 7 Fünfbettzimmern stehen 35 Betten; das sind zusammen 50 Betten, wie es im Herbergsverzeichnis angegeben ist.
*Ergebnis:* Die Jugendherberge hat 5 Dreibett- und 7 Fünfbettzimmer.

c) Wir zeichnen die Graphen der beiden linearen Gleichungen in ein Koordinatensystem ein. Wir erhalten jeweils eine Gerade.
Die Abbildung zeigt: Die beiden Geraden schneiden sich im Punkt S mit den Koordinaten 5 und 7.
Die Koordinaten des Schnittpunktes erfüllen beide Gleichungen:
Im Schnittpunkt haben die beiden Gleichungen denselben x-Wert und denselben y-Wert.
Das so gefundene Zahlenpaar ist daher die Lösung des linearen Gleichungssystems.

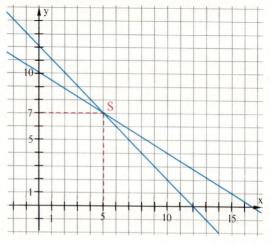

## Zur Information

(1) *Lineare Gleichungssysteme mit zwei Variablen*

> Zwei lineare Gleichungen mit zwei Variablen bilden zusammen ein **lineares Gleichungssystem** mit zwei Variablen.
> Jedes Zahlenpaar, dessen Zahlen beide Gleichungen eines Gleichungssystems zugleich erfüllen, ist eine **Lösung** dieses Gleichungssystems.
> Die Lösungsmenge eines linearen Gleichungssystems besteht aus Zahlenpaaren.

Statt $x + y = 12$ *und* $3x + 5y = 50$ schreibt man übersichtlicher: $\begin{vmatrix} x + y = 12 \\ 3x + 5y = 50 \end{vmatrix}$
Die Lösung dieses Gleichungssystems ist das Zahlenpaar (5; 7).

(2) *Zeichnerisches Bestimmen der Lösung eines Gleichungssystems*

> **Verfahren zur graphischen Lösung eines Gleichungssystems:**
> Die Lösung eines linearen Gleichungssystems kann man graphisch bestimmen.
> (1) Zeichne die Graphen der beiden linearen Gleichungen in das Koordinatensystem ein.
> (2) Bestimme den Schnittpunkt S der beiden so entstehenden Geraden.
> (3) Die Koordinaten des Schnittpunktes S ergeben die Lösung des Gleichungssystems, denn der Punkt S liegt auf beiden Geraden.

*Anmerkung:* Beim Zeichnen der Geraden und beim Ablesen der Koordinaten des Schnittpunktes aus der Zeichnung können kleine Ungenauigkeiten auftreten. Du weißt also nicht, ob du beim graphischen Verfahren eine genaue Lösung oder eine Näherungslösung erhalten hast. Mit Hilfe der Probe kannst du feststellen, ob die aus der Zeichnung abgelesene Lösung wirklich genau ist. Wenn deine Lösung ungenau ist, kannst du sie in der Form $x \approx \ldots$ und $y \approx \ldots$ schreiben.

## Zur Festigung und zum Weiterarbeiten

**1.**
Für einen Konzert- und Theaterabend einer Schule wurden 415 Karten zum Preis von 2 DM (Erwachsene) und 1 DM (Schüler) verkauft; es wurden 557 DM eingenommen.
Wie viele Karten von jeder Sorte wurden verkauft?

**2.**
Ermittle graphisch die Lösungsmenge.

a) $\begin{vmatrix} y = 2x - 5 \\ y = 4x - 11 \end{vmatrix}$
b) $\begin{vmatrix} y = \frac{3}{2}x - 6 \\ y = x - 5 \end{vmatrix}$
c) $\begin{vmatrix} y = 6x + 28 \\ y = \frac{3}{2}x + 1 \end{vmatrix}$
d) $\begin{vmatrix} -x + 2y = 1 \\ 2x - y = 4 \end{vmatrix}$

**3.**
Löse die Gleichungssysteme zeichnerisch.

(1) $\begin{vmatrix} 2x - 4y = -2 \\ 3x + y = 11 \end{vmatrix}$
(2) $\begin{vmatrix} -x + 2y = 4 \\ 2x - 4y = 4 \end{vmatrix}$
(3) $\begin{vmatrix} 2x + y = -4 \\ -6x - 3y = 12 \end{vmatrix}$

Erläutere an den Lösungen die drei Fälle bei der Lösungsmenge (s. nächste Seite).

**Drei Fälle bei der Lösungsmenge eines linearen Gleichungssystems:**
Der Graph eines linearen Gleichungssystems mit zwei Variablen besteht aus den gemeinsamen Punkten von zwei Geraden. Für die beiden Geraden gilt genau einer der drei Fälle:

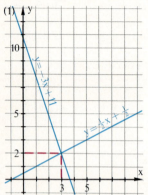 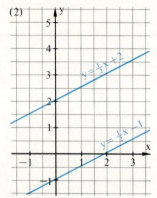 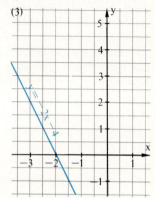

Die beiden Geraden schneiden sich in genau einem Punkt, d.h. es gibt *genau eine* Lösung.
Die Lösungsmenge ist $L = \{(3; 2)\}$.

Die beiden Geraden sind parallel zueinander und schneiden sich nicht. Es gibt keinen Schnittpunkt, also auch *keine* Lösung des Systems.
Die Lösungsmenge ist daher leer: $L = \{\ \}$.

Die beiden Geraden fallen zusammen. Dann gibt es *unendlich viele* Lösungen.
Die Lösungsmenge besteht aus allen Zahlenpaaren, die diese Gleichung erfüllen
Die Lösungsmenge ist $L = \{(x|y) \mid y = -2x - 4\}$.

**4.**
Löse jede der beiden Gleichungen nach y auf; gib an, welcher der obigen drei Fälle vorliegt. Bestimme dann zeichnerisch die Lösungsmenge des Gleichungssystems.

a) $\begin{vmatrix} 2x - y = 4 \\ 3x + 2y = -1 \end{vmatrix}$
b) $\begin{vmatrix} -2x + 3y = 4 \\ 4x - 6y = -2 \end{vmatrix}$
c) $\begin{vmatrix} 2x - 3y = 6 \\ -8x + 12y = -24 \end{vmatrix}$
d) $\begin{vmatrix} 3x + 5y = 30 \\ 6x + 10y = 40 \end{vmatrix}$

**Übungen**

**5.**

a) Ein Frachter hat 14 Container geladen, und zwar Container zu je 10 t und zu je 12 t. Das Ladegewicht des Frachters beträgt 148 t. Wie viele Container jeder Sorte sind geladen?

b) In einer Kasse liegen 20-DM-Scheine und 50-DM-Scheine im Wert von 600 DM. Es sind doppelt so viele 50-DM-Scheine wie 20-DM-Scheine. Wie viele Scheine von jeder Sorte sind es?

☐ c) Ein Vater und sein Sohn sind zusammen 70 Jahre alt. Vor 5 Jahren war der Vater dreimal so alt wie der Sohn. Wie alt ist jeder?

**6.**
Welches der Zahlenpaare (2; 2), (3; 5), (0; 1), (1; 2), (4; 0), (0; 2), (−1; 1) ist Lösung des Gleichungssystems $2x + y = 6$ *und* $3x - y = 4$?

**7.**
Ermittle zeichnerisch die Lösungsmenge des Gleichungssystems.

a) $\begin{vmatrix} x = 1 - y \\ 6x + 24 = 4y \end{vmatrix}$
b) $\begin{vmatrix} -5x = 10y - 5 \\ 3x = -5y - 4 \end{vmatrix}$
c) $\begin{vmatrix} x = 2y - 2 \\ -y = 1 - x \end{vmatrix}$
d) $\begin{vmatrix} 6x = 2y - 8 \\ 8y - 12 = 4x \end{vmatrix}$

**8.**
Ermittle zeichnerisch die Lösungsmenge des Gleichungssystems.

a) $\begin{vmatrix} 2x - y = 8 \\ x + y = 1 \end{vmatrix}$
c) $\begin{vmatrix} 6x + y = 10 \\ 5x - \frac{1}{2}y = 13 \end{vmatrix}$
e) $\begin{vmatrix} 4x + 2y = 2 \\ 8x - 4y = 12 \end{vmatrix}$
g) $\begin{vmatrix} 3x - y = -8 \\ 2x + 8y = 12 \end{vmatrix}$

b) $\begin{vmatrix} -5x + 2y = 18 \\ 6x + 3y = 0 \end{vmatrix}$
d) $\begin{vmatrix} 2x + y = 5 \\ -x + 2y = 0 \end{vmatrix}$
f) $\begin{vmatrix} 3x - 4y = 16 \\ -6x + 4y = -28 \end{vmatrix}$
h) $\begin{vmatrix} 3x - 4y = 4 \\ 2x + y = 10 \end{vmatrix}$

**9.**
Bestimme zeichnerisch die Lösungsmenge des Gleichungssystems. Löse zuvor beide Gleichungen nach y auf; gib nach dem Auflösen an, welcher der drei Fälle vorliegt.

a) $\begin{vmatrix} 2x + y = 7 \\ 6x - 2y = 6 \end{vmatrix}$
c) $\begin{vmatrix} 2x + y = 6 \\ 3x + 2y = 8 \end{vmatrix}$
e) $\begin{vmatrix} x + 3y = 6 \\ x - 3y = 6 \end{vmatrix}$
g) $\begin{vmatrix} 3x - y = 6 \\ x - 3y = 6 \end{vmatrix}$

b) $\begin{vmatrix} 4x + 2y = 5 \\ -2x - y = -\frac{5}{2} \end{vmatrix}$
d) $\begin{vmatrix} 3x - 6y = 2 \\ -1,5x + 3y = 1 \end{vmatrix}$
f) $\begin{vmatrix} 2x + 3y = 6 \\ 2x - 3y = 6 \end{vmatrix}$
h) $\begin{vmatrix} x + 3y = 6 \\ 2x + 6y = 9 \end{vmatrix}$

**10.**
Gib jeweils das Gleichungssystem und seine Lösungsmenge an.

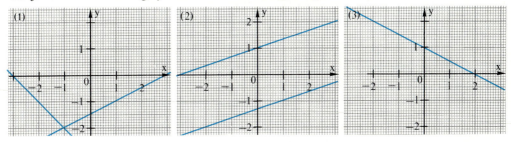

## Gleichsetzungsverfahren

Die zeichnerische Bestimmung der Lösung eines Gleichungssystems ist oft sehr ungenau und bei großen Zahlen platzaufwendig oder gar nicht möglich. Daher sollen die Lösungen jetzt rechnerisch ermittelt werden. Eine Zeichnung kann man dazu verwenden, entweder vorher die Lösung des Systems ungefähr abzulesen oder nachher zu kontrollieren.

**Aufgabe**
Gegeben sei das nebenstehende lineare Gleichungssystem.

$\begin{vmatrix} y = -2x + 5 \\ y = x + 2 \end{vmatrix}$

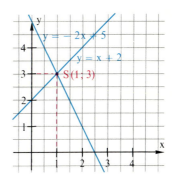

Löse das Gleichungssystem, indem du den Schnittpunkt der Graphen durch Rechnung bestimmst.

**Lösung**
Wenn x die erste Koordinate des Schnittpunktes S angibt, dann bezeichnen die rechten Seiten $-2x + 5$ und $x + 2$ des Gleichungssystems dieselbe Zahl, nämlich die zweite Koordinate des Schnittpunktes S. Die rechten Seiten sind also gleich.

$\begin{vmatrix} y = -2x + 5 \\ y = \phantom{-2}x + 2 \end{vmatrix}$  Gegebenes Gleichungssystem; beide Gleichungen in y-Form.

$-2x + 5 = x + 2 \quad | -x$
$-3x + 5 = 2 \quad\quad\ \ | -5$
$-3x \phantom{+ 5} = -3 \quad\ \ | :(-3)$
$\phantom{-3}x = 1$

Gleichsetzen der rechten Seiten ergibt eine Gleichung für die 1. Koordinate x des Schnittpunktes S.

Die 1. Koordinate von S ist 1.

$y = -2x + 5 \quad$ | Einsetzen
$y = -2 \cdot 1 + 5$
$y = -2 + 5$
$y = 3$

Einsetzen von 1 für x in der ersten Gleichung des Systems liefert eine Gleichung für die 2. Koordinate y des Schnittpunktes S.

Die 2. Koordinate von S ist 3.

$L = \{(1;3)\}$  Lösungsmenge

*Probe:* 1. Gleichung: $3 = -2 \cdot 1 + 5$  (w)    2. Gleichung: $3 = 1 + 2$  (w)
Das Zahlenpaar (1;3) erfüllt das Gleichungssystem.

**Zur Information**

(1) *Das Gleichsetzungsverfahren zum Lösen eines linearen Gleichungssystems*

Das vorstehende Lösungsverfahren für lineare Gleichungssysteme heißt *Gleichsetzungsverfahren*, weil die rechten Seiten der beiden Gleichungen des Systems gleichgesetzt werden.

> Schritte bei der Lösung eines Gleichungssystems nach dem **Gleichsetzungsverfahren:**
> (1) Löse beide Gleichungen nach y auf.
> (2) Berechne die x-Koordinate des Schnittpunktes durch Gleichsetzen.
>     *Beachte:* Wenn beim Auflösen der Gleichung x herausfällt, dann hat das Gleichungssystem unendlich viele Lösungen.
> (3) Berechne die y-Koordinate des Schnittpunktes durch Einsetzen des berechneten x-Wertes in die erste oder die zweite Gleichung des Gleichungssystems.
> (4) Mache die Probe.

(2) *Äquivalenzumformungen beim Gleichsetzungsverfahren*

Es ist häufig übersichtlicher, das Gleichsetzungsverfahren so aufzuschreiben, daß Gleichungssysteme mit derselben Lösungsmenge entstehen.

(1) $\begin{vmatrix} 4x + 2y = 10 \\ 3x - 3y = -6 \end{vmatrix}$    Wir überführen beide Gleichungen in die y-Form.

(2) $\begin{vmatrix} y = -2x + 5 \\ y = \phantom{-2}x + 2 \end{vmatrix}$    Wir behalten die zweite Gleichung bei; die beiden rechten Seiten der Gleichungen setzen wir gleich.

(3) $\begin{vmatrix} -2x + 5 = x + 2 \\ \phantom{-2x + 5}y = x + 2 \end{vmatrix}$    Wir stellen in der ersten Gleichung x frei:

$\phantom{-3}-2x + 5 = x + 2 \quad | -x$
$\phantom{-3}-3x + 5 = 2 \quad\quad\ \ | -5$
$\phantom{-3}-3x \phantom{+ 5} = -3 \quad\ \ | :(-3)$
$\phantom{-3-}x = 1$

(4) $\begin{vmatrix} x = 1 \\ y = x + 2 \end{vmatrix}$   Wir setzen 1 für x in die zweite Gleichung ein:
$y = 1 + 2 = 3$

(5) $\begin{vmatrix} x = 1 \\ y = 3 \end{vmatrix}$; $L = \{(1; 3)\}$   Lösungsmenge

Die Gleichungssysteme (1), (2), (3), (4) und (5) haben dieselbe Lösungsmenge. Das kann man durch eine Probe feststellen.
Man sagt, die Gleichungssysteme sind zueinander **äquivalent**. Oft schreibt man daher auch das Äquivalenzzeichen ⇔ zwischen die Gleichungssysteme.

### Zur Festigung und zum Weiterarbeiten

**1.**
Man kann nach dem Gleichsetzen auch die erste Gleichung beibehalten. Führe das durch.

**2.**
Löse das Gleichungssystem.

a) $\begin{vmatrix} y = 2x - 7 \\ y = -2x + 5 \end{vmatrix}$   b) $\begin{vmatrix} y = -x + 7 \\ y = x - 3 \end{vmatrix}$   c) $\begin{vmatrix} y = -3x + 16 \\ y = 2x + 6 \end{vmatrix}$   d) $\begin{vmatrix} y = \frac{1}{2}x - 2 \\ y = -\frac{1}{2}x + 4 \end{vmatrix}$

▲ **3.**
Wende das Gleichsetzungsverfahren auf lineare Gleichungssysteme an, die nicht genau eine Lösung haben.

a) $\begin{vmatrix} -x + 2y = 4 \\ 2x - 4y = 4 \end{vmatrix}$   b) $\begin{vmatrix} 2x + y = -4 \\ -6x - 3y = 12 \end{vmatrix}$

(1) $\begin{vmatrix} -x + 2y = 4 \\ 2x - 4y = 4 \end{vmatrix}$   Überführen in die y-Formen

(2) $\begin{vmatrix} y = \frac{1}{2}x + 2 \\ y = \frac{1}{2}x - 1 \end{vmatrix}$   Gleichsetzen

(3) $\begin{vmatrix} \frac{1}{2}x + 2 = \frac{1}{2}x - 1 \\ y = \frac{1}{2}x - 1 \end{vmatrix}$   Termumformung

(4) $\begin{vmatrix} 0 = -3 \\ y = \frac{1}{2}x - 1 \end{vmatrix}$

Die erste Gleichung von (4) ist eine *falsche* Aussage.
Das System hat also keine Lösung.
Die Lösungsmenge ist leer:
$L = \{\ \}$

(1) $\begin{vmatrix} 2x + y = -4 \\ -6x - 3y = 12 \end{vmatrix}$   Überführen in die y-Formen

(2) $\begin{vmatrix} y = -2x - 4 \\ y = -2x - 4 \end{vmatrix}$   Gleichsetzen

(3) $\begin{vmatrix} -2x - 4 = -2x - 4 \\ y = -2x - 4 \end{vmatrix}$   Termumformung

(4) $\begin{vmatrix} 0 = 0 \\ y = -2x - 4 \end{vmatrix}$

Die erste Gleichung von (4) ist eine *wahre* Aussage.
Die Lösungsmenge des Gleichungssystems stimmt mit der Lösungsmenge der zweiten Gleichung überein.
Die Lösungsmenge ist unendlich:
$L = \{(x; y) \mid y = -2x - 4\}$

Warum kann man die vorstehenden Betrachtungen schon nach System (2) abbrechen?
Denke an die beiden Geraden der Gleichung von System (2).

**Übungen**

**4.**
Bestimme die Lösungsmenge mit Hilfe des Gleichsetzungsverfahrens.

a) $\begin{vmatrix} y = 2x - 11 \\ y = 3x - 14 \end{vmatrix}$
d) $\begin{vmatrix} y = 3x - 19 \\ y = x - 5 \end{vmatrix}$
g) $\begin{vmatrix} y = x + 3 \\ y = 3x + 1 \end{vmatrix}$
j) $\begin{vmatrix} y = x - 6 \\ y = 0{,}5x - 3 \end{vmatrix}$

b) $\begin{vmatrix} y = -4x + 13 \\ y = x - 2 \end{vmatrix}$
e) $\begin{vmatrix} y = 2x - 9 \\ y = -x + 3 \end{vmatrix}$
h) $\begin{vmatrix} y = 2x - 9 \\ y = x - 4 \end{vmatrix}$
k) $\begin{vmatrix} y = x - 6 \\ y = 0{,}5x + 3 \end{vmatrix}$

c) $\begin{vmatrix} y = 3x + 14 \\ y = 5x + 22 \end{vmatrix}$
f) $\begin{vmatrix} y = 7x + 3 \\ y = 5x + 3 \end{vmatrix}$
i) $\begin{vmatrix} y = 3x - 4 \\ y = 2x - 2 \end{vmatrix}$
l) $\begin{vmatrix} y = \frac{1}{2}x + 1 \\ y = -\frac{1}{2}x - 3 \end{vmatrix}$

☐ **5.**
Löse das Gleichungssystem; überführe, wenn nötig, zunächst die Gleichungen in die y-Form.

a) $\begin{vmatrix} y = -3x + 16 \\ 2x + y = 11 \end{vmatrix}$
c) $\begin{vmatrix} y + 5x = 41 \\ 2x + y = 17 \end{vmatrix}$

b) $\begin{vmatrix} 6x + 2y = 18 \\ y = x + 1 \end{vmatrix}$
d) $\begin{vmatrix} 3x - y = 1 \\ 2y - 4x = 4 \end{vmatrix}$

| Gegebenes Gleichungssystem | $\begin{vmatrix} 2x + y = 15 \\ y - x = 3 \end{vmatrix}$ | Beide Gleichungen nach y auflösen |
|---|---|---|
| Neues Gleichungssystem | $\begin{vmatrix} y = -2x + 15 \\ y = x + 3 \end{vmatrix}$ | |

☐ **6.**
Löse das Gleichungssystem; überführe, wenn nötig, zunächst jede Gleichung in die y-Form.

a) $\begin{vmatrix} y = 3x + 9 \\ y + 3x = 31 \end{vmatrix}$
c) $\begin{vmatrix} 10x + y = 17 \\ 12x - y = 5 \end{vmatrix}$
e) $\begin{vmatrix} 3x + y = 25 \\ 2y - 2x = 10 \end{vmatrix}$
g) $\begin{vmatrix} y - 2x = 6 \\ x + 2y = 26 \end{vmatrix}$

b) $\begin{vmatrix} 4x + 2y = 46 \\ y = x + 5 \end{vmatrix}$
d) $\begin{vmatrix} 3x - y = 6 \\ y + 5x = 34 \end{vmatrix}$
f) $\begin{vmatrix} y - 3 = x \\ 2x + 2y = 4 \end{vmatrix}$
h) $\begin{vmatrix} x + 3y = 6 \\ 6x + y = 19 \end{vmatrix}$

☐ **7.**
Die Gleichungen sind hier nach x aufgelöst. Auch hier kannst du sofort das Gleichsetzungsverfahren anwenden.

a) $\begin{vmatrix} x = 2y + 2 \\ x = 3y - 2 \end{vmatrix}$
b) $\begin{vmatrix} x = 2y - 5 \\ x = y + 10 \end{vmatrix}$
c) $\begin{vmatrix} x = y - 8 \\ x = 3y - 48 \end{vmatrix}$
d) $\begin{vmatrix} x = y - 24 \\ x = 4y - 144 \end{vmatrix}$

☐ **8.**
Löse das Gleichungssystem zweckmäßig.

a) $\begin{vmatrix} 4y = 3x - 4 \\ 4y = 5x - 20 \end{vmatrix}$
d) $\begin{vmatrix} 0{,}5x = 0{,}3y - 0{,}19 \\ 0{,}5x = 1{,}1y - 1{,}23 \end{vmatrix}$
▲ g) $\begin{vmatrix} 6{,}6x - 3{,}2 = 5y \\ 5y = 1{,}3 - 2{,}4x \end{vmatrix}$

b) $\begin{vmatrix} 11y = 4x - 6 \\ 11y = 9x - 41 \end{vmatrix}$
e) $\begin{vmatrix} 5y = \frac{1}{2}x + \frac{1}{3} \\ 5y = \frac{2}{3}x + \frac{1}{6} \end{vmatrix}$
▲ h) $\begin{vmatrix} 2{,}3x = 3{,}3 - 0{,}5y \\ 2{,}3x = -0{,}7 + 1{,}5y \end{vmatrix}$

c) $\begin{vmatrix} 2x = 11 - y \\ 4y - 14 = 2x \end{vmatrix}$
f) $\begin{vmatrix} 5y - 2 = 3x \\ 4y + 7 = 3x \end{vmatrix}$
▲ i) $\begin{vmatrix} \frac{2}{3}x = \frac{1}{4}y + 1 \\ \frac{2}{3}x = \frac{1}{6}y + 2 \end{vmatrix}$

$\begin{vmatrix} 7u = 8v + 52 \\ 7u = 3v + 37 \end{vmatrix}$
Wir setzen 7u gleich:
$8v + 52 = 3v + 37$
$v = -3$
Einsetzen ergibt:
$u = 4$

☐ **9.**
Forme eine Gleichung um. Löse dann das Gleichungssystem nach dem Gleichsetzungsverfahren.

a) $\begin{vmatrix} 4x = y - 2 \\ x = y + 1 \end{vmatrix}$
c) $\begin{vmatrix} 6y = 3x - 3 \\ y = x + 1 \end{vmatrix}$
e) $\begin{vmatrix} 7x + 32y = 13 \\ 9x + 8y = 83 \end{vmatrix}$

b) $\begin{vmatrix} y = 3x - 4 \\ 2y = 5x + 3 \end{vmatrix}$
d) $\begin{vmatrix} 6x - 5y = 42 \\ 2x + 3y = 42 \end{vmatrix}$
f) $\begin{vmatrix} y = x + 1 \\ -y = -x + 7 \end{vmatrix}$

$\begin{vmatrix} 2x = -y + 11 \\ x = 2y - 7 \end{vmatrix}$
Multipliziere die zweite Gleichung mit 2. Wende dann das Gleichsetzungsverfahren an.

▲ **10.**
Hat das Gleichungssystem genau eine Lösung, keine Lösung, unendlich viele Lösungen?

a) $\begin{vmatrix} y = 3x + 5 \\ y = 2x - 4 \end{vmatrix}$    c) $\begin{vmatrix} y = x + 1 \\ y = -x - 1 \end{vmatrix}$    e) $\begin{vmatrix} y = \frac{1}{2}x \\ y = 2x \end{vmatrix}$    g) $\begin{vmatrix} 4x - 8y = 6 \\ -\frac{x}{2} + y = -\frac{3}{4} \end{vmatrix}$

b) $\begin{vmatrix} y = x + 1 \\ y = x + 2 \end{vmatrix}$    d) $\begin{vmatrix} y = 2x - 2 \\ 2y = 4x - 4 \end{vmatrix}$    f) $\begin{vmatrix} 0{,}25x + 2y = 4{,}5 \\ -0{,}5x - 4y = 9 \end{vmatrix}$    h) $\begin{vmatrix} 2x - 3y = 4 \\ -8x + 12y = -6 \end{vmatrix}$

## Einsetzungsverfahren

Das Gleichsetzungsverfahren ist besonders günstig, wenn beide Gleichungen die Form y = ... (oder x = ...) haben. Wenn nur eine der Gleichungen die Form y = ... (oder x = ...) hat, dann ist ein anderes Verfahren günstiger.

### Aufgabe
Gegeben ist das lineare Gleichungssystem:

$\begin{vmatrix} 4x + 3y = 6 \\ y = 2x - 8 \end{vmatrix}$

Sieh dir das Gleichungssystem genau an. Würdest du die erste Gleichung nach y auflösen, so träten lästige Brüche auf. Hast du einen Vorschlag, wie man dieses System lösen könnte, ohne auf das Gleichsetzungsverfahren zurückzugreifen?
Bestimme rechnerisch die Lösung des Gleichungssystems.
*Anleitung:* Der Grundgedanke beim Gleichsetzungsverfahren war, aus zwei Gleichungen mit zwei Variablen nur *eine* Gleichung mit *einer* Variablen zu erhalten. Diese Strategie verfolgen wir auch hier.

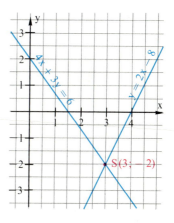

### Lösung
Da y die zweite Koordinate von S bezeichnet, kann man anstelle von y in die erste Gleichung die rechte Seite 2x − 8 der zweiten Gleichung *einsetzen*.

| | |
|---|---|
| $\begin{vmatrix} 4x + 3y = 6 \\ y = 2x - 8 \end{vmatrix}$ | Gegebenes Gleichungssystem; zweite Gleichung in y-Form. |
| 4x + 3(2x − 8) = 6    \| Termumformung <br> 4x + 6x − 24 = 6    \| Termumformung <br> 10x − 24 = 6    \| + 24 <br> 10x = 30    \| : 10 <br> x = 3 | Einsetzen der rechten Seite der zweiten Gleichung für y in die erste Gleichung ergibt eine Gleichung für die 1. Koordinate x des Schnittpunktes S. <br> Die 1. Koordinate von S ist 3. |
| y = 2x − 8    \| Einsetzen <br> y = 2 · 3 − 8 <br> y = − 2 | Einsetzen von 3 für x in die zweite Gleichung des Systems liefert eine Gleichung für die 2. Koordinate y des Schnittpunktes S. <br> Die 2. Koordinate von S ist − 2. |
| L = {(3; − 2)} | Lösungsmenge |

*Probe:* 1. Gleichung: 4 · 3 + 3 · (− 2) = 6 (w)    2. Gleichung: − 2 = 2 · 3 − 8 (w)

## Zur Information

*(1) Das Einsetzungsverfahren zum Lösen eines linearen Gleichungssystems*

> Schritte bei der Lösung eines linearen Gleichungssystems nach dem **Einsetzungsverfahren**:
> (1) Löse eine der beiden Gleichungen, z. B. die zweite, nach y auf: $y = \ldots$
> (2) Setze den so erhaltenen Term anstelle von y in die andere Gleichung ein.
>    *Beachte*: In dieser Gleichung kommt die Variable y nicht mehr vor.
> (3) Löse die erhaltene Gleichung nach x auf: $x = \ldots$
> (4) Setze die für x berechnete Zahl in eine der ursprünglichen Gleichungen ein.
>    Berechne den y-Wert.
> Anstatt zunächst nach y aufzulösen, kann man auch zunächst nach x auflösen.

*(2) Äquivalenzumformungen beim Einsetzungsverfahren*

Ähnlich wie beim Gleichsetzungsverfahren können wir das Einsetzungsverfahren so aufschreiben, daß äquivalente Gleichungssysteme mit derselben Lösungsmenge auftreten.

(1) $\begin{vmatrix} 4x + 3y = 6 \\ y = 2x - 8 \end{vmatrix}$    Wir behalten die zweite Gleichung bei; die rechte Seite der zweiten Gleichung setzen wir für y in der ersten Gleichung ein.

(2) $\begin{vmatrix} 4x + 3(2x - 8) = 6 \\ y = 2x - 8 \end{vmatrix}$

Wir stellen in der ersten Gleichung x frei:

$$4x + 3(2x - 8) = 6 \quad | \text{ Termumformung}$$
$$4x + 6x - 24 = 6 \quad | \text{ Termumformung}$$
$$10x - 24 = 6 \quad | + 24$$
$$10x = 30 \quad | : 10$$
$$x = 3$$

(3) $\begin{vmatrix} x = 3 \\ y = 2x - 8 \end{vmatrix}$    Wir setzen 3 für x in die zweite Gleichung ein:
$y = 2 \cdot 3 - 8 = 6 - 8 = -2$

(4) $\begin{vmatrix} x = 3 \\ y = -2 \end{vmatrix}$

$L = \{(3; -2)\}$    Lösungsmenge; Probe siehe Seite 163.

## Zur Festigung und zum Weiterarbeiten

**1.**
Löse nach obigem Muster; überführe bei c) und d) zunächst eine Gleichung in die y-Form.

a) $\begin{vmatrix} 2x + 5y = 9 \\ y = 3x + 12 \end{vmatrix}$    b) $\begin{vmatrix} y = 5 - x \\ 5x + 2y = 13 \end{vmatrix}$    c) $\begin{vmatrix} 3x - 6y = 39 \\ 6x - 3y = 33 \end{vmatrix}$    d) $\begin{vmatrix} 6x + 3y = 42 \\ 2y - 6x = -2 \end{vmatrix}$

e) Überführe eine der Gleichungen von System c) in die x-Form; löse sie dann mit Hilfe des Einsetzungsverfahrens.

f) Bei welcher Gleichung ist im System c) die Überführung in die y-Form, bei welcher die Überführung in die x-Form günstiger? Begründe deine Antwort.

**▲ 2.**
Löse nach dem Einsetzungsverfahren.
Gib an, welcher Sonderfall vorliegt.

a) $\begin{vmatrix} 6x + 4y = -8 \\ y = -\frac{3}{2}x - 2 \end{vmatrix}$    b) $\begin{vmatrix} 6x + 4y = -8 \\ y = -\frac{3}{2}x - 1 \end{vmatrix}$

## Übungen

**3.**
Bestimme die Lösungsmenge.

a) $\begin{vmatrix} 9x - y = 41 \\ y = 3x - 11 \end{vmatrix}$

b) $\begin{vmatrix} y = -2x + 7 \\ 30x - 4y = 67 \end{vmatrix}$

c) $\begin{vmatrix} 7x + 5y = 27 \\ x = y - 3 \end{vmatrix}$

d) $\begin{vmatrix} 11x - 3y = -7 \\ y = \frac{7}{2}x + 4 \end{vmatrix}$

e) $\begin{vmatrix} 3x - 4y = 49 \\ y = -5(x - 1) \end{vmatrix}$

f) $\begin{vmatrix} y = 2x - 2 \\ 6x + 2y = 11 \end{vmatrix}$

g) $\begin{vmatrix} 15x + 13y = 17 \\ x = 5y + 7 \end{vmatrix}$

h) $\begin{vmatrix} 3x - 5y = 20 \\ x = -5y \end{vmatrix}$

i) $\begin{vmatrix} 11y - 15x = 4 \\ x = 3y - 15 \end{vmatrix}$

j) $\begin{vmatrix} 2x + \frac{1}{2}y = 12 \\ y = 5x - 3 \end{vmatrix}$

▲ k) $\begin{vmatrix} 4\frac{1}{2}x + 2\frac{2}{3}y = 17 \\ x = 3y - 7 \end{vmatrix}$

▲ l) $\begin{vmatrix} 5,4x - 3,5y = 9,2 \\ y = 5x - 13 \end{vmatrix}$

**4.**
Bestimme die Lösungsmenge. Setze sinnvoll ein.

a) $\begin{vmatrix} 10x - 7y = 44 \\ 7y = 3x - 23 \end{vmatrix}$

b) $\begin{vmatrix} 2,3x - 7,4y = -2,8 \\ 2,3x = 10 - 5,4y \end{vmatrix}$

c) $\begin{vmatrix} 45u - 17v = 73 \\ 45u - 25v = 65 \end{vmatrix}$

d) $\begin{vmatrix} \frac{1}{4}x + \frac{1}{8}y = 1 \\ \frac{1}{8}y = 3 - \frac{x}{2} \end{vmatrix}$

▲ e) $\begin{vmatrix} 6x + 11y = 34 \\ 6x = 5y + 2 \end{vmatrix}$

▲ f) $\begin{vmatrix} 0,5x - 3y = 3,5 \\ 3y = -2,5x + 5 \end{vmatrix}$

**5.**
Bestimme die Lösungsmenge. Löse eine Gleichung zunächst nach y auf.

a) $\begin{vmatrix} 3y - 6x = 0 \\ x + y = 3 \end{vmatrix}$

b) $\begin{vmatrix} 4y + x = 24 \\ 10x + y = 6 \end{vmatrix}$

c) $\begin{vmatrix} 9x + 2y = 19 \\ 3x + y = 2 \end{vmatrix}$

d) $\begin{vmatrix} 4x + 5y = -1 \\ -x + y = -11 \end{vmatrix}$

e) $\begin{vmatrix} 8x + 4y = 64 \\ 12x + 2y = 80 \end{vmatrix}$

f) $\begin{vmatrix} 12x - 3y = 12 \\ 3x + 3y = 12 \end{vmatrix}$

g) $\begin{vmatrix} 4y - 12x = 4 \\ x + 2y = 23 \end{vmatrix}$

h) $\begin{vmatrix} 2y + 8x = 22 \\ 6y - 9y = 0 \end{vmatrix}$

**6.**
Forme eine Gleichung um. Löse dann das Gleichungssystem nach dem Einsetzungsverfahren.

a) $\begin{vmatrix} 42x + 25y = 48 \\ 3x + 5y = 6 \end{vmatrix}$

b) $\begin{vmatrix} 44x - 21y = 39 \\ 4x - 7y = 1 \end{vmatrix}$

c) $\begin{vmatrix} 4x + 9y = 19 \\ 3y - x = 11 \end{vmatrix}$

d) $\begin{vmatrix} 19x + 4y = 18 \\ 3x - y = 11 \end{vmatrix}$

▲ e) $\begin{vmatrix} 2\frac{1}{4}x + 4\frac{1}{5}y = 60 \\ 3\frac{1}{2}x + \frac{3}{5}y = 34 \end{vmatrix}$

▲ f) $\begin{vmatrix} 1,1x + 1,2y = 9,1 \\ 2,1x - 0,4y = 9,3 \end{vmatrix}$

**7.**
Wende das Einsetzungs- oder das Gleichsetzungsverfahren an.

a) $\begin{vmatrix} 2x - y = 1 \\ 4x = -5 + y \end{vmatrix}$

b) $\begin{vmatrix} 5x + 3y = -3 \\ 2x - y = -10 \end{vmatrix}$

c) $\begin{vmatrix} 2x + 3 = 4y \\ 2x = 5y - 1 \end{vmatrix}$

d) $\begin{vmatrix} 26x - 75y = 29 \\ 25y = 77 - 13x \end{vmatrix}$

e) $\begin{vmatrix} 3x - 5 = 2y + 1 \\ 2y + 1 = 4x - 1 \end{vmatrix}$

f) $\begin{vmatrix} x = 0,2y - 2,1 \\ x = 0,5y - 3,45 \end{vmatrix}$

▲ **8.**
Hat das Gleichungssystem genau eine Lösung, keine Lösung oder unendlich viele Lösungen?

a) $\begin{vmatrix} 3x - 2y = 12 \\ y = \frac{4}{3}x \end{vmatrix}$

b) $\begin{vmatrix} y = -3x + 2 \\ 3x - y = 2 \end{vmatrix}$

c) $\begin{vmatrix} 5y - 3x = 0 \\ x = -y + 2 \end{vmatrix}$

d) $\begin{vmatrix} -5x + y = 6 \\ y = 5x + 4 \end{vmatrix}$

e) $\begin{vmatrix} 3x - 5y = 4 \\ x = 5y + 8 \end{vmatrix}$

f) $\begin{vmatrix} 68r - 15s = 23 \\ 17r = 9s - 10 \end{vmatrix}$

g) $\begin{vmatrix} u = 23 - 4v \\ u = 3v - 12 \end{vmatrix}$

h) $\begin{vmatrix} 4x + 2y = 6 \\ y + 2x = 3 \end{vmatrix}$

## Text- und Sachaufgaben, die auf lineare Gleichungssysteme führen

### Zahlenrätsel

**Aufgabe**

Anja denkt sich zwei Zahlen. Sie sagt: „Wenn ich das Doppelte der ersten Zahl zur zweiten addiere, dann erhalte ich 17. Wenn ich das Dreifache der ersten Zahl zum Doppelten der zweiten Zahl addiere, dann erhalte ich 29."
Wie heißen die beiden Zahlen?
(1) Mache eine Zeichnung und lege die Bezeichnungen fest.
(2) Gib die Bedingungen als Gleichungen an.
(3) Löse das Gleichungssystem und gib das Ergebnis an.

**Lösung**

(1) Erste Zahl:   x
    Zweite Zahl:  y

(2) *1. Bedingung:*
    Das Doppelte der ersten Zahl: $2 \cdot x$.
    Das Doppelte der ersten Zahl addiert zur zweiten Zahl:
    $2 \cdot x + y$.
    Dann erhält man 17:   $2x + y = 17$

   *2. Bedingung:*
   Das Dreifache der ersten Zahl:   $3 \cdot x$
   Das Doppelte der zweiten Zahl:   $2 \cdot y$
   Das Dreifache der ersten Zahl addiert zum Doppelten der zweiten Zahl:   $3 \cdot x + 2 \cdot y$
   Dann erhält man 29:   $3x + 2y = 29$

(3) Gleichungssystem: $\begin{vmatrix} 2x + y = 17 \\ 3x + 2y = 29 \end{vmatrix}$ ;   umgeformt: $\begin{vmatrix} x = 5 \\ y = 7 \end{vmatrix}$

*Ergebnis:* Die erste Zahl heißt 5, die zweite Zahl 7.

### Übungen

**1.**
Wenn man zum Fünffachen einer Zahl eine zweite Zahl addiert, dann erhält man 25.
Wenn man zum Dreifachen der ersten Zahl das Doppelte der zweiten Zahl addiert, dann erhält man 32. Wie heißen die beiden Zahlen?

**2.**
Addiert man zum Doppelten der ersten Zahl das Fünffache der zweiten Zahl, so erhält man 23.
Addiert man zum Fünffachen der ersten Zahl das Doppelte der zweiten Zahl, so erhält man 26.
Wie heißen die beiden Zahlen?

**3.**
Wenn man zum Doppelten der ersten Zahl die zweite Zahl addiert, dann erhält man 22.
Wenn man vom Vierfachen der ersten Zahl die zweite Zahl subtrahiert, so erhält man 14.
Wie heißen die beiden Zahlen?

**4.**
Wenn man die zweite Zahl von der ersten Zahl subtrahiert, so erhält man 98. Addiert man zur ersten Zahl das Vierfache der zweiten Zahl, so erhält man 153. Wie heißen die beiden Zahlen?

**5.**
Subtrahiert man von einer Zahl 14 und addiert zu einer zweiten Zahl 14, so sind die Ergebnisse gleich. Man erhält auch gleiche Ergebnisse, wenn man von der ersten Zahl 25 und von 19 die zweite Zahl subtrahiert.

**6.**
Die Summe zweier Zahlen ist 7. Subtrahiert man vom Vierfachen der ersten Zahl das Doppelte der zweiten Zahl, so erhält man 4. Wie heißen die beiden Zahlen?

**7.**
Die Summe zweier Zahlen ist 12, die Differenz beider Zahlen ist 3. Wie heißen die Zahlen?

**8.**
Addiert man zu einer Zahl das Doppelte einer zweiten, so erhält man 142. Wenn das Fünffache der ersten von der zweiten Zahl subtrahiert wird, ergibt sich 5. Gib die Zahlen an.

**9.**
Vermindert man eine Zahl um 3 und vergrößert man eine zweite um 7, so beträgt die Differenz 2. Vermindert man dagegen die erste Zahl um 7 und vergößert die zweite um 3, so ergibt sich die Summe 20.


## Sachaufgaben aus verschiedenen Bereichen

**10.**
Herr Meyer kauft jeden Tag Brötchen. Gestern kaufte er 6 Weizenbrötchen und 2 Roggenbrötchen und zahlte dafür 2,50 DM. Heute zahlt er für 4 Weizenbrötchen und 4 Roggenbrötchen zusammen 2,60 DM. Wie teuer ist ein Weizenbrötchen, wie teuer ein Roggenbrötchen?

**11.**
Die Kosten für eine Taxifahrt setzen sich aus einer Grundgebühr und den Kosten für die gefahrenen Kilometer zusammen.
Ein Fahrgast zahlt für eine 8 km lange Taxifahrt 10,90 DM. Die Rückfahrt ist wegen eines Umweges 14 km lang und kostet 16,50 DM.
Berechne die Kosten für 1 km. Berechne die Grundgebühr.

**12.**
Claus und Irene haben den Führerschein in derselben Fahrschule erworben. Die Grundgebühr und die Kosten für 39 Fahrstunden machen für Claus 1 537 DM aus; Irene muß 1 240 DM zahlen, weil sie nur 30 Fahrstunden hatte.
Wie teuer ist eine Fahrstunde; wie hoch ist die Grundgebühr?

**13.**
Frau Witt hatte im Juli für 426 kWh eine Stromrechnung von 99,66 DM; im Mai 104,78 DM für 458 kWh. Wie hoch sind Arbeitspreis (kWh-Preis) und Grundgebühr?

**14.**
Eine Autoverleihfirma berechnet die Kosten für einen Leihwagen aus einer Grundgebühr pro Tag und den Kosten für die gefahrenen Kilometer. Frau A hat für drei Tage mit 144 km insgesamt 261 DM gezahlt, Frau B für nur zwei Tage, aber 248 km, insgesamt 288 DM.
Wie hoch sind die Tagesgebühren und die Kosten für 1 km?

## Aufgaben aus der Geometrie

### Aufgabe
In einem Rechteck ist eine Seite um 3 cm kürzer als die andere. Der Umfang des Rechtecks ist um 10 cm größer als die 3fache Länge der ersten Seite.

### Lösung

(1) Länge der einen Seite in cm:   x
    Länge der anderen Seite in cm: y

(2) 1. Bedingung: $x = y - 3$
    2. Bedingung: $2 \cdot x + 2 \cdot y = 3 \cdot x + 10$
    Hinzu kommt die *einschränkende Bedingung* $x > 0$ und $y > 0$, da die Seitenlängen des Rechtecks nur positiv sein können.

(3) Gleichungssystem: $\left| \begin{array}{l} x - y = -3 \\ -x + 2y = 10 \end{array} \right|$ ; umgeformt: $\left| \begin{array}{l} x = 4 \\ y = 7 \end{array} \right|$

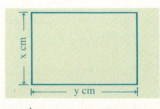

*Ergebnis:* Die eine Seite ist 4 cm, die andere 7 cm lang.

### Übungen

**1.**
Aus einem 2 m langen Bandeisen soll ein rechteckiger Rahmen hergestellt werden. Benachbarte Seiten des Rahmens sollen sich in der Länge um 30 cm unterscheiden.
Wie lang wird der Rahmen, wie breit?

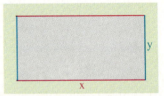

**2.**
Aus einem 3 m langen Rundeisen soll ein rechteckiger Rahmen angefertigt werden. Die längeren Seiten des Rahmens sollen doppelt [dreimal; viermal] so lang wie die kürzeren Seiten sein.
Wie lang und wie breit wird der Rahmen?

**3.**
Ein Rechteck hat den Umfang 60 cm. Eine Seite ist 10 cm länger als die benachbarte Seite. Wie lang ist das Rechteck, wie breit ist es?

**4.**
Ein Rechteck hat den Umfang 80 cm. Eine Seite ist doppelt [dreimal] so lang wie die benachbarte Seite. Berechne die Seitenlängen.

☐ **5.**
Ein gleichschenkliges Dreieck hat den Umfang 40 cm.
 a) Jeder Schenkel ist 5 cm länger als die Basis. Wie lang ist die Basis? Wie lang sind die Schenkel?
 b) Jeder Schenkel ist 5 cm kürzer als die Basis. Bestimme die Länge jeder Seite.

☐ **6.**
Von zwei Strecken ist die eine 24 cm kürzer als die andere, während sie zusammen 44 cm lang sind. Bestimme ein gleichschenkliges Dreieck, dessen Basis die kürzere Strecke und dessen einer Schenkel die längere Strecke ist.

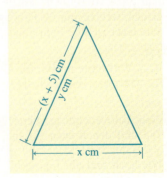

# 10. Sachrechnen

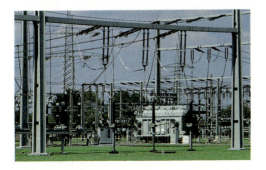

## Elektrizität im Haushalt

### Vergleich von Stromtarifen

**Zur Information**

Der Strompreis für private Haushalte setzt sich aus zwei Teilen zusammen:

*Grundpreis* (Zählerpreis plus feste Gebühr, die von der Anzahl der Räume abhängt);

*Arbeitspreis* für die verbrauchten Kilowattstunden (kWh).

Auf den Strompreis wird noch 14% Mehrwertsteuer aufgeschlagen.

Die Technischen Werke einer Stadt bieten zwei Tarife an, zwischen denen der Kunde wählen kann.

|  | Tarif I | Tarif II |
|---|---|---|
| *Grundpreis:* |  |  |
| Monatl. Zählerpreis | 3,40 DM | 3,40 DM |
| Monatliche Gebühr |  |  |
| – für 1 oder 2 Räume | 6,90 DM | 12,20 DM |
| – für 3 Räume | 8,90 DM | 14,70 DM |
| – für 4 Räume | 10,90 DM | 17,20 DM |
| – für 5 Räume | 12,90 DM | 19,70 DM |
| – für jeden weiteren Raum | 2,00 DM | 2,50 DM |
| *Arbeitspreis:* je kWh | 18,0 Pf | 15,0 Pf |

**Aufgabe**

Familie Deter (Wohnung mit 5 Räumen) verbraucht in einem Abrechnungsjahr 5 300 kWh.

a) Berechne die Stromkosten nach Tarif I und nach Tarif II; berücksichtige auch die Mehrwertsteuer. Welcher Tarif ist für Familie Deter günstiger?

b) Bis zu welchem Stromverbrauch ist Tarif I günstiger als Tarif II (bei 5 Räumen)?

**Lösung**

a) 
| | Grundpreis pro Jahr | Arbeitspreis | Nettobetrag |

Tarif I: 12 · (12,90 DM + 3,40 DM) + 0,18 DM · 5300 = 1 149,60 DM
Tarif II: 12 · (19,70 DM + 3,40 DM) + 0,15 DM · 5300 = 1 072,20 DM

Stromkosten einschließlich Mehrwertsteuer:
Tarif I: 1 149,60 DM + 160,94 DM = 1 310,54 DM
Tarif II: 1 072,20 DM + 150,11 DM = 1 222,31 DM

*Ergebnis:* Tarif II ist für Familie Deter günstiger.

b) Beachte: Die Zählergebühr und die Mehrwertsteuer können bei dieser Fragestellung unberücksichtigt bleiben, da für beide Tarife die gleichen Sätze gelten.
Wir legen für jeden Tarif eine Tabelle der Funktion *Anzahl der Kilowattstunden → Preis* (ohne Mehrwertsteuer und Zählerpreis) an und zeichnen den Graphen der Funktion.

| **Anzahl der kWh** | 0 | 500 | 1 000 | 1 500 | 2 000 | 2 500 | 3 000 |
|---|---|---|---|---|---|---|---|
| **Preis, Tarif I (in DM)** | 154,80 | 244,80 | 334,80 | 424,80 | 514,80 | 604,80 | 694,80 |
| **Preis, Tarif II (in DM)** | 236,40 | 311,40 | 386,40 | 461,40 | 536,40 | 611,40 | 686,40 |

Bis zu einer Anzahl von ungefähr 2 700 kWh ist Tarif I günstiger als Tarif II.
Die Anzahl x der Kilowattstunden, bei der beide Tarife übereinstimmen, bestimmen wir mit Hilfe einer Gleichung:

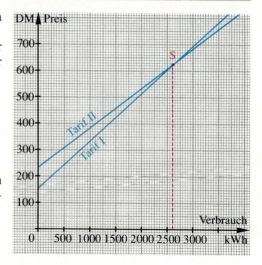

Tarif I   Tarif II
$154{,}80 + 0{,}18x = 236{,}40 + 0{,}15x \quad |-0{,}15x$
$154{,}80 + 0{,}03x = 236{,}40 \quad\quad\quad |-154{,}80$
$\quad\quad\quad 0{,}03x = 81{,}60 \quad\quad\quad\quad |:0{,}03$
$\quad\quad\quad\quad\quad x = 2720$

*Ergebnis:* Bei 5 Räumen ist bis zu einem Jahresverbrauch von 2 720 kWh Tarif I günstiger.

**Zur Festigung und zum Weiterarbeiten**

**1.**
Familie Schäfer (4 Räume) verbraucht pro Jahr 2 250 kWh. Berechne die Stromkosten nach Tarif I und nach Tarif II (einschließlich 14% Mehrwertsteuer).

**2.**
Bis zu welchem Stromverbrauch ist bei 2 Räumen [3; 4; 6; 7; 8 Räumen] Tarif I günstiger als Tarif II?

**3.**
Zeichne den Graphen der Funktion *Anzahl der Kilowattstunden → Strompreis* (pro Jahr) für 3 Räume für Tarif I und für Tarif II in dasselbe Koordinatensystem.
Notiere die Zuordnungsvorschrift jeder Funktion.

**4.**
a) Familie Schäfer zahlt in einem Jahr für Strom 693,75 DM ohne Mehrwertsteuer (4 Räume, Tarif II). Wieviel Kilowattstunden wurden verbraucht?
b) Familie Ulrich zahlt in einem Jahr für Strom 766,65 DM ohne Mehrwertsteuer (5 Räume, Tarif II). Wieviel Kilowattstunden wurden verbraucht?

△ **5.**
Informiere dich durch Befragung von Fachleuten und diskutiere in der Klasse:
a) Welche Verbraucher haben durch die Tarifgestaltung für Strom Vorteile?
b) Wie wirkt sich die Tarifgestaltung auf den Verbrauch von Elektrizität aus?
c) Sind andere Tarifmodelle für Strom denkbar? Welche Vor- und Nachteile haben sie?

### Übungen

**6.**
Die Stadtwerke einer Großstadt bieten den privaten Haushalten zwei Stromtarife an.
Bis zu welchem Jahresverbrauch ist bei einem Raum [2; 3; ...; 8 Räumen] Tarif I günstiger als Tarif II?

|  | Tarif I | Tarif II |
|---|---|---|
| Arbeitspreis je kWh | 18,6 Pf | 15,6 Pf |
| Monatliche Gebühr – für 1 Raum | 7,60 DM | 13,20 DM |
| – für jeden weiteren Raum | 1,90 DM | 2,80 DM |

**7.**
Zeichne den Graphen der Funktion *Anzahl der Kilowattstunden → Strompreis* (pro Jahr) für 1 Raum für Tarif I und für Tarif II aus Übungsaufgabe 6 in dasselbe Koordinatensystem. Notiere die Zuordnungsvorschrift jeder Funktion.

**8.**
Wieviel Kilowattstunden wurden verbraucht? Hat die Familie den „richtigen" Tarif gewählt? (Beträge ohne Mehrwertsteuer)
a) Familie Neuhof zahlt nach Tarif I aus Übungsaufgabe 6 für 4 Räume in einem Jahr 808,00 DM.
b) Familie Merkel zahlt für 5 Räume nach Tarif I in einem Jahr 971,04 DM.
c) Familie Hofmann zahlt für 3 Räume nach Tarif II in einem Jahr 673,94 DM.

### Anschaffung und Betriebskosten bei Haushaltsgeräten

**Aufgabe**
Familie Schwabe möchte eine neue Geschirrspülmaschine anschaffen. Nach sorgfältiger Prüfung zieht Familie Schwabe zwei Geräte in die engere Wahl.
Das teurere Modell hat die günstigeren Verbrauchsdaten. Lohnt sich die Mehrausgabe?
Rechne mit folgenden Werten:

|  | *Geschirrspülmaschinen* | |
|---|---|---|
|  | Gerät A | Gerät B |
| Preis | 1 098 DM | 1 198 DM |
| Verbrauch pro Normalspülgang: | | |
| Wasser | 49 l | 46 l |
| Strom | 2,6 kWh | 1,6 kWh |

Wasser (Frischwasser und Abwasser): $3,82 \frac{DM}{m^3}$;    Stromtarif II: $15,0 \frac{Pf}{kWh}$;
365 Spülgänge pro Jahr;
10 Jahre Lebensdauer der Geräte.

**Lösung**

Jahresverbrauch Gerät A:

| Wasser | Strom |

$(49 \cdot \frac{3{,}82}{1\,000} \text{ DM} + 2{,}6 \cdot 0{,}15 \text{ DM}) \cdot 365$
$\approx 210{,}67 \text{ DM}$

Jahresverbrauch Gerät B:

| Wasser | Strom |

$(46 \cdot \frac{3{,}82}{1\,000} \text{ DM} + 1{,}6 \cdot 0{,}15 \text{ DM}) \cdot 365$
$\approx 151{,}74 \text{ DM}$

*Ergebnis:* Gerät B ist im Jahresverbrauch um etwa 59 DM günstiger als Gerät A; die höheren Anschaffungskosten sind also nach etwa 2 Jahren ausgeglichen. Danach ergibt sich eine Verbrauchsersparnis von etwa 500 DM (bei 10 Jahren Lebensdauer des Gerätes).

**Zur Festigung und zum Weiterarbeiten**

**1.**
Welcher Verbrauchsvorteil für Gerät B ergibt sich für den Fall, daß Familie Schwabe Strom nach Tarif I ($18{,}0 \frac{\text{Pf}}{\text{kWh}}$) bezieht?

**2.**
Nimm an, die Strom- und Wasserkosten werden pro Jahr um 5% erhöht. Welcher Verbrauchsvorteil für Gerät B ergibt sich insgesamt in 10 Jahren?
(Rechne mit Stromtarif I und mit Stromtarif II.)

**3.**
Wieviel Prozent der Jahresverbrauchskosten der Spülmaschinen A und B entfallen auf Strom bzw. auf Wasser? (Rechne mit den Angaben aus der Aufgabe Seite 171.)

**4.**
Viele Hausfrauen spülen täglich, auch wenn die Spülmaschine nicht voll beladen ist. Wieviel DM pro Jahr können eingespart werden, wenn durch volles Beladen der Spülmaschine pro Woche 2 Spülgänge eingespart werden?
(Rechne möglichst einfach, benutze die Angaben aus der Aufgabe Seite 171.)

**Übungen**

**5.**
Eine Firma bietet einen Gefrierschrank für 1 198 DM (Verbrauch: 3,8 kWh in 24 Stunden) und eine Gefriertruhe für 1 298 DM (Verbrauch: 2,1 kWh pro Tag) mit gleichem Nutzinhalt an.
Nach wie vielen Jahren wird der höhere Anschaffungspreis der Gefriertruhe durch den niedrigeren Verbrauch ausgeglichen?
Rechne mit $15{,}6 \frac{\text{Pf}}{\text{kWh}}$.

**6.**
Ein Großversandhaus bietet eine Gefriertruhe für 885 DM (Verbrauch: 1,6 kWh in 24 Stunden) und eine „Superspartruhe" für 1 258 DM (Verbrauch: 0,95 kWh in 24 Stunden) mit gleichem Nutzinhalt an. Lohnt sich die Anschaffung der „Spartruhe"?
Rechne mit $15{,}6 \frac{\text{Pf}}{\text{kWh}}$.

**Anregungen für Gruppenarbeit / Partnerarbeit**

**7.**
Die preiswertere Waschmaschine hat ungünstigere Verbrauchswerte.
Lohnt die Mehrausgabe für Modell B?
Rechne mit 3 Waschgängen pro Woche und 10 Jahren Lebensdauer der Maschinen. Der Wasserpreis beträgt 3,82 $\frac{DM}{m^3}$, der Strompreis 15,0 $\frac{Pf}{kWh}$.

|  | Waschmaschinen | |
|---|---|---|
|  | Modell A | Modell B |
| Preis | 1 060 DM | 1 350 DM |
| Verbrauch pro Waschgang: | | |
| Wasser | 140 *l* | 110 *l* |
| Strom | 3,0 kWh | 2,6 kWh |

**8.**
Eine führende Herstellerfirma für Geschirrspülautomaten vergleicht in einem Prospekt den Energie- und Zeitaufwand eines Geschirrspülers mit dem Aufwand, der erforderlich wäre, um die gleiche Menge Geschirr mit der Hand zu spülen.

**a)** Was will die Firma erreichen?

**b)** Berechne die jährlichen Strom- und Wasserkosten sowie den jährlichen Zeitaufwand für beide Spülverfahren.
Rechne mit 365 Spülgängen pro Jahr und dem Strom- und Wasserpreis wie in Aufgabe 7.

**c)** Informiere dich, ob die Angaben des Prospektes realistisch sind.

**9.**
Stromverbrauch von Haushaltsgeräten: Auf jedem elektrischen Gerät findet man eine Angabe über den Stromverbrauch.
Die Angabe „500 W" bedeutet zum Beispiel: In einer Stunde Betriebsdauer sind 500 Wattstunden erforderlich.
Berechne den jährlichen Stromverbrauch für folgende Geräte (1 000 Watt = 1 Kilowatt).

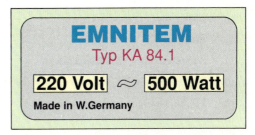

|  |  | Verbrauchsangabe | durchschnittliche Betriebsdauer |
|---|---|---|---|
| a) | Glühbirne | 75 W | 4 h pro Tag |
| b) | Fernsehgerät | 440 W | 3 h pro Tag |
| c) | Elektroboiler | 2 000 W | 20 min pro Tag |
| d) | Sonnenbank | 1 040 W | 30 min pro Tag |
| e) | Bügeleisen | 600 W | 3 h pro Woche |
| f) | Staubsauger | 850 W | 15 min pro Tag |
| g) | Fön | 1 000 W | 8 min pro Tag |

**10.**
Prüfe den „Energiespartip" einer Zeitung.

a) Wieviel DM spart man im Jahr, wenn man statt zehn 100-Watt-Birnen zehn 60-Watt-Birnen verwendet (durchschnittliche Betriebsdauer 3 Stunden täglich; $15{,}0\,\frac{\text{Pf}}{\text{kWh}}$).

b) Wie lange müßten zehn Lampen täglich brennen, damit sich bei den 60-Watt-Birnen gegenüber den 100-Watt-Birnen eine Ersparnis von 250 DM pro Jahr ergibt? (Rechne mit $15{,}0\,\frac{\text{Pf}}{\text{kWh}}$ und auch mit $18{,}0\,\frac{\text{Pf}}{\text{kWh}}$.)

c) Schätze die durchschnittliche tägliche Betriebsdauer der zehn am häufigsten benutzten Glühbirnen in einer „normalen" Wohnung. Führe eine Beispielrechnung wie in a) durch.

d) Was hältst du von dem „Energiespartip"?

Der REFLEKTOR ist leicht zu montieren. Er wird einfach auf die Glühbirne gesteckt.

**ENERGIESPAR–TIP**

Lüdenscheid, 5. November
Sie können Strom sparen, wenn Sie in Ihre Lampe den neuen REFLEKTOR einbauen; er kostet 1,50 - 2,00 Mark. Mit einer 25-Watt-Birne erhalten Sie dann so viel Licht wie mit einer 40er, mit einer 60-Watt-Birne so viel wie mit einer 100er. Bei zehn Lampen im Haus können Sie im Jahr bis zu 250 Mark sparen.
Den REFLEKTOR erhalten Sie im Fachhandel. Auskünfte auch beim Hersteller.

### Übungen
**11.**
Berechne den jährlichen Stromverbrauch für folgende Geräte (1 000 Watt = 1 Kilowatt).

|    |                            | Verbrauchsangabe | durchschnittliche Betriebsdauer |
|----|----------------------------|------------------|---------------------------------|
| a) | Glühbirne                  | 60 W             | 3 h pro Tag                     |
| b) | Strahler                   | 100 W            | 45 min pro Tag                  |
| c) | Backofen eines Elektroherdes | 1,2 kW         | 1,5 h pro Woche                 |
| d) | Bügelautomat               | 2 700 W          | 3 h pro Woche                   |
| e) | Tischkreissäge             | 700 W            | 0,5 h pro Woche                 |

**12.**
Frau Säuberlich wäscht die Wäsche ihres 3-Personen-Haushaltes mit der Waschmaschine und trocknet sie mit einem Wäschetrockner. Berechne den jährlichen Stromverbrauch (in kWh).
Stromverbrauch pro 4,5 kg Wäsche: Waschmaschine 3,1 kWh, Trockner 4,0 kWh.
In einer Woche müssen durchschnittlich 15 kg Wäsche gewaschen werden.

**13.**
Das Bundesministerium für Wirtschaft empfiehlt in seinen „Energiespartips", die Kühltemperatur des Kühlschrankes höher einzustellen: „Wenn Sie die Kühltemperatur um 2 höher einstellen, können Sie Ihren Stromverbrauch um 15% senken.".
In der Produktinformation eines Kühlschrankes ist ein Stromverbrauch von 0,8 kWh [0,65 kWh] in 24 Stunden angegeben. Wieviel DM können pro Jahr durchschnittlich eingespart werden, wenn die Temperatur 2 über dem Normalwert liegt? (Rechne mit $15{,}0\,\frac{\text{Pf}}{\text{kWh}}$.)

## Gleichberechtigung und Chancengleichheit – Meinungen und Zahlen

### Gleichberechtigung der Frauen?

**Aufgabe**

Frauenrechtlerinnen betonen: „Obwohl Frauen und Männer nach dem Gesetz gleichberechtigt sind, werden Frauen immer noch in vielen Bereichen benachteiligt."
Läßt sich diese Aussage mit Zahlen bestätigen oder widerlegen?

a) Berechne den Mädchenanteil an allen Schulabgängern sowie die Anteile der Mädchen an den einzelnen Abschlüssen. Stelle die Ergebnisse grafisch dar.

b) Wieviel Prozent der Studierenden sind Frauen?
Gib eine geeignete Vergleichszahl an.

c) Prüfe diese Behauptung: „Nur 46,1 % der Arbeitslosen sind Frauen, obwohl 52 % der Bevölkerung Frauen sind. Von Benachteiligung kann da wohl keine Rede sein."

| Aus der Bevölkerungsstatistik 1986 | | |
|---|---|---|
| | Gesamt | davon weiblich |
| Bevölkerung der Bundesrepublik | 61 140 000 | 31 855 000 |
| Schulabgänger | 1 035 600 | 502 800 |
| – ohne Abschluß | 65 000 | 25 900 |
| – mit Hauptschulabschluß | 285 200 | 126 600 |
| – mit Fachoberschulreife | 393 800 | 211 700 |
| – mit Hochschulreife | 291 400 | 138 100 |
| Studierende | 1 367 700 | 518 400 |
| Erwerbstätige | 25 796 000 | 9 881 000 |
| Arbeitslose | 2 228 000 | 1 028 000 |

**Lösung**

a) Mädchenanteile

| | |
|---|---|
| an den Schulabgängern | 48,6 % |
| davon – ohne Abschluß | 39,8 % |
| – mit Hauptschulabschluß | 44,4 % |
| – mit Fachoberschulreife | 53,8 % |
| – mit Hochschulreife | 47,4 % |

Wir benutzen den Anteil der weiblichen Schulabgänger, nämlich 48,6 %, als Vergleichszahl. Dabei gehen wir von der Annahme aus, daß bei Chancengleichheit der Anteil der Mädchen für die einzelnen Abschlüsse dieser Vergleichszahl entsprechen müßte.

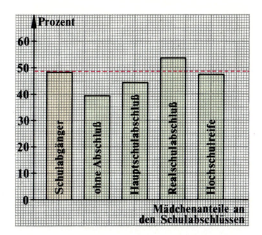

Mädchenanteile an den Schulabschlüssen

– Die Mädchenanteile „ohne Abschluß" und „mit Hauptschulabschluß" sind kleiner als die Vergleichszahl.
– Der Mädchenanteil „mit Fachoberschulreife" ist größer als die Vergleichszahl.
– Der Frauenanteil „mit Hochschulreife" entspricht etwa der Vergleichszahl.

b) Der Anteil der studierenden Frauen beträgt 37,9 %. Als Vergleichszahl benutzen wir den Frauenanteil an der Gesamtbevölkerung (52 %). Dabei gehen wir von der Annahme aus, daß bei Chancengleichheit der Frauenanteil an den Studierenden der Vergleichszahl entsprechen müßte. Er ist aber um fast 15 Prozentpunkte kleiner.

c) In der Behauptung wird der Frauenanteil an der Gesamtbevölkerung als Vergleichszahl benutzt. Das führt zu einem falschen Ergebnis, weil viele Frauen, aber nur wenig Männer nicht erwerbstätig sind.
Wir berechnen als Vergleichszahl den Frauenanteil an den Erwerbstätigen und vergleichen:

Frauenanteil an den Erwerbstätigen 38,3 %
Frauenanteil an den Arbeitslosen 46,1 %

Der Frauenanteil an den Arbeitslosen ist um fast 8 Prozentpunkte größer als die Vergleichszahl; das bedeutet: Das Risiko, arbeitslos zu sein, ist für erwerbstätige Frauen sehr viel größer als für Männer.

*Ergebnis:* Aus den Zahlen über Schulabschlüsse läßt sich keine Benachteiligung der Mädchen ableiten. Im Studium und im Berufsleben weisen diese Zahlen auf eine deutliche Benachteiligung der Frauen hin.

### Zur Festigung und zum Weiterarbeiten

**1.**
Nenne mögliche Gründe dafür, daß
a) der Mädchenanteil an den Schulabgängern mit Hauptschulabschluß niedriger ist als der Jungenanteil;
b) der Mädchenanteil an den Schulabgängern ohne Abschluß niedriger ist als der Jungenanteil.

**2.**
Im Jahre 1986 waren von den 217 800 Studienanfängern 84 700 weiblich.
a) Berechne den Frauenanteil und vergleiche mit dem Frauenanteil an den Studierenden. Wie erklärst du den Unterschied?
b) Lassen sich diese Zahlen als Argument für die These verwenden: „Frauen holen auf!"

**3.**
Julia: „Wenn 52 % der Bevölkerung, aber nur 38 % der Erwerbstätigen Frauen sind, dann sehe ich schon darin eine Benachteiligung der Frauen." Was meinst du dazu?

**4.**
a) Stelle fest, ob der Mädchenanteil in deiner Klasse [in deiner Schule] dem Frauenanteil an der Gesamtbevölkerung (52 %) entspricht.
b) Entscheide, ob für folgende Personengruppen ein höherer, niedrigerer oder etwa gleicher Frauenanteil zu erwarten ist als 52 %:
(1) Zuschauer bei einem Fußballspiel       (3) Einwohner einer deutschen Großstadt
(2) Schüler aller deutschen Grundschulen   (4) Kunden eines Lebensmittelgeschäftes

**5.**
*Repräsentative Umfragen*
Eine Meinungsumfrage ist **repräsentativ**, wenn der Anteil bestimmter Personengruppen aller befragten Personen dem Anteil dieser Personengruppen an der Gesamtbevölkerung entspricht.
Bei einer Meinungsumfrage sollen insgesamt 2 750 [3 250] Personen befragt werden.
Berechne,
(1) wie viele Frauen,                  (4) wie viele Arbeitslose,
(2) wie viele Erwerbstätige,           (5) wie viele arbeitslose Frauen
(3) wie viele erwerbstätige Frauen,
befragt werden müssen.
Benutze die Anteile aus der Lösung zur Aufgabe auf Seite 175, Teil b) und c).

**Anregungen für Partnerarbeit / Gruppenarbeit**

☐ **1.**
*Schulabschlüsse*

| Aus alten Statistiken | gesamt | | davon weiblich | |
|---|---|---|---|---|
| | 1970 | 1980 | 1970 | 1980 |
| **Schulabgänger** | 780 700 | 1 144 700 | 373 800 | 555 600 |
| – ohne Abschluß | 140 300 | 109 400 | 62 400 | 41 700 |
| – mit Hauptschulabschluß | 348 800 | 391 400 | 172 000 | 179 300 |
| – mit Fachoberschulreife | 200 100 | 422 200 | 103 300 | 233 900 |
| – mit Hochschulreife | 91 500 | 221 700 | 36 100 | 100 700 |
| – **Studierende** | 510 500 | 1 044 200 | 130 500 | 383 200 |

a) Berechnet für die Jahre 1970 und 1980 die Anteile der Mädchen an den einzelnen Schulabschlüssen. Kann man aus diesen Zahlen auf eine Benachteiligung der Mädchen schließen?

b) Stellt die Mädchen- und Jungenanteile in den Jahren 1970, 1980 und 1986 (Seite 175) in geeigneter Weise grafisch dar.

c) Notiert mögliche Gründe für die unterschiedlichen Mädchenanteile in den verschiedenen Jahren.

d) Wieviel Prozent der Studierenden waren 1970 bzw. 1980 Frauen? Vergleicht mit 1986.

☐ **2.**
*Arbeitslöhne von Frauen und Männern*
Die Tabelle enthält Angaben über die durchschnittlichen Bruttostundenverdienste (in DM) von Frauen und Männern in der Industrie.

| Jahr | Frauen | Männer |
|---|---|---|
| 1950 | 0,86 | 1,42 |
| 1960 | 1,86 | 2,91 |
| 1970 | 4,45 | 6,54 |
| 1980 | 10,21 | 14,20 |
| 1986 | 13,04 | 17,85 |

a) Prüft die folgenden Aussagen:
   (1) Die Zahlen sind eindeutig. Frauen sind klar im Nachteil.
   (2) Männer haben oft eine anspruchsvollere Tätigkeit. Es ist nur gerecht, wenn sie dafür mehr Geld bekommen.
   (3) Die Benachteiligung liegt gerade darin, daß Frauen weniger anspruchsvolle Arbeiten ausführen müssen. Die Zahlen sind also doch ein Maßstab für die Benachteiligung der Frauen.

b) Berechnet für jedes Jahr: Wieviel Prozent des durchschnittlichen Stundenlohnes der Männer beträgt der Stundenlohn der Frauen? Haben die Frauen aufgeholt?

☐ **Zahlen auf einen Blick – Quoten und Grafiken**

> In Wirtschaft und Verwaltung werden zur Beurteilung von Zusammenhängen häufig Vergleiche von Anteilen vorgenommen.
> Häufig benutzte Anteile werden als **Quoten** bezeichnet und vom Statistischen Bundesamt oder anderen Behörden offiziell errechnet.
> *Beispiel:*
> (1) Die Arbeitslosenquote gibt den Anteil der Arbeitslosen an der Gesamtzahl der Erwerbstätigen an.
> (2) Abiturientenquote: Anteil der Abiturienten an der gleichaltrigen Bevölkerung.

### Aufgabe

In einer offiziellen Statistik findet man die nebenstehenden Angaben.

| Studenten insgesamt: 1 367 700 | Quote: 18,3 % |
|---|---|
| davon weiblich: 518 400 | Quote: 14,3 % |

Unter der „Studentenquote" versteht man den Anteil der 19- bis unter 26jährigen Studierenden an der gleichaltrigen Bevölkerung.

**a)** Vergleiche die beiden Quoten. Formuliere das Ergebnis.

**b)** Entsprechende Zahlen für männliche Studenten werden aus Gründen der Einfachheit nicht angegeben. Berechne die Quote der männlichen Studenten. Vergleiche mit den Quoten in a). Formuliere das Ergebnis.

**c)** Stelle die „Studentenquoten" grafisch so dar, daß der Unterschied zwischen Frauen und Männern     (1) eher verharmlost wird;     (2) eher hervorgehoben wird.

### Lösung

**a)** Die Quote der weiblichen Studenten ist nur um 4 Prozentpunkte niedriger als die Quote aller Studenten.

**b)** Berechnung der Zahl der 19- bis unter 26jährigen

Bevölkerung gesamt:  $1\,367\,700 : 0{,}183 \approx 7\,473\,800$
weiblich                $518\,400 : 0{,}143 \approx 3\,625\,200$
männlich              $7\,473\,800 - 3\,625\,200 = 3\,848\,600$

Anzahl der männlichen Studenten: $1\,367\,700 - 518\,400 = 849\,300$

Quote der männlichen Studenten: $\frac{849\,300}{3\,848\,600} = 22{,}1\,\%$

Die Quote der männlichen Studenten ist um fast 4 Prozentpunkte größer als die Quote aller Studenten und um fast 8 Prozentpunkte größer als die Quote der weiblichen Studenten.

*Ergebnis:* Bei einem Vergleich der Quote weiblicher Studenten mit der Quote aller Studenten wird z. B. der Unterschied zwischen Männern und Frauen nicht deutlich genug. Statistische Übersichten legen diesen Vergleich oft nahe.
Der Vergleich der Quoten männlicher und weiblicher Studenten macht den Unterschied erst deutlich.

**c)** (1) Studentenquoten                          (2) Männliche und weibliche Studenten

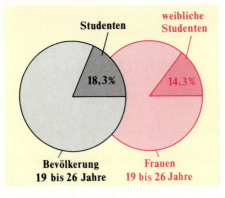
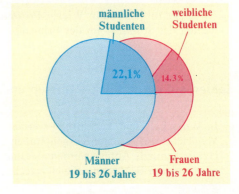

*Ergebnis:* Die Wahl der Quoten, aber auch die Anordnung, die Farbgebung und die Schriftgröße beeinflussen den „Eindruck", den die Grafik vermittelt.

**Zur Festigung und zum Weiterarbeiten**

☐ **1.**
  a) Berechne mit Hilfe der Tabelle auf Seite 175 die Arbeitslosenquote für alle Arbeitnehmer, für die Frauen und für die Männer. Vergleiche diese Quoten.
  b) Zeichne für diese Quoten Grafiken wie in Lösung c) der Aufgabe (Seite 178).

☐ **2.**
  a) Was versteht man unter der Quote der Erwerbstätigen?
  b) Berechne die Quote der Erwerbstätigen sowie die Quote der erwerbstätigen Männer und die Quote der erwerbstätigen Frauen (siehe Tabelle auf Seite 175).
  c) Vergleiche diese Quoten und überlege, was sie aussagen.
  d) Zeichne für die Quoten Grafiken wie in Lösung c) der Aufgabe (Seite 178).

☐ **3.**
*Studentenquoten*
  a) Berechne die fehlenden Angaben in der Tabelle.

|  | Bevölkerung 19–26 Jahre gesamt | weiblich | Studenten gesamt | Quote der Studenten | weibliche Studenten | Quote der weiblichen Studenten |
|---|---|---|---|---|---|---|
| 1960 | 6 769 800 | 3 319 000 | 291 100 |  | 69 700 |  |
| 1970 | 5 373 700 | 2 558 800 |  | 9,5 % |  | 5,1 % |
| 1980 |  |  | 1 044 200 | 15,9 % | 383 200 | 11,9 % |
| 1985 |  | 3 592 900 | 1 338 000 | 18,1 % | 506 600 |  |

  b) Berechne die Quoten der männlichen Studenten in den angegebenen Jahren.
  c) Vergleiche diese Quoten. Was sagen sie aus?
  d) Stelle deine Ergebnisse grafisch dar.

☐ **4.**
*Chancengleichheit für Ausländer?*
  a) „Ausländische Mitschüler haben es schwerer."
     Bestätige oder widerlege diese Aussage mit Hilfe der Tabelle.
  b) Berechne die Anteile der ausländischen Schüler an den verschiedenen Schulabschlüssen.
  c) Stelle die Ergebnisse grafisch dar und vergleiche.
  d) Wieviel Prozent der Studierenden sind Ausländer? Vergleiche das Ergebnis mit dem Ausländeranteil an der Bevölkerung.
  e) Wieviel Prozent der Erwerbstätigen [der Arbeitslosen] sind Ausländer? Vergleiche mit dem Ausländeranteil an der Bevölkerung und zeichne eine Grafik.

|  | gesamt | davon Ausländer |
|---|---|---|
| **Bevölkerung der Bundesrepublik** | 61 140 000 | 4 662 000 |
| **Schulabgänger** | 1 035 600 | 58 900 |
| – ohne Abschluß | 65 200 | 14 400 |
| – mit Hauptschulabschluß | 285 200 | 26 700 |
| – mit Fachoberschulreife | 393 800 | 13 400 |
| – mit Hochschulreife | 291 400 | 4 500 |
| **Studierende** | 1 367 700 | 77 200 |
| **Erwerbstätige** | 25 796 000 | 1 592 000 |
| **Arbeitslose** | 2 228 000 | 265 100 |

  f) Berechne die Quote der arbeitslosen Ausländer und der erwerbstätigen Ausländer. Vergleiche mit der Quote aller Arbeitslosen bzw. Erwerbstätigen.

# Anhang

## Anhang 1: Maßeinheiten und ihre Umrechnung

**Längen:** Die Einheiten sind mm, cm, dm, m, km.

10 mm = 1 cm
10 cm = 1 dm
10 dm = 1 m
100 cm = 1 m
1 000 m = 1 km

**1.**
Schreibe in der angegebenen Einheit.

| a) in mm | b) in cm | c) in m | d) in m | e) in km | f) in dm |
|---|---|---|---|---|---|
| 12 cm | 270 mm | 540 cm | 630 dm | 6 000 m | 7,3 m |
| 75 cm | 6 dm | 57 dm | 7 km | 12 000 m | 53 cm |
| 3,4 cm | 6,5 dm | 6 300 cm | 7,5 km | 13 500 m | 0,3 m |
| 5,7 cm | 38 mm | 760 cm | 48 dm | 10 700 m | 38 cm |

**2.**

a) 12 km = ■ m
   5 km = ■ m
   48 cm = ■ mm
   61 dm = ■ cm

b) 10 000 m = ■ km
   120 dm = ■ m
   1 500 mm = ■ cm
   2 300 cm = ■ dm

c) 7 500 mm = ■ cm
   43 000 m = ■ km
   70 cm = ■ m
   20 km = ■ m

d) 4,5 m = ■ dm
   4,5 m = ■ cm
   11,3 m = ■ cm
   6,34 m = ■ cm

**3.**
Schreibe in der Einheit, die in der Klammer angegeben ist.

a) 21 m (dm);  20 km (m);  36 dm (cm);  150 mm (cm);  3,7 km (m);  5,7 m (cm);  6,32 m (cm).

b) 240 mm (cm);  345 mm (cm);  570 cm (m);  6,75 m (cm);  4,8 cm (mm);  0,7 km (m).

**Flächeninhalte:** Die Einheiten sind $mm^2$, $cm^2$, $dm^2$, $m^2$, a, ha, $km^2$. Die Verwandlungszahl ist 100.

$100\ mm^2 = 1\ cm^2$
$100\ cm^2 = 1\ dm^2$
$100\ dm^2 = 1\ m$
$100\ m^2 = 1\ a$
$100\ a = 1\ ha$
$100\ ha = 1\ km^2$

**4.**
Schreibe in der angegebenen Einheit.

| a) in $mm^2$ | b) in $dm^2$ | c) in $m^2$ | d) in a | e) in ha | f) in $dm^2$ |
|---|---|---|---|---|---|
| 24 $cm^2$ | 34 $m^2$ | 176 a | 2 700 $m^2$ | 3 100 a | 72 $m^2$ |
| 1,4 $cm^2$ | 2,7 $m^2$ | 17,2 a | 540 $m^2$ | 27 $km^2$ | 13,5 $m^2$ |
| 12,7 $cm^2$ | 0,6 $m^2$ | 0,8 a | 9 ha | 32,5 $km^2$ | 2 640 $cm^2$ |
| 12,04 $cm^2$ | 13,07 $m^2$ | 0,72 a | 45,6 ha | 4 560 a | 0,9 $m^2$ |

**5.**

a) 7 $cm^2$ = ■ $mm^2$
   52 $m^2$ = ■ $dm^2$
   17 $dm^2$ = ■ $cm^2$

b) 600 $dm^2$ = ■ $cm^2$
   900 a = ■ ha
   400 ha = ■ $km^2$

c) 12 ha = ■ a
   38 a = ■ $m^2$
   4,5 $m^2$ = ■ $dm^2$

d) 2,4 $cm^2$ = ■ $mm^2$
   8,8 ha = ■ a
   880 a = ■ $m^2$

**6.**
Schreibe in der Einheit, die in der Klammer angegeben ist.

a) 23 $m^2$ ($dm^2$);  78,5 $cm^2$ ($mm^2$);  54 ha (a);  32 ha ($m^2$);  34 $m^2$ ($dm^2$);  9,2 $m^2$ ($dm^2$).

b) 2 300 $cm^2$ ($dm^2$);  4 500 ha ($km^2$);  1 700 $mm^2$ ($cm^2$);  7 100 a (ha);  1 350 $m^2$ (a);  0,76 $m^2$ ($dm^2$).

c) 6,3 $cm^2$ ($mm^2$);  7,2 a ($m^2$);  7,34 $km^2$ (ha);  17,3 ha (a);  81,2 $m^2$ ($dm^2$);  0,9 $km^2$ (ha).

> **Volumina:** Die Einheiten sind mm³, cm³, dm³, m³, l, ml.
> Die Verwandlungszahl ist 1 000.
>
> 1 000 mm³ = 1 cm³
> 1 000 cm³ = 1 dm³
> 1 000 dm³ = 1 m³
>
> 1 ml = 1 cm³
> 1 l = 1 dm³
> 1 000 ml = 1 l

## 7.
Schreibe in der angegebenen Einheit.

| a) in mm³ | b) in cm³ | c) in cm³ | d) in dm³ | e) in dm³ | f) in m³ |
|---|---|---|---|---|---|
| 7 cm³ | 56 dm³ | 8 000 mm³ | 63 m³ | 9 000 cm³ | 3 000 dm³ |
| 32 cm³ | 31 dm³ | 7 500 mm³ | 31 m³ | 6 500 cm³ | 4 700 dm³ |
| 67 ml | 98 ml | 12,8 dm³ | 48 l | 4 000 ml | 8 000 l |
| 3,4 cm³ | 3,9 dm³ | 15,6 l | 14,5 m³ | 7 200 ml | 6 300 l |

## 8.
a) 75 cm³ = ▇ mm³
54 dm³ = ▇ cm³
9 l = ▇ cm³
3 l = ▇ ml

b) 6 000 cm³ = ▇ dm³
4 000 dm³ = ▇ m³
6 500 cm³ = ▇ dm³
9 300 l = ▇ m³

c) 800 mm³ = ▇ cm³
0,6 dm³ = ▇ cm³
200 ml = ▇ l
540 mm³ = ▇ cm³

d) 6,3 cm³ = ▇ mm³
7,2 l = ▇ ml
0,8 cm³ = ▇ mm³
0,4 m³ = ▇ l

## 9.
Schreibe in der Einheit, die in der Klammer angegeben ist.

a) 32 m³ (dm³); 92 l (ml); 4 500 l (m³); 5,2 m³ (dm³); 6,9 m³ (l); 240 ml (dm³).
b) 6 700 mm³ (cm³); 24 300 l (m³); 53 l (ml); 0,45 l (ml); 0,32 l (m³); 6,4 cm³ (mm³).
c) 45 l (ml); 3,2 l (ml); 4 200 ml (l); 1 700 ml (l); 23 ml (mm³); 2,3 ml (mm³); 3,2 m³ (l).

> **Gewichte:** Die Einheiten sind mg, g, kg, t.
> Die Verwandlungszahl ist 1 000.
>
> 1 000 mg = 1 g
> 1 000 g = 1 kg
> 1 000 kg = 1 t

## 10.
Schreibe in der angegebenen Einheit.

| a) in mg | b) in g | c) in g | d) in kg | e) in kg | f) in t |
|---|---|---|---|---|---|
| 12 g | 66 kg | 6 000 mg | 19 t | 9 000 g | 6 000 kg |
| 7,2 g | 4,5 kg | 6 200 mg | 1,3 t | 4 500 g | 5 200 kg |
| 0,6 g | 0,5 kg | 560 mg | 0,4 t | 670 g | 470 kg |
| 15,4 g | 1,3 kg | 800 mg | 12,5 t | 400 g | 800 kg |

## 11.
a) 24 kg = ▇ g
2,6 kg = ▇ g
0,4 g = ▇ mg
6,1 t = ▇ kg

b) 6 300 kg = ▇ t
900 g = ▇ kg
450 mg = ▇ g
1 200 kg = ▇ t

c) 10 000 g = ▇ kg
10 400 kg = ▇ t
900 mg = ▇ g
520 g = ▇ mg

d) 5,2 t = ▇ kg
0,6 g = ▇ mg
0,1 kg = ▇ g
700 kg = ▇ t

## 12.
Schreibe in der Einheit, die in der Klammer angegeben ist.

a) 92 kg (g); 17 g (mg); 96 t (kg); 4 500 g (kg); 17 200 kg (t); 4 300 mg (g); 4,3 t (kg).
b) 650 g (kg); 670 kg (t); 9 200 mg (g); 0,6 g (mg); 7,06 kg (g); 7,89 t (kg); 1,5 g (mg).
c) 19,5 g (mg); 3 450 mg (g); 23,1 t (kg); 7 500 kg (t); 3,5 kg (g); 9 450 g (kg); 125 g (kg)

## 13.
Berechne.

a) 3 kg + 7 kg + 60 g
b) 0,8 t + 520 kg + 4 t + 81 kg
c) 7,05 t + 480,5 kg + 0,5 t + 1 500 kg
d) 3 kg 450 g + 25 g + 0,45 kg + 2 kg 500 g

## Anhang 2: Bruchzahlen

Man kann Bruchzahlen als gewöhnliche Brüche ($\frac{2}{5}$; $3\frac{1}{4}$; $\frac{7}{6}$) und als Dezimalbrüche (0,4; 3,25; 0,08) schreiben. Auch die natürlichen Zahlen sind Bruchzahlen (3 = $\frac{3}{1}$ = 3,0).

### 1.
Schreibe als Dezimalbruch:

a) $\frac{7}{100}$; $\frac{9}{10}$; $\frac{12}{1000}$; $\frac{65}{100}$; $\frac{14}{10}$

b) $\frac{1}{1000}$; $\frac{150}{100}$; $\frac{60}{1000}$; $\frac{225}{100}$; $\frac{87}{100}$

c) $\frac{315}{1000}$; $\frac{315}{100}$; $\frac{315}{10}$; $3\frac{15}{100}$; $\frac{11}{10}$;

d) $1\frac{7}{10}$; $3\frac{89}{100}$; $2\frac{25}{1000}$; $\frac{70}{100}$; $\frac{44}{10}$.

$\frac{4}{10} = 0{,}4 \qquad \frac{208}{100} = 2{,}08$

$5\frac{25}{1000} = 5{,}025$

### 2.
Schreibe als Dezimalbruch. Wenn erforderlich, runde auf 3 Stellen nach dem Komma.

a) $\frac{3}{4}$; $\frac{9}{18}$; $\frac{5}{8}$; $\frac{7}{20}$; $\frac{12}{25}$; $\frac{5}{4}$

b) $\frac{5}{4}$; $\frac{4}{9}$; $\frac{3}{7}$; $\frac{8}{11}$; $\frac{5}{3}$; $\frac{10}{14}$

c) $\frac{11}{8}$; $\frac{9}{4}$; $\frac{4}{9}$; $\frac{10}{3}$; $\frac{25}{3}$; $\frac{25}{4}$

d) $\frac{8}{3}$; $\frac{8}{4}$; $\frac{8}{5}$; $\frac{8}{6}$; $\frac{8}{7}$; $\frac{8}{8}$; $\frac{8}{9}$

$\frac{7}{28} = \frac{1}{4} = \frac{25}{100} = 0{,}25$

$\frac{7}{28} = 7 : 28 = 0{,}25$

$\frac{2}{3} = 2 : 3 = 0{,}6666\ldots \approx 0{,}667$

### 3.
Schreibe als gewöhnlichen Bruch:

a) 0,16; 0,109; 0,011; 1,5; 2,55; 0,0071

b) 0,202; 1,99; 0,309; 0,390; 0,390; 12,5; 12,15.

### 4.
Ordne die Zahlen der Größe nach; beginne mit der kleinsten.

a) 0,05;  0,5;  0,005;  0,0005;  0,055

b) 0,25;  2,5;  2,05;  0,025;  0,205

c) 1,25;  1,52;  1,2;  1,205;  1,5

d) 0,375;  3,075;  0,753;  0,07;  0,3;  0,537

### Erweitern und Kürzen

### 5.
Erweitere $\frac{1}{2}$; $\frac{3}{4}$; $\frac{2}{3}$; $\frac{7}{5}$; $\frac{4}{11}$; $\frac{3}{25}$; $\frac{8}{15}$ mit 3 [mit 8; mit 11].

$\frac{2}{5} = \frac{2 \cdot 4}{5 \cdot 4} = \frac{8}{20}$

$\frac{2}{5}$ ist mit 4 erweitert.

### 6.
Kürze soweit wie möglich.

a) $\frac{16}{20}$; $\frac{35}{63}$; $\frac{48}{60}$; $\frac{16}{64}$; $\frac{24}{72}$

b) $\frac{24}{66}$; $\frac{28}{42}$; $\frac{36}{240}$; $\frac{32}{56}$; $\frac{75}{105}$

c) $\frac{125}{1000}$; $\frac{75}{200}$; $\frac{375}{1000}$; $\frac{50}{175}$; $\frac{40}{1000}$

d) $\frac{48}{144}$; $\frac{33}{121}$; $\frac{30}{75}$; $\frac{60}{270}$; $\frac{36}{180}$

$\frac{10}{15} = \frac{10 : 5}{15 : 5} = \frac{2}{3}$

$\frac{10}{15}$ ist mit 5 gekürzt

### 7.
Forme durch Kürzen und Erweitern so um, daß der Nenner 100 ist.

a) $\frac{4}{5}$; $\frac{2}{25}$; $\frac{5}{2}$; $\frac{7}{4}$; $\frac{17}{20}$; $\frac{9}{50}$; $\frac{40}{1000}$; $\frac{22}{40}$

b) $\frac{6}{40}$; $\frac{12}{30}$; $\frac{9}{12}$; $\frac{24}{60}$; $\frac{32}{80}$; $\frac{28}{35}$; $\frac{215}{250}$; $\frac{12}{4}$

### Addieren und Subtrahieren von Bruchzahlen

### 8.

a) $\frac{3}{4} + \frac{5}{4}$

$\frac{9}{5} - \frac{4}{5}$

$\frac{4}{5} - \frac{3}{5}$

b) $\frac{7}{20} + \frac{9}{20}$

$\frac{18}{25} - \frac{8}{25}$

$\frac{3}{8} + \frac{3}{8}$

c) $\frac{27}{100} + \frac{33}{100}$

$\frac{112}{100} - \frac{37}{100}$

$\frac{17}{50} + \frac{33}{50}$

d) $\frac{26}{15} - \frac{11}{15}$

$\frac{7}{24} + \frac{11}{24}$

$\frac{9}{11} - \frac{5}{11}$

Gleichnamige Brüche werden addiert (subtrahiert), indem man die Zähler addiert (subtrahiert) und den Nenner beibehält.

$\frac{5}{8} + \frac{7}{8} = \frac{5+7}{8} = \frac{12}{8} = \frac{3}{2}$

$\frac{7}{8} - \frac{5}{8} = \frac{7-5}{8} = \frac{2}{8} = \frac{1}{4}$

**9.**
a) $\frac{4}{15} + \frac{7}{15}$   b) $\frac{5}{6} - \frac{3}{7}$   c) $\frac{7}{12} + \frac{3}{8}$   c) $\frac{7}{15} - \frac{3}{20}$

$\frac{5}{12} - \frac{1}{4}$   $\frac{3}{4} + \frac{4}{9}$   $\frac{5}{6} - \frac{4}{9}$   $\frac{17}{10} - \frac{8}{15}$

$\frac{5}{9} - \frac{2}{3}$   $\frac{7}{9} - \frac{1}{2}$   $\frac{3}{8} + \frac{5}{6}$   $\frac{13}{15} - \frac{5}{18}$

$\frac{17}{24} + \frac{3}{8}$   $\frac{5}{8} + \frac{1}{3}$   $\frac{7}{8} + \frac{3}{10}$   $\frac{20}{21} + \frac{4}{15}$

$\frac{7}{25} - \frac{14}{75}$   $\frac{8}{15} + \frac{1}{2}$   $\frac{3}{4} - \frac{1}{6}$   $\frac{11}{18} - \frac{7}{24}$

> Ungleichnamige Brüche werden addiert (subtrahiert), indem man sie zunächst gleichnamig macht und dann addiert (subtrahiert).
> $\frac{7}{10} + \frac{3}{4} = \frac{14}{20} + \frac{15}{20} = \frac{29}{20} = 1\frac{9}{20}$
> $\frac{7}{12} - \frac{4}{9} = \frac{21}{36} - \frac{16}{36} = \frac{5}{36}$

**10.**
a) $\frac{5}{12} + \frac{3}{4} + \frac{1}{2}$   b) $\frac{2}{6} + \frac{4}{9} + \frac{3}{2}$   c) $\frac{3}{8} + \frac{1}{4} + \frac{1}{2} + \frac{5}{16}$   d) $\frac{15}{16} - \frac{1}{8} - \frac{1}{4} - \frac{1}{2}$

$\frac{5}{6} - \frac{2}{10} - \frac{2}{15}$   $\frac{6}{7} - \frac{5}{21} - \frac{1}{3}$   $\frac{1}{6} + \frac{2}{3} + \frac{5}{9} + \frac{7}{18}$   $\frac{17}{18} - \frac{1}{3} - \frac{1}{6} - \frac{1}{9}$

$\frac{5}{12} + \frac{3}{8} + \frac{5}{6}$   $\frac{47}{50} - \frac{3}{20} - \frac{1}{4}$   $\frac{3}{4} + \frac{5}{6} + \frac{1}{8} + \frac{1}{3}$   $\frac{23}{24} - \frac{1}{2} - \frac{1}{3} - \frac{1}{4}$

**11.**
a) $12 - 4\frac{2}{3}$   b) $2\frac{3}{4} - 2\frac{1}{4}$   c) $3\frac{4}{5} + 2\frac{3}{5}$   d) $3\frac{1}{6} - 2\frac{4}{6}$

$20 - \frac{3}{5}$   $3\frac{3}{8} + 1\frac{7}{8}$   $7\frac{5}{9} - 3\frac{7}{9}$   $1\frac{5}{6} + 11\frac{5}{6}$

$3\frac{3}{4} + \frac{3}{4}$   $6\frac{1}{8} - \frac{5}{8}$   $2\frac{7}{9} + 6\frac{5}{9}$   $1\frac{5}{8} - \frac{13}{8}$

$2\frac{5}{8} + 4\frac{3}{8}$   $2\frac{3}{7} + \frac{6}{7}$   $6\frac{2}{5} - 5\frac{4}{5}$   $4\frac{5}{7} + 4\frac{6}{7}$

> $4\frac{3}{8} - \frac{5}{8} = 4 - \frac{2}{8} = 3\frac{6}{8} = 3\frac{3}{4}$
> $4\frac{3}{5} + 2\frac{4}{5} = 6 + \frac{7}{5} = 7\frac{2}{5}$
> $6\frac{2}{5} - 2\frac{3}{5} = 4\frac{2}{5} - \frac{3}{5} = 3\frac{4}{5}$

**12.**
a) $7\frac{1}{4} + 1\frac{5}{8}$   b) $3\frac{7}{10} - 3\frac{7}{100}$   c) $5\frac{2}{5} - 3\frac{2}{3}$   d) $12\frac{8}{15} + 3\frac{1}{2}$   e) $4\frac{7}{10} + 2\frac{2}{3} + 1\frac{1}{2}$

$5\frac{1}{4} - 3\frac{1}{3}$   $1\frac{7}{100} + 5\frac{3}{10}$   $2\frac{3}{4} + \frac{5}{14}$   $15\frac{1}{2} - 4\frac{5}{7}$   $3\frac{3}{8} + 12\frac{7}{20} + 1\frac{3}{5}$

$8\frac{1}{12} + 7\frac{5}{6}$   $4\frac{5}{100} - 1\frac{7}{10}$   $6\frac{7}{9} + 1\frac{4}{15}$   $8\frac{5}{12} - 2\frac{2}{9}$   $2\frac{3}{4} + 1\frac{2}{3} + 4\frac{5}{6}$

**13.**
a) 3,7 + 0,07   b) 1,55 − 0,8   c) 2,4 + 3,75

0,3 + 0,9   0,75 + 0,225   12,82 + 2,08

0,3 + 0,09   1,08 − 0,9   12,82 − 2,8

1,5 − 1,28   2,35 − 0,6   18,86 − 4,85

> 2,3 − 0,54       2,3
> = 2,30 − 0,54   − 0,54
> = 1,76           1,76

**14.**
a) 15,3 − 9,276   b) 12,38 − 4,038   c) 25,76 + 14,06   d) 14,76 − 3,9 − 2,86

6,66 − 1,066   8,3 − 5,932   10,088 − 8,22   23,4 − 12,04 − 1,26

15,04 + 1,504   18,3 − 0,183   16,61 + 61,016   8,495 + 0,849 + 40,6

## Multiplizieren von Bruchzahlen

**15.**
Kürze vor dem Ausrechnen, wenn es möglich ist.

a) $\frac{3}{4} \cdot \frac{2}{5}$   b) $\frac{3}{4} \cdot \frac{3}{8}$   c) $\frac{7}{10} \cdot \frac{4}{5}$   d) $\frac{4}{7} \cdot \frac{1}{12}$   e) $\frac{28}{100} \cdot \frac{20}{21}$

$\frac{2}{3} \cdot \frac{5}{6}$   $\frac{6}{5} \cdot \frac{3}{8}$   $\frac{3}{20} \cdot \frac{5}{9}$   $\frac{7}{9} \cdot \frac{18}{35}$   $\frac{22}{25} \cdot \frac{17}{33}$

$\frac{4}{5} \cdot \frac{5}{4}$   $\frac{8}{9} \cdot \frac{3}{4}$   $\frac{11}{15} \cdot \frac{5}{4}$   $\frac{4}{6} \cdot \frac{21}{10}$   $\frac{64}{75} \cdot \frac{45}{56}$

$\frac{6}{7} \cdot \frac{5}{3}$   $\frac{2}{3} \cdot \frac{2}{3}$   $\frac{21}{10} \cdot \frac{6}{7}$   $\frac{8}{3} \cdot \frac{27}{28}$   $\frac{15}{32} \cdot \frac{20}{11}$

> Brüche werden multipliziert, indem man Zähler mit Zähler und Nenner mit Nenner multipliziert.
> $\frac{3}{4} \cdot \frac{10}{11} = \frac{3 \cdot \overset{5}{\cancel{10}}}{\underset{2}{\cancel{4}} \cdot 11} = \frac{15}{22}$

**16.**
Du kannst die natürlichen Zahlen zunächst als Bruch schreiben.

a) $\frac{7}{12} \cdot 6$;  $\frac{3}{4} \cdot 5$;  $6 \cdot \frac{3}{8}$;  $12 \cdot \frac{2}{3}$;  $4 \cdot \frac{3}{10}$

b) $11 \cdot \frac{1}{2}$;  $4 \cdot \frac{7}{4}$;  $121 \cdot \frac{18}{33}$;  $\frac{7}{36} \cdot 12$;  $9 \cdot \frac{5}{12}$

**17.**
a) $0{,}7 \cdot 0{,}2$
  $1{,}2 \cdot 0{,}2$
  $0{,}8 \cdot 0{,}09$
b) $3{,}44 \cdot 0{,}2$
  $2{,}25 \cdot 0{,}03$
  $0{,}14 \cdot 0{,}5$
c) $0{,}08 \cdot 8$
  $1{,}02 \cdot 3$
  $2{,}22 \cdot 4$
d) $1{,}4 \cdot 0{,}5$
  $1{,}2 \cdot 12$
  $0{,}4 \cdot 20$

> Man multipliziert Dezimalbrüche zunächst wie natürliche Zahlen und setzt dann das Komma. Rechts vom Komma stehen so viele Stellen, wie die beiden Faktoren zusammen haben.

**18.**
a) $6{,}84 \cdot 0{,}6$
  $2{,}09 \cdot 3{,}7$
  $4{,}28 \cdot 1{,}5$
b) $3{,}44 \cdot 0{,}25$
  $2{,}35 \cdot 0{,}08$
  $0{,}72 \cdot 1{,}5$
c) $4{,}2 \cdot 0{,}02$
  $5{,}8 \cdot 0{,}06$
  $8{,}5 \cdot 0{,}14$
d) $12{,}4 \cdot 1{,}33$
  $18{,}6 \cdot 5{,}25$
  $10{,}2 \cdot 13$

**19.**
a) $3{,}58 \cdot 0{,}25$
  $12{,}7 \; \cdot 3{,}75$
  $2{,}53 \cdot 1{,}75$
b) $12{,}85 \cdot 2{,}4$
  $78{,}05 \cdot 13{,}6$
  $19{,}57 \cdot 0{,}45$
c) $7{,}825 \cdot \; 8{,}5$
  $92{,}24 \; \cdot 80{,}5$
  $57{,}08 \; \cdot 0{,}85$
d) $0{,}495 \cdot 273$
  $12{,}86 \; \cdot \; 9{,}12$
  $0{,}375 \cdot 105$
e) $8{,}644 \cdot 17$
  $86{,}44 \; \cdot 3{,}4$
  $8{,}644 \cdot 1{,}07$

**Dividieren von Bruchzahlen**

**20.**
Kürze vor dem Ausrechnen, wenn es möglich ist.

a) $\frac{3}{4} : \frac{2}{5}$
  $\frac{5}{8} : \frac{1}{2}$
  $\frac{3}{4} : \frac{5}{8}$
b) $\frac{1}{4} : \frac{1}{2}$
  $\frac{3}{5} : \frac{3}{5}$
  $\frac{2}{3} : \frac{3}{2}$
c) $\frac{4}{7} : \frac{8}{9}$
  $\frac{4}{9} : \frac{2}{6}$
  $\frac{3}{8} : \frac{3}{4}$
d) $\frac{7}{10} : \frac{1}{2}$
  $\frac{1}{2} : \frac{7}{10}$
  $\frac{11}{12} : \frac{3}{8}$
e) $\frac{4}{7} : \frac{11}{14}$
  $\frac{5}{12} : \frac{10}{9}$
  $\frac{5}{6} : \frac{5}{12}$

> Durch einen Bruch wird dividiert, indem man mit dem Kehrwert multipliziert.
> $$\frac{2}{3} : \frac{5}{9} = \frac{2}{3} \cdot \frac{9}{5} = \frac{2 \cdot \overset{3}{\cancel{9}}}{\underset{1}{\cancel{3}} \cdot 5} = \frac{6}{5} = 1\frac{1}{5}$$

**21.**
Schreibe alle Zahlen zunächst als Bruch.

a) $6 : \frac{3}{10}; \quad \frac{3}{5} : 2; \quad 4 : 1\frac{1}{3}; \quad 2\frac{1}{2} : \frac{2}{5}; \quad 2\frac{1}{2} : \frac{5}{2}$
b) $\frac{12}{17} : 3; \quad 8 : \frac{14}{15}; \quad 1 : \frac{4}{7}; \quad \frac{23}{24} : 1; \quad 3\frac{1}{3} : 10$

**22.**
Rechne wie im Beispiel. Notiere nur Aufgabe und Ergebnis.

> $5{,}6 : 7 = \frac{56}{10} : 7 = \frac{8}{10} = 0{,}8$

a) $0{,}8 : 2$
  $0{,}9 : 3$
  $1{,}2 : 6$
b) $0{,}54 : 9$
  $0{,}88 : 11$
  $0{,}75 : 15$
c) $0{,}34 : 17$
  $0{,}28 : 7$
  $2{,}8 : 7$
d) $0{,}072 : 8$
  $0{,}072 : 6$
  $0{,}72 : 12$
e) $6{,}3 : 9$
  $8{,}4 : 4$
  $0{,}096 : 8$
f) $0{,}92 : 23$
  $4{,}5 : 15$
  $1{,}25 : 25$

**23.**
a) $23{,}88 : 6$
  $9{,}73 : 7$
  $19{,}76 : 8$
b) $0{,}755 : 5$
  $1{,}548 : 4$
  $3{,}861 : 9$
c) $37{,}68 : 12$
  $52{,}16 : 16$
  $71{,}99 : 23$
d) $26{,}51 : 11$
  $101{,}08 : 19$
  $456{,}30 : 15$
e) $77{,}76 : 32$
  $336{,}42 : 14$
  $753{,}72 : 22$

**24.**
Runde auf Hundertstel, falls das Ergebnis nicht abbricht.

a) $456{,}70 : \; 8$
  $68{,}55 : 12$
b) $48{,}65 : 3$
  $185{,}57 : 7$
c) $420{,}90 : 15$
  $313{,}35 : 26$

**25.**
Der Wert eines Quotienten ändert sich nicht, wenn man beide Zahlen zugleich mit 10, 100, 1 000, … multipliziert.
Forme vor dem Rechnen so um, daß die zweite Zahl eine natürliche Zahl ist.

a) $7{,}542 : 0{,}9$
  $40{,}14 \; : 0{,}18$
b) $22{,}4 : 0{,}14$
  $4{,}3 : 1{,}25$
c) $37{,}44 \; : 1{,}6$
  $1{,}024 : 3{,}2$

**26.**
Runde auf Hundertstel, wenn es erforderlich ist.

a) $\;\;\;8{,}637 : 0{,}03$
  $102{,}204 : 0{,}9$
  $54{,}051 : 0{,}7$
b) $65{,}36 : 2{,}9$
  $90{,}68 : 4{,}2$
  $43{,}06 : 3{,}5$
c) $9{,}936 : 0{,}23$
  $31{,}48 \; : 5{,}2$
  $54{,}63 \; : 0{,}49$
d) $6{,}205 : 0{,}73$
  $2{,}186 : 0{,}34$
  $7{,}205 : 3{,}4$
e) $6{,}325 : 2{,}75$
  $98{,}91 : 3{,}15$
  $9{,}891 : 31{,}5$

## Anhang 3: Rationale Zahlen

**Addieren und Subtrahieren rationaler Zahlen**

**1.**
a) 8 + 6
− 8 + 7
− 8 + 9

b) − 16 + 11
− 16 + 21
− 5 + 63

c) − 37 + 18
− 22 + 88
− 39 + 39

d) − 230 + 49
− 49 + 230
135 + 77

$$-5 + 4 = 9$$
$$-5 + 4 = -1$$
$$-5 + 8 = 3$$

**2.**
a) − 5,6 + 1,6
6,2 + 3,8
− 6,6 + 2,6

b) − 18,2 + 12
− 12,9 + 15
− 16,4 + 8,4

c) 20,4 + 18,7
− 25,6 + 23,4
− 36,8 + 40,5

d) − 18,6 + 28,9
− 184,5 + 79,5
− 25,7 + 18,5

e) − 26,55 + 14,5
− 18,03 + 40,15
− 140,80 + 98,75

**3.**
a) 8 − 5
− 8 − 5
7 − 9

b) − 12 − 25
20 − 38
56 − 63

c) 21 − 45
− 73 − 33
69 − 43

d) − 29 − 61
225 − 98
− 170 + 83

$$5 - 7 = -2$$
$$5 - 3 = 2$$
$$-5 - 3 = -8$$

**4.**
a) 3,1 − 2,8
− 4,9 − 3,2
1,5 − 6,8

b) 13,7 − 20
− 42,5 − 7,8
17,5 − 30,5

c) − 3,8 − 18,8
12,6 − 13,2
37,3 − 29,9

d) − 42,25 − 36,35
42,25 − 100
− 30,08 − 12,8

e) 10,75 − 12,5
− 3,72 − 5,8
23,25 − 29,35

**5.**
a) 12,5 − 18
− 26,4 − 18,4
− 30,9 + 20,5

b) − 87,1 + 120
93,5 − 98,5
− 21,9 + 22,6

c) 104 − 126,3
− 108,4 + 70,4
70,4 − 108,4

d) − 42,05 + 45,2
− 40,02 − 42,2
45,35 − 35,2

e) − 3,5 − 6,3 + 9,5
13,7 − 20 − 3,7
− 1,4 − 3,7 − 5,1

**Multiplizieren und Dividieren rationaler Zahlen**

☐ **6.**
a) (− 6) · (− 9)
(+ 8) · (− 7)
(− 4) · (+ 8)
(+ 8) · (− 12)
(− 21) · (− 5)

b) (− 12) · (− 12)
(− 15) · (+ 15)
(+ 13) · (− 13)
(− 14) · (− 20)
(+ 18) · (− 12)

Man multipliziert die Beträge und setzt das Vorzeichen nach folgender Regel:
+ mal + ergibt +      (+ 4) · (+ 6) = + 24
− mal − ergibt +      (− 4) · (− 6) = + 24
+ mal − ergibt −      (+ 4) · (− 6) = − 24
− mal + ergibt −      (− 4) · (+ 6) = − 24

☐ **7.**
Bei positiven Zahlen lassen wir Klammer und Vorzeichen weg.
a) (− 2,8) · 5
6 · (− 3,5)
(− 3,4) · (− 4)

b) (− 1,5) : (− 5)
1,2 · (− 7)
(− 4,6) · 4

c) (− 1,6) · (− 1,6)
(− 1,8) · 1,8
1,9 · (− 8)

d) (− 1,5) · 1,5
(− 12) · (− 2,5)
0,9 · (− 3,5)

☐ **8.**
a) 4,8 : 4
3,2 : (− 4)
(− 2,7) : 9
(− 4,8) : (− 8)

b) (− 7,2) : (− 8)
3,9 : (− 3)
(− 4,9) : 7
12,6 : (− 3)

Man dividiert die Beträge und bestimmt dann das Vorzeichen wie bei der Multiplikation.
4,2 : 6 = 0,7       (− 4,8) : 8 = − 0,6
(− 2,8) : (− 7) = 0,4    5,6 : (− 8) = − 0,7

☐ **9.**
a) 3,6 : (− 3)
3,6 : (− 0,3)

b) (− 4,2) : 0,7
(− 6,4) : (− 0,8)

c) 8,1 : (− 0,9)
(− 6) : 1,2

d) (− 5,4) : 0,9
(− 5,4) : (− 3)

e) 14,4 : (− 1,2)
− 22,5 : (− 1,5)

☐ **10.**
a) (− 5,63) · 6,5
(− 5,63) · (− 7,8)
8,74 · (− 3,05)

b) (− 3,6) · (− 12,9)
6,43 · (− 0,45)
(− 5,8) · 0,025

c) 2,85 : (− 1,5)
(− 3,91) : (− 1,7)
(− 3,12) : 1,2

d) (− 3,85) : (− 3,5)
(− 10,35) : 4,5
16,47 : (− 2,7)

## Anhang 4: Gleichungen – Termumformungen

**1.**
Bestimme die Lösungsmenge.
a) $3x = 15$
b) $7y = 28$
c) $8z = 44$
d) $9a = 108$
e) $4x + 7 = 39$
f) $9x + 5 = 41$
g) $7y - 3 = 25$
h) $11y - 10 = 89$
i) $2x - 4 = 13$
j) $4x + 5 = 20$
k) $8y - 10 = 17$
l) $4z + 5 = 19$
m) $9 + 4x = 53$
n) $8 + 6x = 44$
o) $14 + 10y = 64$
p) $32 + 15z = 122$

**2.**
Welcher Fehler wurde gemacht? Berichtige:
a) $4x = 12$ ~~$x = 8$~~
b) $3x = 32$ ~~$x = 2$~~
c) $3x = 21$ ~~$x = 18$~~

**3.**
Bestimme die Lösungsmenge.
a) $7x - 2x = 40$
b) $4x + 9x = 65$
c) $10y - 6y = 30$
d) $14z - 7z = 84$
e) $40x + 30 = 7x + 63$
f) $12x - 4 = 7x + 1$
g) $19x - 3 = 4x + 57$
h) $5x + 8 = 3x - 7$
i) $3 + 9x - 4 = 8x + 3 - 7x$
j) $3x + 4 - 2x = 7 - 2x + 12$
k) $7 + 2x - 4 = 9x + 2 - 12x$
l) $28x + 4 - 3x = 12 + 5x + 2$

$$
\begin{aligned}
7x - 3 &= 2x + 17 \quad |+3\\
7x &= 2x + 20 \quad |-2x\\
5x &= 20 \quad\quad\quad |:5\\
x &= 4\\
L &= \{4\}
\end{aligned}
$$

---

**Auflösen einer Klammer in einem Produkt**
Man wendet das Verteilungsgesetz (Distributivgesetz) an. Dazu multipliziert man jedes Glied der Klammer mit dem Faktor.
Die Zeichen + und – werden nach den Vorzeichenregeln gesetzt.

(1) $a \cdot (b + c) = a \cdot b + a \cdot c$
$4 \cdot (3x + 2y) = 4 \cdot 3x + 4 \cdot 2y$
$\phantom{4 \cdot (3x + 2y)} = 12x + 8y$

(2) $8 \cdot (9a - 2b) = 8 \cdot 9a - 8 \cdot 2b$
$\phantom{8 \cdot (9a - 2b)} = 72a - 16b$

---

**4.**
Löse die Klammer auf.
a) $2(x + 5)$
b) $9(y - 2)$
c) $5(2x + 3y)$
d) $4(3b - 5a)$
e) $(-2)(4 + 3a)$
f) $(-3)(7x - 4)$
g) $(-8)(9y + 2z)$
h) $(-4)(8z - 10x)$
i) $8(4 - 3x + 2y)$
j) $9(4z + 2y - 5)$
k) $10(2a - 3b + 8c)$
l) $5(17x - 2y + 207)$
m) $\frac{1}{7}(7x - 21y)$
n) $\frac{1}{2}(8a + 9c)$
o) $\frac{5}{2}(4x - 2y)$
p) $\frac{1}{2}(4z + 2y)$
q) $\frac{1}{2}(4z + 2y)$
r) $\frac{2}{3}(12x - 21z)$
s) $x(y + z)$
t) $a(x - y)$
u) $z(a + b)$
v) $y(x - z)$
w) $a(2x - 3z)$
x) $x(2a + 4b)$

**5.**
Löse die Klammer auf.
a) $2a(4x - 2y + 5z)$
b) $8b(9x + 4y - 6z)$
c) $12c(4x - 3z - 2y)$
d) $18x(10a - 5b + 2c)$
e) $(4x - 2y)6z$
f) $(3y - 9z)2x$
g) $(4z - 2y)3a$
h) $(8x - 4z)5y$

**6.**
Bestimme die Lösungsmenge.
a) $2(x + 5) = 14$
b) $6(x - 3) = 72$
c) $2(y + 2) = 26$
d) $7(7 - 4) = 49$
e) $13(x + 6) = 39$
f) $4(3x + 6) = 36$
g) $9(8x - 3) = 45$
h) $12(3x - 6) = 144$
i) $8(4y + 1) = 72$
j) $5(12z - 1) = 55$
k) $3(x + 4) = 2(4 + x)$
l) $9(2 + x) = 8(x + 15)$
m) $4(3x - 5) = 7(x - 5)$
n) $3(4x - 10) = 4(2x - 7)$
o) $2 \cdot (5x - 2) = 4 \cdot (10x + 30)$

$$
\begin{aligned}
7 \cdot (6x - 12) - 3 &= 9x + 12\\
42x - 84 - 3 &= 9x + 12\\
42x - 87 &= 9x + 12\\
33x - 87 &= 12\\
33x &= 99\\
L &= \{3\}
\end{aligned}
$$

## Anhang 5: Bruchterme – Gleichungen mit Brüchen – Bruchgleichungen

**1.**
a) Kürze: $\frac{3x}{4x}$; $\frac{7a}{5a}$; $\frac{8c}{12c}$; $\frac{4xy}{6xz}$; $\frac{7yz}{14yx}$; $\frac{32za}{8zb}$; $\frac{5xz}{10xy}$; $\frac{8ab}{4ac}$; $\frac{9ac}{18bc}$

b) Erweitere: $\frac{3}{4}$ (mit x); $\frac{7}{5}$ (mit y); $\frac{8}{3}$ (mit b); $\frac{7a}{5b}$ (mit c); $\frac{2x}{5y}$ (mit z); $\frac{24x}{19z}$ (mit y)

> Man kürzt einen Bruch, indem man Zähler und Nenner durch dieselbe Zahl dividiert. Der Wert des Bruches bleibt dabei erhalten. $\quad \frac{7a}{4a} = \frac{7}{4}$ (für a ≠ 0)
> Die einschränkende Bedingung für a ≠ 0 ist erforderlich, weil die Division durch 0 nicht definiert ist.

**2.**
In Gleichungen mit Brüchen ist es häufig günstig, zunächst die Brüche zu beseitigen. Dazu multipliziert man beide Seiten der Gleichung mit dem Hauptnenner.
Bestimme so die Lösungsmenge.

a) $\frac{x}{12} = 3$    d) $\frac{x}{4} = \frac{5}{6}$    g) $\frac{x}{2} - \frac{x}{6} = 14$    j) $\frac{3}{8}x - \frac{1}{4}x = 1$

b) $\frac{x}{5} = 19$    e) $\frac{x}{y} + \frac{x}{5} = 14$    h) $\frac{x}{3} + \frac{x}{9} = 8$    k) $\frac{1}{3}x - \frac{2}{7}x = 2$

c) $\frac{x}{4} = \frac{1}{32}$    f) $\frac{x}{3} + \frac{x}{4} = 7$    i) $\frac{3}{5}x + \frac{3}{4}x = 54$    l) $\frac{2}{9}y + \frac{4}{6}y = 32$

$$\begin{aligned}
\frac{3}{4}x - \frac{1}{2} &= \frac{1}{2}x + \frac{9}{4} \quad | \cdot 4 \\
(\frac{3}{4}x - \frac{1}{2}) \cdot 4 &= (\frac{1}{2}x + \frac{9}{4}) \cdot 4 \\
\frac{3}{4}x \cdot 4 - \frac{1}{2} \cdot 4 &= \frac{1}{2}x \cdot 4 + \frac{9}{4} \cdot 4 \\
3x - 2 &= 2x + 9 \quad | -2x \\
x - 2 &= 9 \quad | +2 \\
x &= 11 \\
L &= \{11\}
\end{aligned}$$

**3.**
Multipliziere. Kürze, wenn möglich.

a) $\frac{2}{x} \cdot 4$    c) $\frac{3}{y} \cdot x$    e) $\frac{x}{15} \cdot 3$    g) $\frac{4}{x} \cdot x$    i) $\frac{28}{4x}x$

b) $\frac{3}{y} \cdot 5$    d) $\frac{5}{z} \cdot y$    f) $\frac{y}{24} \cdot 9$    h) $\frac{7}{a} \cdot a$    j) $\frac{27}{5y}y$

$$\frac{5}{x}x = \frac{5x}{x} = \frac{5}{1} = 5 \quad (\text{für } x \neq 0)$$

> Bei Bruchgleichungen kommt die Variable im Nenner vor. Zahlen, für welche der Nenner 0 wird, können nicht Lösung der Bruchgleichung sein.
> Die Äquivalenzumformung wird daher in den Beispielen rechts unter der Bedingung „Sei x ≠ 0" durchgeführt.
> Deswegen darf man dann beide Seiten der Gleichung mit x multiplizieren und darf auch mit x kürzen.
> 
> $$\begin{aligned}
> \frac{1}{x} + 3 &= \frac{7}{x} \quad | \cdot x \\
> \text{Sei } x &\neq 0 \\
> (\frac{1}{x} + 3) \cdot x &= \frac{7}{x} \cdot x \\
> \frac{x}{x} + 3 \cdot x &= \frac{7x}{x} \quad | \text{ kürzen} \\
> 1 + 3x &= 7 \quad | -1 \\
> 3x &= 6 \quad | : 3 \\
> x &= 2 \\
> L &= \{2\}
> \end{aligned}$$

☐ **4.**
Bestimme die Lösungsmenge.

a) $\frac{32}{x} = 4$    g) $\frac{9}{z} + 4 = 22$    m) $\frac{1}{x} + 2 = \frac{5}{x}$    s) $18 + \frac{9}{5y} = \frac{99}{5y}$

b) $\frac{4}{2x} = 14$    h) $4 + \frac{8}{x} = 36$    n) $\frac{4}{x} + 6 = \frac{16}{x}$    t) $10 - \frac{3}{2y} = 1$

c) $\frac{4}{x} = \frac{6}{9}$    i) $\frac{2}{3x} + 5 = 25$    o) $\frac{25}{y} - 9 = \frac{7}{x}$    u) $\frac{18}{2x} + 1 = \frac{36}{3x}$

d) $\frac{2}{y} = \frac{1}{5}$    j) $\frac{5}{2x} - 1 = 4$    p) $\frac{28}{z} + 6 = \frac{34}{z}$    v) $\frac{12}{5x} + 4 = \frac{104}{10x}$

e) $\frac{4}{x} + 1 = 13$    k) $2 + \frac{4}{5x} = 10$    q) $\frac{3}{2x} + 2 = \frac{19}{2x}$    w) $\frac{12}{9x} + 3 = \frac{44}{6x}$

f) $\frac{7}{y} - 4 = 10$    l) $\frac{6}{10y} - 10 = 2$    r) $8 + \frac{7}{3x} = \frac{31}{3x}$    x) $\frac{12}{6x} + 2 = \frac{24}{4x}$

## Anhang 6: Testaufgaben

*Anleitung:* Löse die Aufgaben in deinem Heft. Prüfe mit welchem Lösungsvorschlag dein Ergebnis übereinstimmt. Notiere den entsprechenden Buchstaben.

**Grundrechenarten**

**1.**
$$\begin{array}{r} 2\,408{,}80 \\ +\ \ \ 392{,}76 \\ +\ 3\,420{,}05 \\ +\ \ \ 179{,}14 \end{array}$$
A  6 390,75  C  6 409,75
B  6 400,65  D  6 400,75

**2.**
$$\begin{array}{r} 4\,821{,}06 \\ -\ 3\,684{,}50 \end{array}$$
A  1 166,56  C  1 236,56
B  1 136,56  D  1 137,46

**3.**
$26{,}485 + ? = 40{,}140$
A  23,665  C  13,665
B  13,655  D  14,765

**4.**
$234{,}25 \cdot 27$
A  6 314,75  C  6 324,75
B  5 324,75  D  6 327,75

**5.**
$325\,400 : 32$
A  1 168,75  C  1 016,875
B  10 168,75  D  101 687,5

**6.**
$$\begin{array}{r} 42\,562 \\ -\ \ \ \ 366 \\ -\ \ 2\,438 \\ -\ 21\,474 \end{array}$$
A  18 180  C  18 284
B  17 284  D  18 484

**Bruchrechnung – Dezimalbruchrechnung**

**7.**
$\frac{3}{8} + \frac{1}{6}$
A  $\frac{13}{24}$  C  $\frac{4}{14} = \frac{2}{7}$
B  $\frac{3}{48}$  D  $\frac{10}{24} = \frac{5}{12}$

**8.**
$1\frac{3}{4} + 2\frac{1}{5}$
A  $3\frac{4}{9}$  C  $3\frac{19}{20}$
B  $3\frac{17}{20}$  D  $4\frac{1}{20}$

**9.**
$\frac{2}{5} \cdot \frac{3}{8}$
A  $\frac{31}{40}$  C  $\frac{3}{5}$
B  $\frac{5}{13}$  D  $\frac{3}{20}$

**10.**
$\frac{7}{9} - \frac{1}{4}$
A  $\frac{6}{5}$  C  $\frac{7}{36}$
B  $\frac{19}{36}$  D  $\frac{1}{2}$

**11.**
$3\frac{3}{8} - 1\frac{1}{3}$
A  $2\frac{1}{12}$  C  $2\frac{2}{5}$
B  $2\frac{1}{24}$  D  $3\frac{1}{24}$

**12.**
$\frac{3}{5} : \frac{2}{3}$
A  $\frac{2}{5}$  C  $\frac{9}{10}$
B  $\frac{1}{2}$  D  $1\frac{4}{5}$

**13.**
Bestimme den Hauptnenner.
$\frac{5}{6}, \frac{5}{12}, \frac{3}{8}, \frac{1}{16}$
A  96  C  84
B  72  D  48

**14.**
Verwandle 0,45 in einen Bruch.
A  $\frac{9}{20}$  C  $\frac{11}{20}$
B  $\frac{5}{9}$  D  $\frac{9}{100}$

**15.**
Verwandle $1\frac{2}{3}$ in einen Dezimalbruch. Runde.
A  1,23  C  1,67
B  1,32  D  1,33

**16.**
$0{,}35 : 0{,}7$
A  0,05  C  0,5
B  0,005  D  0,245

**17.**
$\frac{2}{5} : 0{,}004$
A  0,1  C  10
B  100  D  0,01

**18.**
$0{,}018 : 0{,}3$
A  0,054  C  0,06
B  0,006  D  0,6

**19.**
Wie oft ist 0,8 in 40 enthalten?
A  50  C  48
B  500  D  5

**20.**
$38{,}14 \cdot 41{,}5$
A  1 582,710  C  1 583,810
B  1 582,810  D  158,281

**21.**
$4{,}362 : 0{,}15$
A  2,908  C  29,8
B  2,906  D  29,08

## Maße und Gewichte

**22.**
Wieviel m² sind 0,6 a?

A 6 000 m²  C 60 m²
B 600 m²  D 6 m²

**23.**
Wieviel l sind 2 m³?

A 200 l  C 20 000 l
B 2 000 l  D 200 000 l

**24.**
Wieviel Sekunden sind 8 Stunden und 20 Minuten?

A 30 000 s  C 3 000 s
B 50 000 s  D 8 200 s

**25.**
Ein 60 m² großer Hof wird mit Platten gepflastert, die 50 cm × 50 cm groß sind. Wie viele Platten werden benötigt?

A 120  C 1 200
B 300  D 240

**26.**
Ein Wasserbehälter ist 4 m lang und 2,5 m breit. Er enthält 5 m³ Wasser. Wie hoch steht das Wasser im Behälter?

A 5 m  C 0,5 m
B 1 m  D 0,4 m

**27.**
Ein Zug fährt um 22.18 Uhr in Hamburg ab und erreicht um 6.04 Uhr Augsburg.
Wie lang ist die reine Fahrzeit, wenn er für Zwischenaufenthalte 36 Minuten braucht?

A 7 h 24 min  C 7 h 50 min
B 6 h 10 min  D 7 h 10 min

**28.**
Frau Haase ist die 96 km lange Strecke in die Stadt in 1,5 Stunden gefahren. Wieviel $\frac{km}{h}$ sind das?

A 60 $\frac{km}{h}$  C 87 $\frac{km}{h}$
B 64 $\frac{km}{h}$  D 144 $\frac{km}{h}$

## Prozent- und Zinsrechnung

**29.**
Herr Wohlert verdient monatlich brutto 2 845 DM. Davon werden ihm 32,5 % für Steuern und Sozialabgaben abgezogen. Wieviel DM werden monatlich abgezogen?

A 924,63 DM  C 924,70 DM
B 914,62 DM  D 925,25 DM

**30.**
Ein Fahrrad, das vor kurzem noch mit 280 DM ausgezeichnet war kostet jetzt 294 DM. Wieviel Prozent beträgt die Preiserhöhung?

A 14 %  C 0,5 %
B 2,1 %  D 5 %

**31.**
Ein Autohändler gibt auf einen Wagen 1 200 DM Nachlaß, weil es ein Vorführwagen ist. Das sind 7,5 % Nachlaß. Berechne den regulären Preis des Wagens.

A 14 667 DM  C 9 000 DM
B 16 000 DM  D 8 460 DM

**32.**
Ein Angestellter erhält nach einer Gehaltserhöhung von 10 % genau 3 000 DM monatlich. Wieviel DM hat er vorher verdient?

A 2 700,00 DM  C 2 727,27 DM
B 2 737,37 DM  D 2 730,00 DM

**33.**
Mit 14 % Mehrwertsteuer kostet ein Kühlschrank 547,20 DM. Berechne den Preis ohne Mehrwertsteuer.

A 470,60 DM  C 480,– DM
B 478,40 DM  D 491,20 DM

**34.**
Auf einem Sparbuch sind 3 600 DM. Sie werden mit 5 % jährlich verzinst. Nach 5 Monaten wird das Geld abgehoben. Wieviel DM Zinsen werden gutgeschrieben?

A 90 DM  C 150 DM
B 80 DM  D 75 DM

**35.**
Ein Betrag von 1 200 DM bringt in 3 Monaten 40 DM Zinsen. Berechne den Jahreszinssatz.

A 13 %  C 13,33 %
B 12,5 %  D 3,33 %

## Dreisatz

**36.**
Ein Graben wird von 7 Baggern in 24 Tagen ausgehoben. Wie lange hätten 8 Bagger gebraucht?

A 27 Tage   C 30 Tage
B 21 Tage   D 15 Tage

**37.**
Eine Gruppe von 6 Arbeitern benötigt für das Pflastern eines Schulhofes 20 Stunden. Wegen Krankheit kommen nur 4 Arbeiter. Wie lange dauert das Pflastern nun?

A 13,3 Std.   C 24 Std.
B 30 Std.     D 32 Std.

**38.**
Petra kauft 5 kg Kirschen für 14,50 DM. Ihre Freundin kauft nur 3,5 kg Kirschen. Wieviel muß sie zahlen?

A 10,15 DM   C  8,70 DM
B 10,50 DM   D 13,50 DM

**39.**
Für 0,7 m Spitzenstoff zahlt Karin 14,70 DM. Wieviel kostet 1 m dieses Stoffes?

A 19,80 DM   C 20,00 DM
B 10,29 DM   D 21,00 DM

**40.**
Eine Arbeitskolonne von 6 Mann baut 72 m Straße pro Tag. Wieviel m Straße werden am Tag fertig, wenn noch 2 Arbeiter hinzukommen?

A 48 m   C 80 m
B 84 m   D 96 m

## Geometrisches Rechnen

**41.**
Berechne Flächeninhalt und Umfang des Trapezes.

*Flächeninhalt*   *Umfang*
A 112,3 m²   A 91,7 m
B  91,7 m²   B 42,8 m
C  46,2 m²   C 46,2 m
D  78,5 m²   D 38,6 m

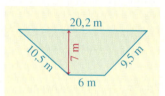

**42.**
Eine quaderförmige Schachtel (siehe Bild rechts) soll mit Folie beklebt werden. Wieviel cm² Folie werden benötigt?

A 118 cm²
B 128 cm²
C 236 cm²
D 240 cm²

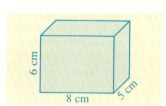

**43.**
Berechne das Volumen des dreieckigen Prismas.

A 2 178 dm³
B 1 188 dm³
C 2 882 dm³
D 6 534 dm³

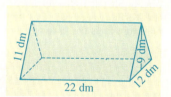

**44.**
Berechne Flächeninhalt und Umfang eines Kreises mit dem Durchmesser d = 30 cm. (Rechne mit $\pi = 3{,}14$)

*Flächeninhalt*     *Umfang*
A   706,50 cm²    A  9,42 cm
B  7 065 cm²      B 47,10 cm
C  2 826 cm²      C 94,20 cm
D  1 413 cm²      D 70,65 cm

## Verzeichnis mathematischer Symbole

**Mengen**

| | |
|---|---|
| $\{1, 2, 3\}$ | Menge mit den Elementen 1, 2, 3 |
| $\{\ \}$ | leere Menge |
| $a \in M$ | a ist Element der Menge M; a gehört zu M |
| $A \subseteq B$ | A ist Untermenge von B; B ist Obermenge von A |
| $A \cap B$ | Schnittmenge von A und B; A geschnitten mit B |
| $A \cup B$ | Vereinigungsmenge von A und B; A vereinigt mit B |
| $A \setminus B$ | Restmenge von A und B; A ohne B |
| $\mathbb{N}_0 [\mathbb{N}]$ | Menge der natürlichen Zahlen [ohne Null] |
| $\mathbb{B}_0 [\mathbb{B}]$ | Menge der Bruchzahlen [ohne Null] |
| $\mathbb{Z}$ | Menge der ganzen Zahlen |
| $\mathbb{Z}^+ [\mathbb{Z}_0^+]$ | Menge der positiven ganzen Zahlen [einschließlich Null] |
| $\mathbb{Z}^- [\mathbb{Z}_0^-]$ | Menge der negativen ganzen Zahlen [einschließlich Null] |
| $\mathbb{Q}$ | Menge der rationalen Zahlen |
| $\mathbb{Q}^+ [\mathbb{Q}_0^+]$ | Menge der positiven rationalen Zahlen [einschließlich Null] |
| $\mathbb{Q}^- [\mathbb{Q}_0^-]$ | Menge der negativen rationalen Zahlen [einschließlich Null] |

**Zahlen**

| | |
|---|---|
| $a = b$ | a (ist) gleich b |
| $a \neq b$ | a (ist) ungleich b |
| $a < b$ | a (ist) kleiner (als) b |
| $a > b$ | a (ist) größer (als) b |
| $|r|$ | Betrag von r |
| $p\%$ | p Prozent |
| $p\text{‰}$ | p Promille |
| $a^n$ | Potenz aus Basis a und Exponent n; a hoch n |
| $\sqrt{a}$ | Quadratwurzel aus a ($a \geq 0$) |

**Geometrie**

| | |
|---|---|
| $\overline{AB}$ | Strecke mit den Endpunkten A und B |
| $|AB|$ | Länge der Strecke $\overline{AB}$ |
| $\overrightarrow{AB}$ | Halbgerade mit dem Anfangspunkte A durch den Punkt B |
| AB | Gerade durch A und B |
| $g \parallel h$ | g ist parallel zu h |
| $g \perp h$ | g ist senkrecht zu h |
| $P(x; y)$ | Punkt mit den Koordinaten x und y |
| ABC | Dreieck mit den Eckpunkten A, B und C |
| $\angle ABC$ | Winkel, der aus den Halbgeraden $\overrightarrow{BA}$ und $\overrightarrow{BC}$ gebildet wird |
| $h_a [h_b; h_c]$ | Länge der Höhen eines Dreiecks |

## Stichwortverzeichnis

Absolutes Glied 150
Achsenabschnitt 150
Antiproportionale Zuordnung 20
Auflösen einer Klammer 186
Ähnliche Vielecke 120
Äquivalent 161

**B**asis 70
Bergab 147
Bergauf 147
Bruchgleichung 187
Bruchterm 187
Bruchzahl 182 ff.

**D**rehung 123
Dreisatz 7, 19

**E**insetzungsverfahren 164
Erster Strahlensatz 113
Exponent 70

**F**lächeninhalt
– eines Dreiecks 57
– eines Kreises 63
– eines Kreisringes 65
– eines Parallelogramms 54
– eines Rechtecks 54
– eines Trapezes 57
Flächeninhalt 54 ff., 180
Formel der Prozentrechnung 28
Funktionsgleichung 146, 149

**G**eradenspiegelung 123
Geradlinig 150
Gesamtgröße 25
Gewicht 181
Gleichsetzungsverfahren 160
Gleichung
–, lineare 151 ff.
–, quadratische 78 ff.
Gleichung 186
Grundfläche 90
Grundwert
–, vermehrter 34
–, verminderter 36

Grundwert 28
Grundzahl 70

Hochzahl 70
Höhe 90
Hyperbel 21
Hypotenuse 82

**I**rrational 77

**J**ahreszinsen 42

**K**apital 42
Kathete 82
Kathetensatz des Euklid 87
Kreis 60 ff.
Kreisring 65

**L**änge 180
Lineare Funktion 150
Lineare Gleichung 151 ff.
Lineares Gleichungssystem 157

**M**antel 90
Maßstab 105 f.
Mehrwertsteuer 35

**O**berfläche
– eines Prismas 90
– eines Zylinders 97

**P**otenz 70
Prisma 88 ff.
– -s, Oberfläche eines 90
– -s, Volumen eines 93
Proportionale Funktion 147
Proportionale Zuordnung 8
Prozentrechnung 28 ff.
Prozentsatz 28
Prozentwert 28
Punktspiegelung 123

**Q**uadratische Gleichung 78 ff.
Quadratwurzel 74
Quote 177

**R**abatt 37
Rational 77
Rationale Zahl 185
Reelle Zahl 77
Runden 12

**S**atz des Pythagoras 83
Schrägbild 88
Skonto 37
Steigung 150
Steigungsdreieck 147
Strahlensatz
–, erster 113
–, zweiter 114
Strahlensatzfigur 112

**T**ermumformung 186
Testaufgaben 188 ff.

**U**mfang 55, 60 f.

**V**ergrößerungsfaktor 104
Verhältnis 108
Verkleinerungsfaktor 104
Vermehrter Grundwert 34
Verminderter Grundwert 36
Verschiebung 123
Volumen 93 ff., 181
–, eines Prismas 93
–, eines Zylinders 99

**W**urzel 74

**Z**ahlenrätsel 166
Zehnerpotenz 72
Zeitfaktor 42
Zentrische Streckung 123 ff.
Zinseszinsen 49 f.
Zinseszinstafel 53
Zinsfaktor 50
Zinsformel 42
Zinsrechnung 42 ff.
Zinssatz 42
Zweiter Strahlensatz 114
Zylinder
– -s, Oberfläche eines 97
– -s, Volumen eines 99
Zylinder 96 ff.